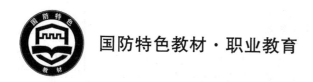

国防特色教材·职业教育

放射性地球物理勘查

鲁挑建　姜启明　编著

U0284609

哈尔滨工程大学出版社

北京航空航天大学出版社　北京理工大学出版社
哈尔滨工业大学出版社　西北工业大学出版社

内容简介

本书较系统地叙述了铀矿地质勘查的基本理论和各勘查阶段放射性物探的基本工作方法。全书共分为12章,内容包括放射性物探的基本理论、γ测量、氡气测量、γ测井、放射性物探在其他领域的应用等章节。

本书插图较多,叙述通俗易懂,理论联系实际,注意引用新理论,新技术和新方法。

本书可作为高等院校放射性物探专业教材,也可供放射性矿产勘查和铀矿开采工作者阅读参考。

图书在版编目(CIP)数据

放射性地球物理勘查/鲁挑建,姜启明编著. —哈尔滨:哈尔滨工程大学出版社,2009.7(2021.8重印)

ISBN 978 - 7 - 81133 - 365 - 7

Ⅰ.放… Ⅱ.①鲁…②姜… Ⅲ.铀矿 - 地球物理勘探 Ⅳ.P619.140.8

中国版本图书馆 CIP 数据核字(2009)第 103534 号

放射性地球物理勘查

鲁挑建　姜启明　编著

责任编辑　张盈盈

*

哈尔滨工程大学出版社出版发行

哈尔滨市南岗区南通大街 145 号　发行部电话:0451 - 82519328　传真:0451 - 82519699

http://www.hrbeupress.com　E-mail:heupress@hrbeu.edu.cn

北京中石油彩色印刷有限责任公司　各地书店经销

*

开本:787×960　1/16　印张:15　字数:275 千字

2009 年 7 月第 1 版　2021 年 8 月第 4 次印刷

ISBN 978 - 7 - 81133 - 365 - 7　定价:33.00 元

前　言

随着世界能源持续紧张和石油价格的剧烈变化,世界各国都在积极地发展替代能源,核能的利用已被提升到重要地位。

我国的核事业还落后于西方发达国家,特别是核电事业还需要大力发展。这就需要寻找大量的铀矿资源,而寻找铀矿离不开放射性物探技术。

为了新形势发展的需要,为了给国家培养更多的铀矿专业技术人才,我们编写了《放射性地球物理勘查》这本教材。

本教材编写的宗旨是学以致用,按照"必须"、"够用"的原则编写。因此,在编写过程中对于基本理论部分进行了反复推敲,努力做到少讲"为什么",多讲"怎么办",即对于牵涉基本理论较多的部分只讲清"公式"或"理论"怎么用,而不必过多地推导。

本书注重理论联系实际。在本书第 5 章和第 6 章及其他相关章节中编写了放射性仪器的操作、放射性勘查的野外工作方法、室内资料整理方法等。其中第 5 章可以作为课内实训(或实验)课讲授,第 6 章可以用于野外集中实训课。本书全部内容预计教授110 学时左右(包括课内和课外实习),教师可以根据学时多少对教授内容作适当删减。

本书编写中注意与现代新技术的衔接。如氡气测量的许多先进技术(α 聚集器方法和活性炭测量方法)也被收录进来,又如反褶积分层解释法和迭代法在 γ 测井曲线解释铀含量的应用中已经成熟,本书也予以收录。对于最新研制的放射性仪器(如加拿大进口能谱仪 GAD – 6 和国产 HD – 2003 型活性炭测氡仪)进行了必要的补充,同时兼顾正在使用的各类放射性仪器(如常用的 FD – 3013 型辐射仪和 FD – 42 定向辐射仪)。对于生产单位早已不用的仪器,如 FD – 71 辐射仪和 FD – 118 射气仪予以删除。

本书在重点叙述了铀矿找矿的各种方法的同时,也兼顾了放射性物探在环保和防灾中的应用。另外,为了突出铀矿在国防和民用事业中的地位及拓宽知识范围,本书还编写了与铀矿事业关系密切的核电事业的相关知识(主要是核电的发展和核废料的处理),以增强环境保护意识,为子孙后代造福。

本书绪论和第 1~5 章由鲁挑建编写,其余章节由姜启明编写。

　　本书编写过程中得到中国国防工业委员会的大力支持,在此表示衷心的感谢。核地质二〇三研究所研究员级高级工程师张云宜同志审阅了全部书稿,并提出了很多宝贵的修改意见,在此表示诚挚的谢意。

　　由于编者水平有限,加之时间仓促,错漏之处在所难免,望读者批评指正。

编者
2009.6

目　　录

绪　　论

0.1　放射性物探概论

0.1.1　放射性物探的定义

所谓物探,就是利用岩石的物理性质进行普查或勘探的一门技术。岩石的物理性质包括岩石的电性(电法勘探)、磁性(磁法勘探)、密度(重力勘探)、弹性(地震勘探)及放射性等,每一种物理特性都对应着一门物探方法。

放射性地球物理勘查亦称放射性地球物理探查,简称放射性物探。

元素的放射性是元素的固有性质,是由原子核内部的不稳定结构引起的,故放射性物探又称为核物探。顾名思义,放射性物探就是利用岩石的放射性去寻找矿产(勘探)的一门技术,这是对放射性物探的狭义定义,实际上,放射性物探方法不仅用于寻找放射性矿产,还可以寻找石油、盐类矿产等,亦可用于基础地质研究(如岩性划分)、地质灾害防治(如利用氡气测量预报地震)、环境保护(如放射性环境监测)、医疗(如癌症病人的放射性治疗)等其他领域,这是对放射性物探应用领域的拓展。因此,广义的放射性物探是指利用天然或人工放射性来达到寻找矿产或其他目的的一门科学技术。

0.1.2　放射性物探研究的主要内容

放射性物探主要研究怎样利用岩石(矿石)的放射性去寻找矿产、进行地质研究的方法。它包括放射性基础知识、核物探仪器、利用放射性进行普查勘探的方法、地质资料的整理方法等。放射性物探在其他领域的应用也离不开这些基本理论和基本方法,比如利用人工放射性核素去照射癌细胞,就是利用 γ 射线的杀伤能力去杀死癌细胞,达到治疗疾病的目的,又如用氡气测量预测有害地震,就是利用氡气易于迁移来发现断层的活动性,从而达到预测地震的目的。

综上所述,放射性物探涉及物理学(主要是原子核物理学和高能物理学)、地球化学(核素的迁移和富集规律)、岩石地层学(铀、钍、钾等天然放射性核素对不同岩石具有明显的选择性)、数学(核素的衰变规律和放射性涨落的统计学规律)、电子学(各种放射性仪器的工作原理)等多门学科,因此可以说放射物探是一门综合学科。

0.2　放射性物探在国民经济中的作用

0.2.1　放射性物探的起源及放射性物探与国防工业的关系

　　元素放射性的研究,最早是从铀元素的研究开始的。铀元素是由德国学者 M·H·克拉普洛特于 1789 年发现的,当时为了纪念不久前发现的天王星(Uranus)而命名为铀(Uranium)。1841 年,由法国化学家 E·M·彼戈利在实验室用钠还原氯化铀获得了金属铀。1896 年,由 A·贝克勒尔发现并确定它具有放射性。1898 年,法国科学家居里夫妇从天然沥青铀矿石中提取出镭,证实铀的放射性主要是由镭的子体引起的。1939 年科学家在实验室证实^{235}U 的原子核在中子的轰击下能产生裂变,同时放出巨大的能量,很快引起全世界的极大重视。

　　应该说,放射性物探的发展历程中,对武器的研究和制造是其发展的重要动力。爱因斯坦的核物理理论研究极大地推动了近代物理学的进步,但遗憾的是人们首先想到的是利用铀放出的巨大能量来制造武器,因此诞生了原子弹。当然,原子弹的应用对于尽快结束第二次世界大战也起到了积极作用。

　　上世纪 50 年代初期,以美国为首的西方反华势力对新生的社会主义新中国虎视眈眈,不断进行核讹诈。为了维护中国的主权和领土完整,中国政府决定引进前苏联技术发展中国的核武器。邓小平后来评价说:"如果中国 60 年代不搞核武器,怎么能叫有影响的世界大国"。于是全国范围内大规模寻找铀矿的活动展开了,这就是放射性物探在中国产生和发展的历史根源。

　　随着世界局势的缓和,以铀为原料制造核武器的目标被世界各国所抛弃。我国也成为《核不扩散条约》和《全面禁止核试验条约》的签约国,以军用为目的的核试验在世界范围内被禁止,和平利用核能的春天已经来到。

　　图 0-1 是核工业体系流程图,它说明了放射性物探在国防工业和民用工业中的地位。

　　图 0-1 的上半部分以制造原子弹为目的;中间部分以民用工业为主;下半部分以制造氢弹为目的。不论国防工业所需要的原子弹和氢弹或民用工业的核电站,都离不开核反应堆的生产。整个核工业体系都是建立在地质勘探基础之上的,可以说没有原料铀,也就没有核工业体系,由此可见放射性物探在国防工业中的重要地位。

0.2.2　放射性物探在民用工业中的地位

　　近几年,随着全球能源供应紧张局面的形成,各国都在寻找新能源,如太阳能、风能、潮汐、核能等都在开发之列。

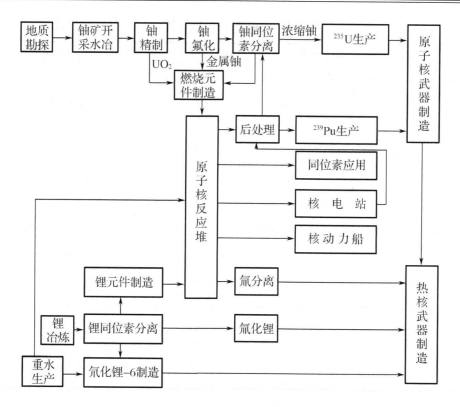

图 0 - 1　核工业主要工艺流程图

据测算, $1\ kg\ ^{235}U$ 发生裂变反应放出的能量相当于 $3\ 000\ t$ 标准煤放出的能量。$1\ t\ U_3O_8$ 可产生 $4.3 \times 10^7\ kW \cdot h$ 的电能(相当于 $4\ 353\ t$ 标准煤)。

核裂变发电堆型主要分为压水堆(亦称轻水堆)、重水堆、石墨气冷堆和快堆。其中前 3 种反应堆属于热中子反应堆,这种反应堆只能利用占铀总量 0.72% 的 ^{235}U 进行发电;而后一种属于快中子反应堆,这种反应堆不仅可以利用 ^{235}U ,还可以利用占有总量 99.23% 的 ^{238}U(利用核裂变产生的快中子轰击 ^{238}U 使其转化为 ^{239}Pu ,而 ^{239}Pu 亦可裂变放出核能),大大提高了天然铀的利用率。

世界各国,特别是水电不发达的西方经济强国都把核电作为优先发展的新能源(表 0 - 1)。目前,全球电力的 17% 来自于核能发电,10 年内有望提升至 25% 。目前全球运营中的核电反应堆为 438 座,分布在 45 个国家和地区,年耗铀约 $6.5 \times 10^4\ t$ 左右。到 2030 年前,全球又将会有 349 座新建核电反应堆陆续得到建设(其中正在建设中的有 34 座,计划中的是 93 座,筹划中的为 222 座)。

表 0 – 1　当前世界核电发展情况

国家	运行核电站数	运行核电装机容量(10^2 kW)	在建核电站数	在建核电装机容量(10^2 kW)
美国	104	97 411		
法国	59	63 073		
日本	53	43 491	3	3 190
英国	35	12 968		
俄罗斯	29	19 843	3	2 825
德国	19	21 122		
韩国	16	12 990	4	3 820
加拿大	14	9 998		
印度	14	2 503		
乌克兰	13	11 207	4	3 800
瑞典	11	9 432		
西班牙	9	7 512		
比利时	7	5 712		
中国台湾省	6	4 884	2	2 560
保加利亚	6	3 538		
斯洛伐克	6	2 408	2	776
瑞士	5	3 192		
捷克	5	2 569	1	912
芬兰	4	2 656		
匈牙利	4	1 755		
中国	3	2 167	8	6 420
立陶宛	2	2 370		
巴西	2	1 855	1	
南非	2	1 800		
墨西哥	2	1 360		
阿根廷	2	935	1	692

表 0 - 1(续)

国家	运行核电站数	运行核电装机容量(10^2 kW)	在建核电站数	在建核电装机容量(10^2 kW)
巴基斯坦	2	425		
斯洛文尼亚	1	676		
罗马尼亚	1	650	1	650
荷兰	1	449		
亚美尼亚	1	376		
伊朗			2	2 111
总计	438	351 327	31	27 756

西方发达国家的核电事业都很发达,美国和英国的核电已占其总发电量的1/4左右,瑞典已占一半,而法国已占3/4。

核电是清洁能源,是我国大力发展使用的能源。截至2007年底,随着田湾核电站两台机组投入商业运营和秦山核电二期工程的开工建设,我国大陆地区核电运行机组达到11台,总装机容量达到9.078×10^6 kW。台湾地区核电机组已达6台,核电已占总发电量的31.72%。

中国大陆11台核电机组,以压水堆技术为主,包括3座国产的、2座从俄罗斯引进的和4座从法国引进的,还有从加拿大引进的2座重水堆。主要分布在浙江秦山核电基地、广东大亚湾和岭澳核电厂、江苏田湾核电厂。

我国现有核电占总发电量的比例为1.9%,占电力总装机容量的比例只有1.27%。这一比例远远低于世界平均水平,但是这也说明我国核电事业仍然有巨大的发展潜力。

按照我国《核电中长期发展规划》,到2020年,全国要建成核电机组的装机容量为4×10^7 kW,在建1.8×10^7 kW,核电机组装机容量占电力总装机容量的比例将达到4%。这就是说,在未来10年中,我国的核电发电能力将至少翻一番。

除核电事业之外,反应堆生产的产品还可以用于医疗(同位素应用)、核潜艇等领域,核事业在我国经济建设和国防建设中必将发挥巨大的作用。

所有核事业的发展都离不开原料铀的寻找,离不开放射性物探,可见放射性物探在民用工业中的重要地位。

0.2.3　铀矿产概况

1. 铀矿的品位和规模

铀矿品位分为边界品位和最低工业品位2种。边界品位是指是否为矿石的最低铀含量值,最低工业品位是指工业上开采不赔不赚的最低品位。由此可见,铀的品位是随着经济和技术的发展而变化的。目前常用的边界品位为0.03%,最低工业品位为0.05%。

铀矿矿石品位一般分为以下几种品级:①极富矿石>1%;②富矿石0.5%~1%;③普通矿石0.1%~0.5%;④贫矿石0.05%~0.1%。

国际上一般用U_3O_8的量来衡量铀矿床规模:①特大型矿床>10万吨;②大型矿床1~10万吨;③中型矿床1000吨~1万吨;④小型矿床<1000吨。

2. 世界铀矿产概况

据南非原子能委员会1985年估算,全球铀矿地质储量约为229.59×10^8 t。英国研究所统计,世界铀矿探明储量340×10^4 t,是目前开采量的100倍。2000年全球的纯铀开采量累计为193.86×10^4 t,自1995年以来全球的纯铀生产量约在$(3.2 \sim 3.6) \times 10^4$ t之间,近20年上下波动不大。

据国际原子能机构(IAEA)秘书处统计,发展中国家对铀的需求量依然旺盛,而发达国家,特别是核电事业发达的西方国家铀的产量却在下降。这种情况的发生有4个原因:①燃料铀为可再生能源(图0-1),核电站用乏的燃料(发电效率下降的核燃料)可以通过后处理技术进行再生,然后再送进核电站重复利用,这样每年只需少量铀品加入即可;②国际铀品价格低廉,发达国家只需进口就可满足国内需求;③上世纪80年代末,美国和前苏联达成中程导弹销毁协议,前苏联每销毁3枚核导弹美国才销毁1枚核导弹,使前苏联销毁核导弹的进程大大加快,自1992年以来,前苏联把大量的军用铀品稀释(^{235}U由100%稀释到5%)后以低廉的价格卖给美国,美苏核武器竞赛的结束导致国际铀价大幅度下跌;④有些发达国家抵制核电事业的发展,如德国准备到2021年关闭所有核电站。

据国际原子能机构的统计,一座铀矿山从地质勘查到矿山开发平均需要大约10~15年的时间。2008~2030年,相隔仅22年,为满足全球788个核电反应堆运行所需要的铀,人类需要在地球上勘查并开发20多个万吨量级的铀矿床。世界核原料需求在今后的20年内将保持适当的发展速度,年增长率约在1.5%~2%之间;但发展中国家对铀品的需求量远大于该增长率。

世界各国都在积极寻找成本低廉的"可地浸砂岩型铀矿",如美国75%的铀是由地浸矿山生产的。我国也在内蒙古、甘肃和新疆等干旱地区寻找可地浸砂岩型铀矿,目前成果显著。

第1章　放射性概论

1.1　原子和原子核

1.1.1　原子

我们每时每刻都要接触到各种各样的物质,例如空气、水等等。这些物理、化学性质不同的物质是由各种不同的化学元素组成的。如水由氧元素和氢元素化合而成,化学式为 H_2O。

现在已经发现的化学元素有 113 种,构成这些元素的最基本单位是原子。原子是很微小的,它的直径只有 10^{-10} m 左右。原子的质量也很小,如氢原子的质量为 1.6733×10^{-24} g,铀原子的质量为 3.951×10^{-22} g。原子虽然很小,但它在化学反应过程中仍保持着元素的化学性质。

原子是可分的,按照玻尔原子模型,原子的中心有一个核心,称为原子核。它的外围有一定数目的电子(称为束缚电子或轨道电子)环绕原子核运动。原子核的直径更小,为 $10^{-15} \sim 10^{-14}$ m,比原子的直径小 $4 \sim 5$ 个数量级,但原子的质量却大部分集中在原子核上,电子的质量仅占很少一部分。以最简单的氢原子为例,它由氢原子核和一个束缚电子组成,如图 1-1 所示。核外电子的质量为 9.1×10^{-28} g,而氢核的质量为 1.67×10^{-24} g,两者的比值为 1/183 8。对于复杂的原子这个比值还要小些,例如,铀原子的 92 个电子的总质量和铀核质量的比只有 1/471 7。

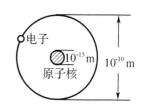

图 1-1　氢原子结构示意图

原子本身不显电性,这是因为原子核带正电荷,束缚电子带负电荷,而它们所带电荷电量相等,符号相反,因此不显电性。每一种元素的原子,原子核所带的电荷数是固定不变的,如果原子不接受外来能量,那么核外束缚电子数也是固定的。元素周期表的次序即以原子核所带电荷数的多少来排列,称为原子序数,以 Z 表示,如

氢(H): $Z = 1$

氧(O): $Z = 8$

铀(U): $Z = 92$

核外电子总是围绕原子核不停地运动着,就像行星环绕太阳运动一样。原子核好比太阳,电子则好比环绕太阳运动的行星。绕核运动的电子都有一个运动轨道,每个轨道最多只能有

两个电子。由若干条轨道组成一个电子"壳层",按其距核的远近可分成几个层。靠原子核最近的层称为 K 层,能量最低;第二层为 L 层,能量稍高一些;再远依次为 M 层、N 层、O 层、P 层、Q 层等;离核最远的层,能量最高。每一个电子壳层上的电子数有一个限度,K 层最多只能有 2 个电子,L 层最多有 8 个电子,M 层最多有 18 个电子……。每层最大电子数可由下式表示

$$2 \times n^2$$

式中 n 为电子壳层的层数,但原子最外一层电子个数最多不能超过 8 个。如氧原子有两个电子壳层(K,L),8 条运动轨道,其中 K 层有 2 个电子,L 层有 6 个电子,如图 1-2 所示。

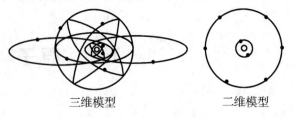

三维模型　　　　　二维模型

图 1-2　氧原子模型

1.1.2　原子核

原子核由更小的粒子,即质子和中子组成,统称为核子。

1. 质子

通常用符号"p"来表示,它带有一个正电荷,电荷量为 4.8×10^{-10} C。电子带的电荷量与质子所带电荷量相等,符号相反。质子的质量为 $1.672\,6 \times 10^{-24}$ g,是电子的 1 838 倍(氢原子)。原子核所带电荷数由质子的数目决定。因此,元素的原子序数 Z 又可由原子核中质子的数目决定。

2. 中子

通常用符号"n"表示。中子是不带电的中性粒子,质量为 $1.674\,9 \times 10^{-24}$ g,与质子质量相近,中子一般被束缚在原子核中,不能独立稳定地存在。只是在原子核受到外来粒子轰击而引起变化时,才从核里释放出来。

原子核内质子和中子数之和称为核子数,以 A 表示。如以 N 表示中子数,Z 表示质子数,显然 $A = Z + N$。这里 A 又称为原子核的质量数。如原子核 $^{14}_{7}$N 的质量数 $A = 14$,电荷数 $Z = 7$,所以它是由 7 个中子和 7 个质子组成的核。我们可用下面的简单符号来表示原子核

$$^A_Z X$$

式中　X——元素的化学符号。

例如,氢原子核内只有 1 个质子,而没有中子,铀原子核由 92 个质子和 146 个中子组成,分别表示如下

$$^1_1 H, \quad ^{238}_{92} U$$

　　每种元素都存在同位素,它们的原子核中质子数相同,而中子数不同。例如自然界存在的铀有三个同位素,即 $^{234}_{92}U$,$^{235}_{92}U$,$^{238}_{92}U$,它们质子数都是 92,但中子数不同,分别为 142,143 和 146,故原子核质量数不同,物理性质也不相同。有的核是稳定的,有的是放射性的,如钾的三个同位素 $^{39}_{19}K$,$^{40}_{19}K$,$^{41}_{19}K$,其中只有 $^{40}_{19}K$ 是放射性核。即使像铀的三个同位素都是放射性核,它们也具有各自不同的特征。可见,每一种原子核都有它独自的特征,有固定数量的质子数和中子数的原子核称为核素。因此,放射性元素被称作放射性核素或放射性同位素,习惯上放射性核素与放射性同位素可以通用,本书以下均称放射性核素。如 $^{40}_{19}K$,表示质量数为 40,原子序数为 19 的放射性核素“钾－40”。

1.1.3　能级与能谱

1. 原子的能级

　　束缚电子绕核运动具有一定轨道,这些轨道是不连续的,电子在各个可能轨道上所具有的能量也是不连续的,我们称这些不连续的能量数值为原子的能级。

　　原子的能级通常用电子伏特(eV)来表示。1 电子伏特等于一个电子经过电位差为 1 伏特的电场所做的功。

　　1 电子伏特(eV) = 1.602×10^{-12} 尔格

　　1 千电子伏特(keV) = 10^3 电子伏特

　　1 兆电子伏特(MeV) = 10^6 电子伏特

　　处于稳定状态的原子不放出能量。当原子处在激发状态时,电子是不稳定的。当电子由远离原子核的较高能级(例如 W_L)跃迁到靠近原子核的较低能级(例如 W_K)时,相应的能量变化为 $\Delta W = W_L - W_K$,并以发射光子的形式被释放出来(图 1－3)。

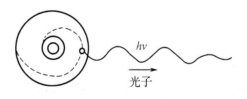

图 1－3　电子发射光子示意图

$$\Delta W = h\upsilon = W_L - W_K$$

式中　h——普朗克常数,等于 $6.626\ 2 \times 10^{-27}$ 尔格·秒;

　　　υ——光子的频率;

　　　$h\upsilon$——光子的能量。

　　将某种原子发射的各种频率的光子按波长排列起来(即按能量排列),便构成了该种原子的发射光谱。原子的光谱也即原子的能谱。由于不同核素的原子具有不同的能级,因此,每种核素的原子只能发出某些特定波长的谱线,即每种核素都有各自独特的原子光谱。

2. 核能级

组成原子核的中子和质子,都处于运动变化之中。运动状态不同,相应的能量状态也不同。因此,原子核如同原子一样有不同的能级。原子核中能量的分布也是一级一级的,或者说原子核能够处在各种激发状态中。原子核最低的那种能量状态叫"基态",比基态高的能量状态称为"激发态",形象地表示如图 1－4 所示。

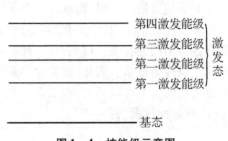

图 1－4　核能级示意图

如果原子核处在激发态的某个能级上,那么这种状态是不稳定的,它往往通过放出光子从激发态回到基态。这与原子中的电子从能级较高的激发状态跃迁到能级较低的状态时放出光子的情况十分相似。但核能级变化放出的光子,波长短,能量大,在核物理中把这种光子称为 γ 光子或 γ 射线。某种原子核放出各种能量 γ 光子的集合,便是该种核的 γ 能谱,这是放射性物探研究中要经常利用的。

1.2　放射性衰变

1.2.1　放射性及放射性核素

一些核素的原子核不够稳定,会自发地发生衰变,由一种核素的原子核衰变成另外一种核素的原子核,同时放出射线,这种现象称为放射性衰变,这些核素称为放射性核素。

放射性核素可分为两类,一类是自然界存在的能自发衰变的核素,称为天然放射性核素。它们主要是原子序数大于 82 的重核素以及某些原子序数不太大的核素,例如钾($^{40}_{19}\mathrm{K}$)、铷($^{87}_{37}\mathrm{Rb}$)、钐($^{137}_{62}\mathrm{Sm}$)等。另外一种是用人工方法(核反应)得到的放射性同位素,称为人工放射性同位素,如用于制造原子弹的钚($^{239}_{94}\mathrm{Pu}$)、常用于放射性仪器激发源的镅($^{241}_{95}\mathrm{Am}$)、用于医疗的钴($^{60}_{27}\mathrm{Co}$)等。

天然放射性核素衰变时放出的射线,根据其性质可分为 α 射线(α 粒子)、β 射线(电子)和 γ 射线(γ 光子)。

1.2.2　α 衰变

不稳定的核自发地放出 α 粒子而变成另外的核,称为 α 衰变。α 衰变时从原子核放出的 α 粒子实际上是氦的原子核($^{4}_{2}\mathrm{He}$),它由 2 个质子和 2 个中子组成,带 2 个正电荷。

　　放射性核素在 α 衰变后,它的原子质量数降低 4 个单位,原子序数降低 2 个单位,因此它在元素周期表中的位置向左移动 2 格。若以 X 表示母核,Y 表示衰变子体,则 α 衰变可用下式表示

$$_Z^A X \rightarrow _{Z-2}^{A-4} Y + _2^4 He$$

$_{92}^{238}U$ 经过 α 衰变,变成 $_{90}^{234}UX_1$,表达式可写作

$$_{92}^{238}U \rightarrow _{90}^{234}UX_1 + _2^4 He$$

　　在 α 衰变过程中,有的核素往往放出几种不同能量的 α 射线,此时便伴随有 γ 射线放出。例如镭($_{88}^{226}Ra$)经过 α 衰变后变成氡($_{86}^{222}Rn$),就放出 γ 射线。

　　镭放出两种不同能量的 α 射线,一种是 4.785 MeV 的 α 粒子(占总照射量率的 95%),形成的氡核处于基态。另一种是能量为 4.602 MeV 的 α 粒子(占总照射量率的 5%),形成的氡核处于激发态,它是不稳定的,很快要跃迁到基态而放出 0.183 MeV 的 γ 射线,能量变化过程如图 1-5 所示。

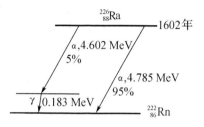

图 1-5　镭的 α 衰变图

1.2.3　β 衰变

　　不稳定的核衰变时,放出 β 粒子而变成另一个核,称为 β 衰变。β 粒子实际上就是电子,带有一个负电荷。β 衰变前后母体与子体的质量数相同,而子体原子序数提高一位,它在元素周期表中的位置向右移一格。可由下式表达

$$_Z^A X \rightarrow _{Z+1}^A Y + \beta + v^*$$

式中　v^*——中微子,是质量十分微小(电子质量的 1/2 000)的中性粒子。

　　如 $_{90}^{234}UX_1 \rightarrow _{91}^{234}UX_2 + \beta$,原子核内没有电子存在,β 粒子的放出,是核子中的中子(n)转变为质子(p)的结果,故 A 不变,而 Z 增加 1。

　　β 衰变时,往往放出 γ 射线。因为 β 衰变后形成的子体核素原子核往往处于激发态,原子核由激发态回到基态时要放出 γ 光子(γ 射线)。如铯($_{55}^{137}Cs$)衰变为钡($_{56}^{137}Ba$)就放出 0.66 MeV 的 γ 射线,如图 1-6 所示。

　　与 α 衰变时放出的 γ 射线相比,β 衰变时放出的 γ 射线照射量率大得多。天然放射性核素放出的几组主要 γ 射线几乎都是伴随 β 衰变时放出的。

1.2.4　β⁺ 衰变

　　β⁺ 衰变放出 β⁺ 粒子(又称正电子),其质量与电子相等,带一个正电荷。β⁺ 衰变实质上

是一个质子转变成一个中子的结果。核素在 β^+ 衰变时，母核与其子体的质量数(A)相同，但子体的原子序数(Z)减少1，表达式如下

$$_Z^A X \rightarrow _{Z-1}^A Y + \beta^+ + v^*$$

如 $_{14}^{27}Si \rightarrow _{13}^{27}Al + \beta^+ + v^*$，$\beta^+$ 衰变时与 β 衰变一样，也伴随放出 γ 射线，且 β^+ 粒子的能谱是连续谱。β^+ 粒子被介质阻止而丧失动能时，它将和介质中的电子相结合，辐射两个方向相反、能量均为 0.51 MeV 的光子，此种辐射称为阳电子湮没辐射(光化辐射)。

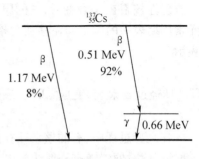

图 1-6　钯-137 衰变图

1.2.5　电子俘获

所谓电子俘获是指原子核俘获了一个轨道电子，使核内的质子转变成中子并放出中微子。因而子体原子核的质量数 A 不发生变化，而原子序数 Z 减少1。表达式如下

$$_Z^A X + e \rightarrow _{Z-1}^A Y + v^*$$

如 $_{19}^{40}K + e \rightarrow _{18}^{40}Ar + v^*$，因为 K 层电子最靠近原子核，且能量最低，故 K 层电子最容易被俘获，所以这种衰变也称为 K 电子俘获。K 层电子被俘获后，新形成的子体原子的 K 层电子必然留下空位，这个空位将由能量较高的外层(如 L 层)电子所充填。当发生这种电子的跃迁时，势必有多余的能量放出。这种多余的能量，既可以特征 X 射线放出，也可传给 L 层电子使之成为自由电子。有的电子俘获后形成的子体处于激发态而放出 γ 射线，如 $_{19}^{40}K$ 发生电子俘获后就放出能量为 1.46 MeV 的 γ 射线而形成 $_{18}^{40}Ar$(氩)。

由上可知，放射性核素在衰变时放出 α, β, γ 三种射线，其实质为：

(1) α 射线是一种高速运动的带正电粒子，其静止质量为 4.002 6 amu(原子质量单位)[注]，电量为两个正电荷，是氦($_2^4$He)的原子核；

(2) β 射线是高速运动着的电子，其速度比 α 射线高，近于光速，它的质量很小，电量为一个负电荷；

(3) γ 射线是一种波长极短的电磁辐射，不带电。

1.3　放射性系列与放射性核素

自然界存在的天然放射性元素很多。在同一岩石露头上含有铀、镭、钍等放射性元素是常

[注]1 amu(或 1 u) = 1.660 565 5 $\times 10^{27}$ kg，下同。

见现象。把盛有铀矿石的容器密封起来,密封容器里就会出现一种新的气体氡。如果把氡气引入干净的容器,经过 3~4 个小时后,在器壁上又可探测出新的放射性物质。从铀、镭、钍等放射性核素的共生,以及"镭→氡→新"这样的放射性元素转变过程,充分说明了这些元素是一个"家族",都是由铀($^{238}_{92}$U)衰变而来的,这个"家族"称为天然放射性系列。系列中有个起始核素,称它为该系列的起始母核素。如$^{238}_{92}$U 经过放射性衰变,变成新的放射性核素,称其为衰变子体,衰变子体可以继续衰变(如$^{226}_{88}$Ra),直到生成稳定的同位素为止,如铅($^{206}_{82}$Pb)。

　　自然界存在三个放射性系列,即铀系(U),钍系(Th)和锕铀系(AcU)。此外还可用人工方法得到一个放射性系列,即镎(Np)系。放射性系列中的核素原子序数都大于 81。

　　除上述形成系列的放射性核素外,还有一些原子序数中等,不成系列的天然放射性核素存在于自然界。它们经过一次衰变后即成为稳定的核素,如钾($^{40}_{19}$K)等。

1.3.1　铀系(或称铀-镭系)

　　铀系的起始核素为$^{238}_{92}$U,它的半衰期为 4.468×10^9 年。其中 UI-Io 为铀组核素,而 Ra 以下称为镭组核素。UI($^{238}_{92}$U)经过 α 衰变后变成 UX$_1$($^{234}_{90}$Th),是钍的同位素。UX$_1$ 经过 β 衰变而变成 UX$_2$($^{234}_{91}$Pa),是镤的同位素。UX$_2$ 有两种衰变方式,大部分原子核经过 β 衰变而变成 U Ⅱ($^{234}_{92}$U),小部分(占 0.15%)的原子核先放出 γ 射线变成 UZ,UZ 与 UX$_2$ 为一对同质异能素(即具有相同质量和相同电荷的原子核,而半衰期有明显差异的同位素),UZ 再经过 β 衰变而变成 U Ⅱ,U Ⅱ的半衰期很长。UⅡ以后是一连串的 α 衰变,先衰变成 Io($^{230}_{90}$Th),再衰变成 Ra,Ra 衰变成本系列中唯一的气体放射性核素 Rn。Rn 衰变成 RaA($^{218}_{84}$Po),RaA 有两种衰变方式,大部分(占 99.97%)经 α 衰变变成 RaB($^{214}_{82}$Pb),极少部分(0.03%)经 β 衰变成砹($^{218}_{85}$At)。At 的寿命很短(半衰期为 2 秒),绝大部分(99.9%)以 α 衰变的形式衰变成 RaC($^{214}_{83}$Bi),0.1% 的 At 经 β 衰变变为$^{218}_{86}$Rn。$^{218}_{86}$Rn 经过 α 衰变而变成 RaC′($^{214}_{84}$Po),RaC 的绝大部分是由 RaB 衰变而来的,RaC 的绝大部分(99.96%)又经过 β 衰变而成 RaC′($^{214}_{84}$Po)。RaC′经 α 衰变变成 RaD($^{210}_{82}$Pb),极少部分 RaC 经 α 衰变成 RaC″($^{210}_{81}$Tl),RaC″经 β 衰变也变成 RaD。RaA,RaB,RaC,RaC′及 RaC″的寿命都很短(半衰期从 1.64×10^{-4} 秒~26.8 分),称它们为 Rn 的短寿放射性子体。

　　RaD 经过 β 衰变成 RaE($^{210}_{83}$Bi),RaE 经 β 衰成 RaF($^{210}_{84}$Po),RaF 经 α 衰变成铅的稳定同位素 RaG($^{206}_{82}$Pb)。RaD,RaE,RaF 的寿命比较长(半衰期从 5 天~22.3 年),称它们为 Rn 的长寿放射性子体。整个铀系列的衰变如图 1-7 所示,衰变常数和半衰期见表 1-1。

　　铀系列由 20 种放射性核素组成。

　　α 辐射体有 12 个,其中主要的有 8 个:$^{238}_{92}$U,$^{234}_{92}$U,$^{230}_{90}$Th,$^{226}_{88}$Ra,$^{222}_{86}$Rn,$^{218}_{84}$Po,$^{214}_{84}$Po,$^{210}_{84}$Po。

　　β 辐射体有 11 个,其中主要的有 4 个:$^{234}_{91}$Pa,$^{214}_{82}$Pb,$^{214}_{83}$Bi,$^{210}_{83}$Bi。

　　γ 辐射体有 11 个,其中主要的有 2 个:$^{214}_{82}$Pb,$^{214}_{83}$Bi。

铀系

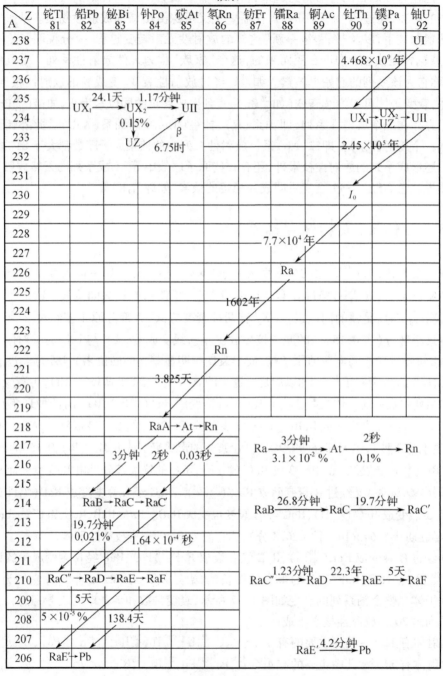

图 1-7 铀系衰变图

表 1 – 1　铀系核素参数

核素	俗称及符号	半衰期 $T_{1/2}$	衰变常数 λ/s^{-1}	与铀处于平衡时核素的质量比例
$^{238}_{92}U$	铀 I（U I）	4.468×10^9 年	4.91×10^{-18}	0.992 7
$^{234}_{90}Th$	铀 X_1（UX_1）	24.1 天	3.33×10^{-7}	1.44×10^{-11}
$^{234}_{91}Pa$	铀 X_2（UX_2）	1.17 分钟	9.87×10^{-3}	4.85×10^{-16}
$^{234}_{91}Pa$	铀 Z（UZ）	6.75 时	2.85×10^{-6}	2.52×10^{-16}
$^{234}_{92}U$	铀 II（U II）	2.45×10^5 年	9.01×10^{-14}	5.32×10^{-5}
$^{230}_{90}Th$	镅（Io）	7.7×10^4 年	2.85×10^{-13}	1.65×10^{-5}
$^{226}_{88}Ra$	镭（Ra）	1602 年	1.37×10^{-11}	3.40×10^{-7}
$^{222}_{86}Rn$	氡（Rn）	3.825 天	2.10×10^{-6}	2.16×10^{-12}
$^{218}_{84}Po$	镭 A（RaA）	3.05 分钟	3.85×10^{-3}	1.16×10^{-13}
$^{214}_{82}Pb$	镭 B（RaB）	26.8 分钟	4.31×10^{-4}	1.02×10^{-14}
$^{218}_{85}At$	砹（^{218}At）	2 秒	0.347	3.99×10^{-21}
$^{214}_{83}Bi$	镭 C（RaC）	19.7 分钟	5.86×10^{-4}	7.49×10^{-15}
$^{214}_{84}Po$	镭 C'（RaC'）	1.64×10^{-4} 秒	4.23×10^3	1.03×10^{-21}
$^{210}_{81}Tl$	镭 C''（RaC''）	1.30 分钟	8.75×10^{-3}	1.96×10^{-19}
$^{210}_{82}Pb$	镭 D（RaD）	22.3 年	9.87×10^{-5}	4.36×10^{-9}
$^{210}_{83}Bi$	镭 E（RaE）	5.01 天	1.60×10^{-6}	2.69×10^{-12}
$^{210}_{84}Po$	镭 F（RaF）	138.4 天	5.79×10^{-8}	7.42×10^{-14}
$^{206}_{81}Tl$	镭 E'（RaE'）	4.9 分钟	2.75×10^{-3}	7.65×10^{-22}
$^{206}_{82}Pb$	镭 G（RaG）	稳定		

铀系列由 20 种放射性核素组成。

α 辐射体有 12 个,其中主要的有 8 个:$^{238}_{92}U$,$^{234}_{92}U$,$^{230}_{90}Th$,$^{226}_{88}Ra$,$^{226}_{86}Rn$,$^{218}_{84}Po$,$^{214}_{84}Po$,$^{210}_{84}Po$。

β 辐射体有 11 个,其中主要的有 4 个:$^{234}_{91}Pa$,$^{214}_{82}Pb$,$^{214}_{83}Bi$,$^{210}_{83}Bi$。

γ 辐射体有 11 个,其中主要的有 2 个:$^{214}_{82}Pb$,$^{214}_{83}Bi$。

1.3.2　钍系

钍系的起始核素为钍（$^{232}_{90}Th$）,半衰期 1.41×10^{10} 年。钍系衰变图如图 1 – 8 所示,钍系的衰变常数及半衰期见表 1 – 2。

钍系的衰变比铀系要简单一些。钍系子体核素的寿命一般比铀系子体核素寿命短,最长的新钍（$MsTh_1$）只有 5.75 年。钍系列的中部也有一个气体放射性核素,它是氡的同位素

钍系

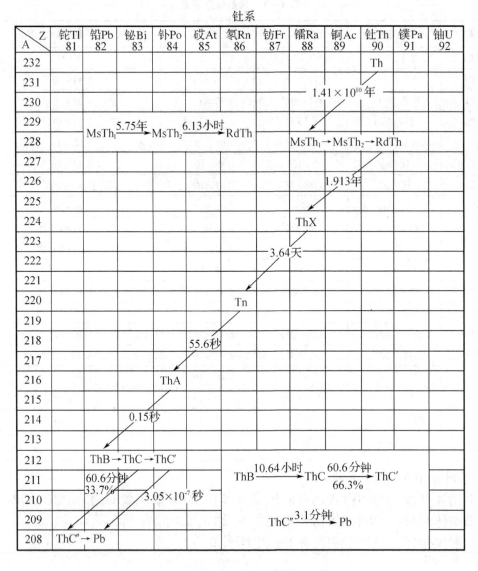

图1-8　钍系衰变图

($_{86}^{220}$Rn),一般写作 Tn。值得注意的是 Tn 的半衰期只有 55.6 秒,与铀系氡($_{86}^{222}$Rn)的半衰期 3.825天差异很大,这是区分这 2 种射气的理论依据。钍系经 6 次 α 衰变和 4 次 β 衰变,最后衰变为稳定的铅的同位素($_{82}^{208}$Rb)。

　　钍是潜在的放射性燃料,只是由于技术上的原因,目前尚不能利用。随着科技的发展,钍作为核燃料的技术一旦被突破,钍的使用价值将非常巨大。

表 1 - 2　钍系核素参数表

核素	俗称及符号	半衰期 $T_{1/2}$	衰变常数 λ/s^{-1}	与钍处于平衡时核素的质量比例
$^{232}_{90}$Th	钍(Th)	1.41×10^{10} 年	1.57×10^{-18}	1
$^{228}_{88}$Ra	新钍 1(MsTh$_1$)	5.76 年	3.83×10^{-9}	4.03×10^{-10}
$^{228}_{89}$Ac	新钍 2(MsTh$_2$)	6.13 小时	3.14×10^{-5}	4.92×10^{-14}
$^{228}_{90}$Th	射钍(RdTh)	1.913 年	1.15×10^{-8}	1.34×10^{-10}
$^{224}_{88}$Ra	钍 X(ThX)	3.64 天	2.21×10^{-6}	6.86×10^{-13}
$^{220}_{86}$Rn	钍射气(Tn)	55.6 秒	1.27×10^{-2}	1.17×10^{-16}
$^{216}_{84}$Po	钍 A(ThA)	0.15 秒	4.62	3.16×10^{-19}
$^{212}_{82}$Pb	钍 B(ThB)	10.64 小时	1.81×10^{-5}	7.93×10^{-14}
$^{216}_{85}$At	砹(^{216}At)	3.5×10^{-4} 秒	1.98×10^{3}	9.61×10^{-26}
$^{212}_{83}$Bi	钍 C(ThC)	60.6 分	1.91×10^{-4}	7.52×10^{-15}
$^{212}_{84}$Po	钍 C'(ThC')	3.04×10^{-7} 秒	2.27×10^{6}	4.19×10^{-25}
$^{208}_{81}$Tl	钍 C''(ThC'')	3.05 分钟	3.37×10^{-3}	1.27×10^{-16}
$^{208}_{82}$Pb	钍 D(ThD)	稳定		

1.3.3　锕铀系

最初认为锕($^{227}_{89}$Ac)是该系列的起始核素,故称锕系。现在认为,铀($^{235}_{92}$U)是该系列的起始核素,故称为锕铀系。锕铀系衰变如图 1 - 9 所示,锕铀系的衰变常数及半衰期见表 1 - 3。

锕铀系的衰变较为复杂,在衰变过程中也产生一个气体放射性核素,它是氡的同位素($^{219}_{86}$Rn),称锕射气,通常写作 An,它的半衰期更短,仅有 3.96 秒,所以在射气测量中很少注意它的影响。锕铀系经过一系列的 α、β 衰变后最后变成铅的稳定同位素($^{207}_{82}$Pb)。

$^{235}_{92}$U 仅占铀总量的 0.72%,而且 $^{235}_{92}$U 与 $^{238}_{92}$U 经常共生在一起。$^{235}_{92}$U 是重水反应堆和原子弹(氢弹)的原材料。工业铀品生产中把 $^{235}_{92}$U 和 $^{238}_{92}$U 氟化,让它们变成气体(UF$_4$ 或 UF$_6$),然后再通过物理方法(铀扩散机或离心机)实现分离,把分离出来的 $^{235}_{92}$U 浓缩、制备成为核燃料或军用浓缩铀(图 0 - 1),用于核电事业或国防事业(如核动力潜艇等)。将剩余的 $^{238}_{92}$U 通过核反应堆照射转变为 ^{239}Pu,亦可用于核电事业。

锕铀系

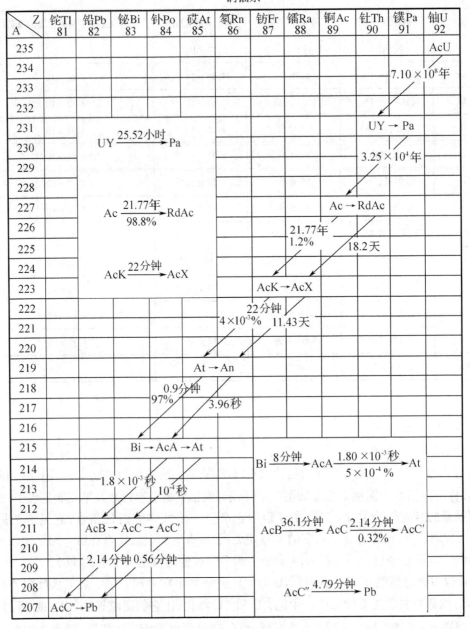

图1-9　锕铀系衰变图

表 1 - 3　锕铀系核素参数表

核素	俗称及符号	半衰期 $T_{1/2}$	衰变常数 λ / s^{-1}	与铀处于平衡时核素的质量比例
$^{235}_{92}U$	锕铀（AcU）	7.038×10^8 年	3.12×10^{-17}	7.3×10^{-3}
$^{231}_{90}Th$	铀 Y（UY）	25.25 小时	7.54×10^{-6}	2.97×10^{-14}
$^{231}_{91}Pa$	镤（Pa）	3.28×10^4 年	6.79×10^{-13}	2.30×10^{-7}
$^{227}_{89}Ac$	锕（Ac）	21.77 年	1.01×10^{-9}	2.18×10^{-10}
$^{227}_{90}Th$	射锕（RdAc）	18.22 天	4.41×10^{-7}	4.93×10^{-13}
$^{223}_{87}Fr$	锕 K（AcK）	22 分钟	5.25×10^{-4}	4.90×10^{-16}
$^{223}_{88}Ra$	锕 X（AcX）	11.43 天	7.01×10^{-7}	3.09×10^{-13}
$^{219}_{86}Rn$	锕射气（An）	3.96 秒	1.75×10^{-1}	1.21×10^{-18}
$^{215}_{84}Po$	锕 A（AcA）	1.78×10^{-3} 秒	3.85×10^2	5.42×10^{-22}
$^{211}_{82}Pb$	锕 B（AcB）	36.1 分钟	3.19×10^{-4}	6.42×10^{-16}
$^{215}_{85}At$	砹（^{215}At）	10^{-4} 秒	6.93×10^3	1.51×10^{-28}
$^{211}_{83}Bt$	锕 C（AcC）	2.15 分钟	5.41×10^{-3}	3.79×10^{-17}
$^{211}_{84}Po$	锕 C'（AcC'）	0.52 秒	1.24	5.28×10^{-22}
$^{207}_{81}Tl$	锕 C''（AcC''）	4.79 分钟	2.41×10^{-3}	8.33×10^{-17}
$^{207}_{82}Pb$	锕 D（AcD）	稳定		

1.3.4　三个天然放射性核素系列的共同特性

对三个天然放射性核素系列的介绍,可以看出它们有一些共同特性:

(1)三个系列的起始核素的半衰期都很长,在数亿年至数百亿年之间,也正是由于这个原因,三个系列才能在自然界长期存在;

(2)每个系列的中部都有一个气体放射性核素,它们的原子序数为 86,是氡的放射性同位素,通常称它们为射气;

(3)系列中的射气都能逸散,它的衰变子体可附着于物体表面,称其为放射性沉淀物,对铀系来说,有氡的短寿沉淀物(RaA,RaB,RaC,RaC' 及 RaC")和氡的长寿沉淀物(RaD,RaE 与 RaF),而钍系和锕系的射气衰变子体都是短寿的沉淀物;

(4)三个系列的衰变产物 C'核素(钋的同位素)均为 α 辐射体,它们放出的 α 射线的能量在整个系列中为最大(7.423 ~ 8.785 MeV);

(5)三个系列衰变的最后产物均是铅的稳定同位素,铀系 $^{206}_{82}Pb$,钍系 $^{208}_{82}Pb$,锕系 $^{207}_{82}Pb$。

三个系列元素的质量数的变化具有以下规律性:铀系 $4n + 2$ ($n = 51 \sim 59$),钍系 $4n$ ($n =$

$52 \sim 58$），锕铀系 $4n+3$（$n=52 \sim 59$），那么是否还存在一个（$4n+1$）的系列呢？后来在人工放射性核素中找到了这样一个系列。这个系列的起始核素为镎（$^{237}_{93}\text{Np}$），故称镎系。由于镎系中 $^{237}_{93}\text{Np}$ 半衰期很长，为 2.2×10^6 年，约为地球年龄的 1/2 000，故在漫长的地质年代中镎系元素已经衰变完了。

1.3.5　几个主要放射性核素

三个天然放射性核素系列的起始核素铀和钍，是重要的核燃料，是找矿的主要对象。还有镭、氡、钾等放射性核素在放射性普查与勘探中有着十分重要的意义，因此需要对它们的特征作一简单介绍。

1. 铀

金属铀的化学活动性质与铁相似，在空气中易氧化，也易溶于酸。自然界铀的同位素有三个：

U I（$^{238}_{92}\text{U}$）　　　　半衰期（T）$= 4.468 \times 10^9$ 年

U II（$^{234}_{92}\text{U}$）　　　　半衰期（T）$= 2.44 \times 10^5$ 年

AcU（$^{235}_{92}\text{U}$）　　　　半衰期（T）$= 7.1 \times 10^8$ 年

它们在自然界的分布有以下的比例关系：

$$\text{UI} : \text{U II} : \text{AcU} = 1 : \frac{1}{1\,700} : \frac{1}{140}$$

AcU（$^{235}_{92}\text{U}$）是锕铀系的起始核素，不属于铀系，但它总与 U I（$^{238}_{92}\text{U}$）共生在一起。

2. 钍

钍为银白色金属，难与氧化合。它有六个同位素，即

钍系：$^{232}_{90}\text{Th}$　　　　　半衰期（T）$= 1.41 \times 10^{10}$ 年

　　　$^{228}_{90}\text{Th}$（RdTh）　半衰期（T）$= 1.913$ 年

铀系：$^{234}_{90}\text{Th}$（UX_1）　半衰期（T）$= 24.1$ 日

　　　$^{230}_{90}\text{Th}$（Io）　　半衰期（T）$= 7.7 \times 10^4$ 年

锕系：$^{231}_{90}\text{Th}$（UY）　半衰期（T）$= 25.25$ 小时

　　　$^{227}_{90}\text{Th}$（RdAc）　半衰期（T）$= 18.17$ 日

六个钍的同位素中，以 $^{232}_{90}\text{Th}$ 为主，其余几个钍的同位素丰度值很低，钍是很有前景的核燃料来源，但由于加工工艺等方面的困难，目前尚未被广泛利用。

3. 镭

镭有四个同位素。

铀系：Ra ($^{226}_{88}Ra$)

钍系：$MsTh_1$ ($^{228}_{88}Ra$)

       ThX ($^{224}_{88}Ra$)

锕系：AcX ($^{222}_{88}Ra$)

为数不多的镭广泛地分布于自然界,不同的岩石中常常含有不同数量的镭。镭在自然界分布的这个特点以及它的短寿命衰变产物(主要是 RaC)具有很强的 γ 放射性,使得我们有可能利用 γ 射线的强弱来区分岩性和找矿。

4. 氡

存在于天然放射性系列中的气态氡有三个同位素,分别称为氡射气、钍射气和锕射气。

Rn($^{222}_{86}Rn$)   半衰朔(T) = 3.825 天

Tn($^{220}_{86}Rn$)   半衰期(T) = 55.6 秒

An($^{219}_{86}Rn$)   半衰期(T) = 3.96 秒

氡的三个同位素均属惰性气体,它们只放出 α 射线,半衰期相差悬殊。因此,测定其放射性照射量率随时间的变化,可以将它们区分开,从而得知其起始核素。在野外区分铀、钍就是利用这一原理。

5. 钾

自然界有三个钾的同位素,即$^{39}_{19}K$(93.3%),$^{40}_{19}K$(0.012%),$^{41}_{19}K$(6.678%)。其中只有$^{40}_{19}K$具有放射性,$^{40}_{19}K$ 有两种衰变方式,即 K 层电子俘获和 β 衰变。

(1)$^{40}_{19}K$ 的 K 层电子俘获

衰变表达式是

$$^{40}_{19}K + e \rightarrow ^{40}_{18}Ar + v^*$$

这种衰变方式占$^{40}_{19}K$ 衰变的11%。这种衰变方式的衰变常数是 $\lambda_K = 5.81 \times 10^{-11}$年$^{-1}$,半衰期 $T_K = 1.193 \times 10^{10}$年,这是最新公布的测试数据,以前的数据误差较大。因此,以前使用K – Ar 法同位素年龄测试的结果都需要使用最新数据进行校正。

(2)$^{40}_{19}K$ 的 β 衰变

衰变表达式是

$$^{40}_{19}K \rightarrow ^{40}_{20}Ca + \beta + v^*$$

这种衰变方式占$^{40}_{19}K$ 衰变的89%。这种衰变方式的衰变常数为 $\lambda_\beta = 4.692 \times 10^{-10}$年$^{-1}$,

半衰期 $T_\beta = 1.40 \times 10^9$ 年,这也是最新公布的测试数据。

${}^{40}_{19}K$ 的这两种衰变方式放出能量平均值为 1.46 MeV 的 γ 射线。钾在自然界分布非常广泛,且具有较强的放射性,因此在放射性普查与勘探中要注意钾的影响。

1.4　天然放射性核素的射线谱

1.4.1　α 射线谱

在核的 α 衰变中已讨论过,一种处于基态的原子核,经过 α 衰变,形成另一种原子核,它也处于基态,并且只放出一种能量的 α 粒子。但也有一些衰变子体的原子核处于激发状态,放出较小能量的 α 粒子。由激发态跃迁到基态时,还伴随放出 γ 光子。在这种情况下,一种核素可放出几种不同能量的 α 粒子。例如铀系的镭($^{226}_{88}Ra$)有 95% 的 α 粒子能量为 4.785 MeV;5% 的 α 粒子能量为 4.602 MeV;0.01% 的 α 粒子能量为 4.33 MeV。又如铀($^{238}_{92}U$),77% 的 α 粒子能量为 4.196 MeV;23% 的 α 粒子能量为 4.149 MeV。

一个核素放出的射线,若能量是单一的,称为单色谱;若射线有几组不同的能量,则称为复杂谱。天然放射性系列中大多数核素的 α 射线谱是复杂谱。

表 1-4、1-5 及 1-6 中列出了铀系、钍系和锕系中的 α 射线能量,这个能量是根据衰变粒子的百分数计算的加权平均能量。例如 UI 的 α 粒子能量为

$$E_\alpha = 0.77 \times 4.196 + 0.23 \times 4.149 = 4.185 \text{ MeV}$$

UI 一定作 α 衰变,每次衰变中产生的 α 粒子数 $n = 100$,平均能量为4.185 MeV,它的 α 辐射照射量率是 $n \cdot E = 100 \times 4.185$,占整个铀系 α 辐射照射量率的百分比即相对照射量率为

$$\frac{n \cdot E}{\sum n \cdot E} \times 100\% = 9.8\%$$

铀系有 12 个 α 辐射体,主要 α 辐射体 8 个。其中铀组有三个主要 α 辐射体,即 UI,UII 和 Io。镭组有五个主要 α 辐射体,即 Ra,Rn,RaA,RaC′和 RaF。它们的相对照射量率分别为 31.8% 与 68.2%。

锕铀系总是与铀系共生的,而 AcU 的量很少,其相对丰度为 0.72%。一般情况下 AcU 的影响可不予考虑。

钍系的 α 辐射体共有 7 个,其中 Th,RdTh,ThX,Tn,ThA,ThC,ThC′是主要的 α 辐射体。ThC′的 α 粒子能量最大,为 8.785 MeV,相对照射量率占 16.2%。Th 的 α 粒子能量最小,为 3.993 MeV,相对照射量率占 11.1%。

表 1-4　铀镭系的 α,β,γ 射线能谱

核素	α 射线			β 射线			γ 射线		
	每百次衰变的粒子数 n	能量 E_α /MeV	$\dfrac{nE}{\sum nE}$ /%	每百次衰变的粒子数 n	能量 E_β /MeV	$\dfrac{nE}{\sum nE}$ /%	每百次衰变的粒子数 n	能量 E_γ /MeV	$\dfrac{nE}{\sum nE}$ /%
U I ($^{238}_{92}$U)	100	4.185	9.8				0.000 23 **0.187**	0.112 **0.048**	0.5
UX$_1$ ($^{234}_{90}$Th)				35 65	0.103 0.193	2.7	**0.148** **0.065** 0.065	**0.093** **0.064** 0.029	1
UX$_2$ + UZ ($^{234}_{91}$Pa)				0.56 1.44 97.85 0.12 0.027 0.003	0.600 1.370 2.30 0.465 0.843 1.350	38.3	0.001 9 0.001 2 0.006 0 0.007 0 0.003 7 0.000 2 0.000 4	0.250 0.750 0.760 0.910 1.000 1.680 1.810	0.6
U II ($^{234}_{92}$U)	100	4.756	11.1				0.0003	0.121	~0
Io ($^{230}_{90}$Th)	100	4.660	10.9				0.000 17 0.000 14 0.000 7 0.005 9	0.253 0.184 0.142 0.068	~0
铀组总和			31.8			41			2.1
Ra ($^{226}_{88}$Ra)	100	4.761	11.1				0.012	0.184	~0
Rn ($^{222}_{86}$Rn)	100	5.482	12.8				0.000 64	0.51	~0
RaA ($^{218}_{84}$Po)	100	6.002	14.0						
RaB ($^{214}_{82}$Pb)				2.2 91.5 6.3	0.350 0.680 0.980	11.5	**0.377** **0.189** **0.052** **0.105**	**0.352** **0.295** **0.285** **0.242**	12.4

表 1-4(续)

核素	α 射线			β 射线			γ 射线		
	每百次衰变的粒子数 n	能量 E_α /MeV	$\dfrac{nE}{\sum nE}$ /%	每百次衰变的粒子数 n	能量 E_β /MeV	$\dfrac{nE}{\sum nE}$ /%	每百次衰变的粒子数 n	能量 E_γ /MeV	$\dfrac{nE}{\sum nE}$ /%
RaC ($^{214}_{83}$Bi)	0.021	5.448	~0	10	0.380	27.6	0.016	2.446	85.5
	0.011	5.512		58.98	1.290		0.002	2.410	
				11.99	2.100		0.004	2.297	
				18.99	3.200		**0.052**	**2.204**	
							0.014	2.117	
							0.001	2.090	
							0.001	2.017	
							0.004	1.900	
							0.008	1.862	
							0.020	1.848	
							0.163	**1.764**	
							0.024	1.728	
							0.010	1.668	
							0.004	1.605	
							0.011	1.583	
							0.008	1.541	
							0.022	1.509	
							0.040	**1.403**	
							0.048	**1.378**	
							0.017	1.281	
							0.060	**1.238**	
							0.006	1.207	
							0.018	1.155	
							0.166	**1.120**	
							0.005	1.050	
							0.005	0.960	
							0.033	0.935	
							0.004	0.885	
							0.009	0.837	
							0.015	0.806	
							0.012	0.787	
							0.053	0.769	
							0.004	0.740	
							0.007	0.721	

表 1 – 4（续）

核素	α 射线			β 射线			γ 射线		
	每百次衰变的粒子数 n	能量 E_α /MeV	$\dfrac{nE}{\sum nE}$ /%	每百次衰变的粒子数 n	能量 E_β /MeV	$\dfrac{nE}{\sum nE}$ /%	每百次衰变的粒子数 n	能量 E_γ /MeV	$\dfrac{nE}{\sum nE}$ /%
RaC ($^{214}_{83}$Bi)							0.008	0.703	
							0.023	0.666	
							0.471	**0.609**	
							0.009	0.535	
							0.013	0.509	
							0.015	0.485	
							0.010	0.465	
							0.010	0.450	
							0.008	0.417	
							0.013	0.395	
RaC′ ($^{214}_{84}$Po)	99.96	7.687	17.9						
RaC″ ($^{210}_{81}$Tl)				0.04	1.96	~0			
RaD ($^{210}_{82}$Pb)				100	0.023	0.4	0.002 5	0.047	~0
RaE ($^{210}_{83}$Bi)				100	1.17	19.5			
RaF ($^{210}_{84}$Po)	100	5.301	12.4						
镭组总和				68.2			59		97.9

表 1 – 5 钍系的 α, β, γ 射线能谱

核素	α 射线			β 射线			γ 射线		
	每百次衰变的粒子数 n	能量 E_α /MeV	$\dfrac{nE}{\sum nE}$ /%	每百次衰变的粒子数 n	能量 E_β /MeV	$\dfrac{nE}{\sum nE}$ /%	每百次衰变的粒子数 n	能量 E_γ /MeV	$\dfrac{nE}{\sum nE}$ /%
Th ($^{232}_{90}$Th)	100	3.993	11.1				0.197	0.060	0.6

表 1 −5（续）

核素	α 射线			β 射线			γ 射线		
	每百次衰变的粒子数 n	能量 E_α /MeV	$\dfrac{nE}{\sum nE}$ /%	每百次衰变的粒子数 n	能量 E_β /MeV	$\dfrac{nE}{\sum nE}$ /%	每百次衰变的粒子数 n	能量 E_γ /MeV	$\dfrac{nE}{\sum nE}$ /%
MsTh$_1$ ($^{228}_{88}$Ra)				100	0.035	1			
MsTh$_2$ ($^{228}_{89}$Ac)				67 21 12	1.18 1.76 2.10	37.6	**0.100** **0.250** 0.016 **0.045** 0.008 **0.095** 0.033 0.031 0.040 **0.106** 0.700	**0.960** **0.908** 0.831 **0.790** 0.779 **0.338** 0.328 0.270 0.209 **0.129** 0.058	26.2
RdTh ($^{228}_{90}$Th)	100	5.412	15.0				0.002 7 0.000 3 0.001 2 0.002 3 0.016 0	0.217 0.205 0.169 0.133 0.084	0.1
ThX ($^{224}_{88}$Ra)	100	5.677	15.8				0.030 3	0.241	0.4
Tn ($^{220}_{86}$Rn)	100	6.282	17.5				0.000 3	0.542	~0
ThA ($^{216}_{84}$Po)	100	6.774	18.8						
ThB ($^{212}_{82}$Pb)				78.1 21.9	0.210 0.569	10	0.001 6 0.032 0 **0.470 0** 0.002 4 0.006 6	0.415 0.300 **0.239** 0.177 0.115	6.1

表 1 – 5（续）

核素	α 射线			β 射线			γ 射线		
	每百次衰变的粒子数 n	能量 E_α /MeV	$\dfrac{nE}{\sum nE}$ /%	每百次衰变的粒子数 n	能量 E_β /MeV	$\dfrac{nE}{\sum nE}$ /%	每百次衰变的粒子数 n	能量 E_γ /MeV	$\dfrac{nE}{\sum nE}$ /%
ThC ($^{212}_{83}$Bi)	33.7	6.051	5.6	4.7 5.0 56.6	0.640 1.520 2.25	36.2	0.016 80 0.006 48 0.003 89 0.003 89 0.010 40 0.066 00 0.004 54 0.001 27 0.003 70 0.001 51 0.003 66 0.010 5	1.620 0.073 0.953 0.893 0.786 0.727 0.513 0.493 0.453 0.328 0.288 0.040	5.6
ThC′ ($^{212}_{84}$Po)	66.3	8.785	16.2						
ThC″ ($^{208}_{81}$Tl)				9.33 24.23 0.14	1.25 1.72 2.387	15.2	**0.337** 0.040 4 0.006 7 **0.293 2** **0.084 2** 0.001 7 0.037 7 0.003 4 0.001 0	**2.620** 0.860 0.763 **0.583** **0.511** 0.486 0.277 0.252 0.233	61

表 1 – 6 锕铀系的 α, β, γ 射线能谱

核素	α 射线		β 射线		γ 射线	
	每百次衰变的粒子数 n	能量 E_α/MeV	每百次衰变的粒子数 n	能量 E_β/MeV	每百次衰变的粒子数 n	能量 E_γ/MeV
AcU ($^{235}_{92}$U)	100	4.372			0.04 **0.55** 0.04 **0.12** 0.05 0.09	0.200 **0.185** 0.165 **0.143** 0.110 0.095

表 1 – 6(续)

核素	α 射线		β 射线		γ 射线	
	每百次衰变的粒子数 n	能量 E_α/MeV	每百次衰变的粒子数 n	能量 E_β/MeV	每百次衰变的粒子数 n	能量 E_γ/MeV
UY ($^{231}_{90}$Th)			48	0.165	0.015	0.310
			52	0.302	0.015	0.218
					0.050 8	0.169 3
					0.220	**0.164**
					0.015	0.096
					0.050 9	0.085 1
					0.290	**0.084 2**
					0.028 2	0.081 2
					0.161 1	0.073 2
					0.015	0.073
					0.028 2	0.066 5
					0.161 1	**0.062 1**
					0.319 0	**0.058 5**
					0.050 9	0.057 9
$^{231}_{91}$Pa	100	4.964			0.014 0	0.356
					0.027 5	0.329
					0.027 5	0.302
					0.027 5	0.299
					0.027 5	0.283
					0.021 0	0.260
					0.014 0	0.101
					0.049 0	0.097
					0.234 0	**0.064**
					0.502 0	**0.046**
					0.167 0	**0.030**
$^{227}_{89}$Ac	1.2	4.942	98.8	0.040		
RdAc ($^{227}_{90}$Th)	98.8	5.877			0.015	0.350
					0.020	0.343
					0.029	0.334
					0.017	0.330
					0.029	0.304
					0.017	0.300
					0.019	0.294

表 1 - 6（续）

核素	α 射线		β 射线		γ 射线	
	每百次衰变的粒子数 n	能量 E_α/MeV	每百次衰变的粒子数 n	能量 E_β/MeV	每百次衰变的粒子数 n	能量 E_γ/MeV
RdAc ($^{227}_{90}$Th)	98.8	5.877			0.080	0.286
					0.020	0.282
					0.080	0.256
					0.020	0.250
					0.003	0.248
					0.008	0.236
					0.003 3	0.205
					0.003 3	0.174
					0.030	0.113
					0.054	0.080
					0.012	0.061
					0.029	0.048
					0.120	0.031
					0.020	0.030
AcK ($^{223}_{87}$Fr)			0.072	0.805	0.008	0.310
			1.127	1.110	0.030	0.215
					0.240	**0.080**
					0.400	**0.050**
AcX ($^{223}_{88}$Ra)	100	5.651			0.0028	0.371
					0.0195	0.338
					0.230	**0.324**
					0.465	**0.270**
					0.005	0.180
					0.055	0.154
					0.041	0.144
					0.003 4	0.122
An ($^{219}_{86}$Rn)	100	6.722				
AcA ($^{215}_{84}$Po)	~100	7.365				
$^{215}_{85}$At	5×10^{-4}	8.00				

表 1-6(续)

核素	α 射线		β 射线		γ 射线	
	每百次衰变的粒子数 n	能量 E_α/MeV	每百次衰变的粒子数 n	能量 E_β/MeV	每百次衰变的粒子数 n	能量 E_γ/MeV
AcB ($^{211}_{82}$Pb)			8 92	0.580 1.350	0.130 0.010 0.003 0.060 0.060 0.010	0.829 0.764 0.487 0.425 0.404 0.065
AcC ($^{211}_{83}$Bi)	99.68	6.562			0.137	0.351
AcC′ ($^{211}_{84}$Po)	0.32	7.423				
AcC″ ($^{207}_{81}$Tl)			99.68	1.436	0.005	0.890

1.4.2　β 射线谱

β 衰变时放出的能量被衰变子体、β 粒子及中微子共同带走,且带走的能量是不固定的。因而天然放射性核素的 β 射线谱是连续谱,能量可从零到某一最大值 E_0 之间,如图 1-10 所示。

铀系 β 射线谱列于表 1-4。表中 β 粒子能量是指最大能量 E_0。β 衰变时往往放出几组不同能量的粒子,如 RaB 每百次衰变中平均均有 91.5 个粒子能量是 0.68 MeV,2.2 个粒子能量是 0.35 MeV,6.3 个粒子能量是 0.98 MeV。RaB 的 β 射线照射量率 $(n \cdot E)$ 与铀系总 β 射线照射量率 $(\sum n \cdot E)$ 之比为 RaB 的 β 射线相对照射量率,即

$$\frac{n \cdot E}{\sum n \cdot E} \times 100\% = 11.5\%$$

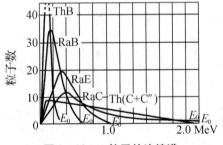

图 1-10　β 粒子的连续谱

从铀系的 β 射线相对照射量率来看,铀系有 4 个主要 β 辐射体,即 UX_2($^{234}_{91}$Pa),RaB($^{214}_{82}$Pb),RaC($^{214}_{83}$Bi) 和 RaE($^{210}_{83}$Bi),UX_2 的相对照射量率为 38.3%。RaC 的相对照射量率是 27.6%,而且 β 粒子最大能量可达 3.2 MeV,是铀系中能量最大的 β 粒子。

铀系中铀组相对照射量率占 41%(主要是 UX_2 的贡献),镭组的相对照射量率占 59%。

钍系有六个 β 辐射体,主要的有四个,即 $MsTh_2$($^{228}_{89}Ac$),ThB($^{212}_{82}Pb$),ThC($^{212}_{83}Bi$),ThC″($^{208}_{81}Tl$)。以 ThC 能量最大,相对照射量率占 36.2%。

1.4.3　γ 射线谱

α,β 衰变后的原子核处于激发状态,回到基态时还要发射 γ 光子。由于原子核处于不同的激发状态(激发能级),因此往往发射出几种能量的 γ 光子。在天然放射性核素中,主要的 γ 辐射是伴随 β 衰变而产生的。

1. 铀系的 γ 射线谱

铀系的 γ 射线谱列于表 1 − 4 中,表中第一项是一次衰变(α 或 β 衰变)产生的 γ 光子数 n,即产生 γ 光子的概率。第二项是相应的光子能量 E,表中数字为加黑者,为铀系的主要 γ 射线谱(钍系、锕系相同)。第三项是每个核素对整个铀系的 γ 辐射相对照射量率。

铀组中几条主要的较强的 γ 谱线是 UI 和 UX_1 放出来的,其能量分别为 0.029 MeV,0.048 MeV,0.064 MeV 和 0.093 MeV。其中 0.093 MeV 的 γ 谱线是铀组中能量较高、辐射概率较大的主要 γ 谱。UX_2 和 UZ 的 γ 谱中 0.76 MeV 和 0.91 MeV 的两条 γ 谱线产生的概率略多一些。总的来说,铀组放出的 γ 光子能量低,一般低于 1 MeV,辐射概率小。铀组的 γ 辐射照射量率仅占整个铀系 γ 辐射照射量率的 2% 左右。也就是说铀系中 98% 的 γ 辐射照射量率是镭组产生的。

镭组中 RaB,RaC 是主要的 γ 辐射体。RaB 辐射的 γ 光子能量有 0.352 MeV,0.295 MeV,0.235 MeV 及 0.242 MeV。其中 0.352 MeV 的 γ 光子的辐射概率最大,是镭组的主要 γ 谱线之一。RaB 的 γ 辐射相对照射量率为 12.4%,在低能 γ 谱中,RaB 的这几条 γ 谱线是很重要的。RaC 是铀系中最强的 γ 辐射体,其相对照射量率高达 85.5%。RaC 的这几条主要 γ 射线谱,其能量分别为 2.204 MeV,1.764 MeV,1.403 MeV,1.378 MeV,1.12 MeV,0.769 MeV 和 0.609 MeV。铀系中的能量大于 1 MeV 的 γ 谱线几乎都是 RaC 放射出来的。

根据以上分析,可以看出,我们在野外用 γ 照射量率法测量所发现的异常,其 γ 照射量率主要取决于镭组的 RaC 和 RaB,而不是直接取决于铀量的多少。由此可见,不能仅凭 γ 照射量率来判断异常的远景,也不能轻易放弃 γ 照射量率不太高的异常,而应综合地质条件等因素进行评价。

表 1 − 7 为铀系 γ 辐射能谱成分。由表可见,将近一半(46.5%)的 γ 光子能量低于 0.5 MeV,70% 以上的 γ 光子能量小于 1 MeV。而能量为 1 ~ 1.5 MeV 和 1.5 ~ 2.0 MeV 的 γ 光子数占总数的 23.8%。

表1-7　铀系γ辐射能谱成分

能量范围/MeV	光子相对比例/%	相对照射量率/%
<0.5	46.5	16.3
0.5~1.0	26.2	24.0
1.0~1.5	13.5	23.3
1.5~2.0	10.3	25.7
>2.0	3.5	10.7

实际工作中,往往根据工作目的和任务来选择研究γ光子的能量范围。如在找矿工作中为提高灵敏度,应选择包括低能范围的各种γ射线总量测量,因此γ辐射仪的能量起始阈一般定在30 keV上。又如,为了研究镭组,可以将γ射线能量选择在1.0 MeV以上,这时即使同时存在铀组,也不会产生干扰。

2. 钍系的γ射线谱

钍系的γ射线谱列于表1-5。钍系γ光子能量分布在几十keV至2.62 MeV能区内。钍系主要γ辐射体有$MsTh_2$和ThC'',其次有ThB。

$MsTh_2$有几条较强谱线,能量为0.908 MeV和0.960 MeV。其中0.908 MeV的辐射概率大,是钍系中主要γ谱线之一。$MsTh_2$的γ辐射照射量率占钍系γ辐射总照射量率的26.2%。ThB放出一条很强谱线,能量是0.239 MeV,辐射概率是钍系中最大的(一次衰变产生γ光子数平均达0.47),是钍系低能谱段中的重要谱线。

ThC''是钍系最主要的γ辐射体,相对照射量率高达61.6%,主要γ谱线有0.583 MeV,0.511 MeV和2.62 MeV。其中高能量的2.62 MeV的γ谱辐射概率大,是钍系中一条很重要的γ特征谱。

总观钍系的γ能谱成分(见表1-8),其中85%的γ光子能量小于1 MeV。野外γ能谱测量常用的谱段,即1.0~2.0 MeV范围内的γ光子数占钍系的7%,辐射照射量率占钍系的4%。特别要指出的是2.62 MeV的γ光子数占钍系的8%,而辐射照射量率则占总照射量率的46%,是区分铀与钍的特征峰。

表1-8　钍系γ辐射能谱成分

能量范围/MeV	光子相对比例/%	相对照射量率/%
<1.0	85	50
1.0-2.0	7	4
2.62	8	46

3. 锕铀系的 γ 射线谱

锕铀系的 γ 射线谱列于表 1 – 6。锕铀系 γ 光子能量分布在几十 keV 至 0.89 MeV 能区内。该系中近 70% 的 γ 辐射照射量率是由四个核素放出的,即 AcB,AcC,$^{235}_{92}$U 和 UY。锕系中主要 γ 谱线有 $^{235}_{92}$U 的 0.185 MeV,UY 的 0.084 MeV,AcC 的 0.351 MeV 和 AcB 的 0.829 MeV,其中 0.185 MeV,0.351 MeV 和 0.829 MeV 的 γ 光子是该系的主要 γ 特征射线谱。

天然铀的混合物中($^{235}_{92}$U 和 $^{238}_{92}$U 总是共生的),锕铀系的 γ 光子数只占铀系总 γ 光子数的 1.7%,而其 γ 光子总能量之比约为 1/50。锕铀系 γ 光子的能量都小于 0.89 MeV,因此,当野外只测量能量大于 1 MeV 的 γ 射线时,锕铀系 γ 射线的影响可完全忽略。

4. $^{40}_{19}$K 的 γ 射线谱

钾在自然界分布很广泛,其中核素 $^{40}_{19}$K 具有天然放射性。一次衰变平均放出 0.11 个 γ 光子,γ 光子的能量为 1.46 MeV。在岩石 γ 射线照射量率测量中 $^{40}_{19}$K 的相对照射量率约占 42%,平衡钍系占 32%,平衡铀系及锕铀系占 26%。$^{40}_{19}$K 在自然界中分布广泛,克拉克值高达 2% ~ 4%,γ 射线能量也很高(1.46 MeV)。因此,它在放射性勘查工作中能引起很强的干扰,这一点在放射性勘查中必须引起注意。

对比铀系、钍系及 $^{40}_{19}$K 的 γ 射线的主要 γ 射线谱,可以发现它们的 γ 射线能量及照射量率是有区别的。野外 γ 能谱测量中铀道或镭道的能置范围常选在 1 ~ 2.0 MeV,平衡铀系能量约占 50%(见表 1 – 7),而平衡钍系能量仅占 4%(见表 1 – 8);钍道常选在大于 2.0 MeV 的能量范围,平衡钍系能量占 46%,而平衡铀系约占 11%;$^{40}_{19}$K 是单色谱,能量为 1.46 MeV,因此可以利用其能谱的区别来研究复杂矿石中的镭、钍、钾含量。

1.5　放射性核素的衰变与积累规律

1.5.1　单个放射性核素的衰变规律

天然放射性核素的衰变,都是自发的原子核内部的反应,与其周围的物理、化学、压力等外界因素无关。任何单一放射性核素的衰变,它的数量随时间增加而逐渐减少。实验证明,原子的衰变数 dN 正比于 t 时间尚未衰变的原子总数 N,其微分表达式为

$$- dN = \lambda N dt$$

即

$$\frac{dN}{dt} = - \lambda N \qquad\qquad (1 - 1)$$

式中　λ——比例常数,称为衰变常数。表示单位时间内元素衰变的概率。

式(1-1)右边的负号表示 N 值随时间增加而减少,亦即 dN 是负的。

假定起始时(t =0)有 N_0 个原子,经过 t 时刻后有 N 个原子未衰变,那么对式(1-1)积分,并取积分限 t 从 $0 \to t$,原子数 N 从 $N_0 \to N$,则

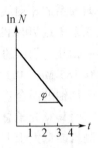

$$\int_{N_0}^{N} \frac{1}{N} dN = -\int_{0}^{t} \lambda dt$$

$$\ln N \bigg|_{N_0}^{N} = -\lambda t \bigg|_{0}^{t}$$

$$\ln N - \ln N_0 = -\lambda t$$

$$\ln \frac{N}{N_0} = -\lambda t$$

$$N = N_0 e^{-\lambda t} \tag{1-2}$$

图 1-11　放射性元素衰变曲线图

式(1-2)告诉我们,放射性核素的原子数随时间 t 的增长而呈指数规律衰减。此式对所有已知的放射性核素的衰变规律都是适用的。若以 $\ln N$ 对时间为坐标作图就得到一条直线,如图1-11所示。直线与横坐标夹角为 φ,$\mathrm{tg}\varphi = \lambda$,即直线的斜率为衰变常数 λ。

放射性原子核衰变是个随机过程,式(1-2)所描述的是一个统计规律。一种放射性核素的全部原子核不是同时衰变的,而是有先有后。对某一确定的原子核来说,事先并不知道它在何时衰变,但是从统计观点看,每个原子在单位时间里衰变概率是一定的,就是衰变常数 λ。由式(1-1)可得

$$\lambda = \frac{-dN/dt}{N} \tag{1-3}$$

式(1-3)说明,单位时间内衰变的原子数 dN/dt 与现有原子数 N 之比,即为衰变常数。可见衰变常数 λ 是描述放射性核素衰变速度的。λ 愈大说明该核素衰变得愈快,反之,衰变得愈慢。每个放射性核素的 λ 是不相同的,如氡的衰变常数 $\lambda_{Rn} = 2.1 \times 10^{-6} \mathrm{s}^{-1}$,镭的衰变常数 $\lambda_{Ra} = 1.37 \times 10^{-11} \mathrm{s}^{-1}$。$\lambda$ 的量纲是 t^{-1}(如1/秒、1/天、1/年)。

除了衰变常数 λ 外,通常还用半衰期 T 来描述放射性核素的衰变速度。所谓半衰期,是指放射性核素原子数目衰减到原来数目一半所需要的时间,它与衰变常数有如下关系。

从半衰期的定义出发,当 $t = T$ 时,则 $N = \frac{1}{2}N_0$,根据式(1-2),将 $t = T, N = \frac{1}{2}N_0$ 代入式(1-2),得

$$\frac{1}{2} = e^{-\lambda T}$$

两边取自然对数得 $\ln \frac{1}{2} = -\lambda T$,则

$$T = \frac{0.693}{\lambda}$$

不难看出半衰期(T)与衰变常数 λ 成反比关系。由某核素的半衰期能算出该核素的衰变常数。

一定量的某种放射性核素的原子,经过一个半衰期,原子数目衰变掉一半,经过两个半衰期,还剩下原来原子数目的 1/4。那么要经过多长时间才能衰变完呢? 从理论上说,要经过无限长时间,但实际上当残留的原子数为起始原子数的 1/100 0 时,就可认为衰变完了。由此可算得这个时间

$$N = \frac{N_0}{1000} = N_0 \mathrm{e}^{\lambda t}$$

$$\frac{1}{1000} = \mathrm{e}^{-\lambda t}$$

$$\ln \frac{1}{1000} = -\lambda t$$

$$t \approx \frac{6.93}{\lambda} \approx 10T$$

可见,一种放射性核素经过 10 个半衰期,衰变为原来的 $\frac{1}{2^{10}} = \frac{1}{1\,024}$,不足原来的 1/1 000,可以认为衰变完了。显然,利用这个结论只有千分之一的误差。

在放射性测量的实际工作中,有时还用到原子平均寿命 τ,表示放射性核素衰变速度,τ 与 λ 和之间有一定关系

$$\tau = 1/\lambda = \frac{T}{0.693} \approx 1.44T$$

1.5.2　两个放射性核素的衰变与积累规律

我们讨论了单个放射性核素的衰变规律。实际上放射性系列中除起始核素($^{238}_{92}$U, $^{232}_{90}$Th, $^{235}_{92}$U)外,任何一种放射性核素在衰变过程中,都同时得到不断积累。例如铀系,UI→UX$_1$→UX$_2$→UⅡ…。UX$_1$ 在衰变的同时,还不断从 UI 中得到积累。比如,用水泵从河里抽水存在水池中,水池的水又送给用户,这时水池中的水不仅在不断流走,而且还不断从河水中得到补充。显然,研究相继衰变的放射性核素的衰变规律,要比单个放射性核素的衰变规律复杂得多。而在放射性找矿与勘探工作中所遇到的大多是两种或多种放射性核素相继衰变的问题。

假定有两个放射性核素 A 和 B,A 是母体核素,B 核素是 A 核素的衰变产物。这时 B 核素的原子数就不能用式(1-2)来计算。因为 B 核素一方面因自身衰变而减少,另一方面还由 A 核素的衰变而得到补充。因此,单位时间内 B 核素的变化将是这两种因素综合的结果。

假设 A 核素的原子数为 N_A，衰变常数为 λ_A，B 核素的原子数为 N_B，衰变常数为 λ_B。根据式(1-1)，A 核素的衰变率是 $\dfrac{-\mathrm{d}N_A}{\mathrm{d}t} = \lambda_A N_A$，它同时也是 B 核素的生成率。同理，B 核素的衰变率为 $\lambda_B N_B$，那么在时间为 t 的瞬间，B 核素的变化率为其生成率 $\lambda_A N_A$ 减去其衰变率 $\lambda_B \lambda_B$，即

$$\frac{\mathrm{d}N_B}{\mathrm{d}t} = \lambda_A N_A - \lambda_B N_B \tag{1-4}$$

若 A 为起始核素，则 $\lambda_A N_A = 0$(无积累)，于是式(1-4)与式(1-1)相同，即为单个放射性核素的衰变规律。

如果在开始时(当 $t=0$ 时)A 有 N_{0A} 个原子，B 有 N_{0B} 个原子，由式(1-1)可知

$$N_A = N_{0A}e^{-\lambda_A t}$$

将此式代入式(1-4)，得

$$\frac{\mathrm{d}N_B}{\mathrm{d}t} = \lambda_A N_{0A}e^{-\lambda_A t} - \lambda_B N_B$$

移项得

$$\frac{\mathrm{d}N_B}{\mathrm{d}t} + \lambda_B N_B = \lambda_A N_{0A}e^{-\lambda_A t} \tag{1-5}$$

解此一阶线性微分方程并代入起始条件，即 $t=0$ 时，$N_B = N_{0B}$，得

$$N_B = N_{0B}e^{-\lambda_B t} + \frac{\lambda_A N_{0A}}{\lambda_B - \lambda_A}e^{-\lambda_A t}\left[1 - e^{-(\lambda_B - \lambda_A)t}\right] \tag{1-6}$$

或简写为 $N_B = N_{B1} + N_{B2}$。

式(1-6)所描述的 B 核素的变化规律，如图 1-12 所示。

由图 1-12 可知，子体核素 N_B，可分成两部分：N_{B1} 按指数规律衰减，是子核素 N_{0B} 由于自身衰变而残留下来的原子数；N_{B2} 表示子核素从母核素中积累的原子数，开始为零，以后逐渐增至某一极大值，然后逐渐减少。

由式(1-6)可以看出，子核素 B 随时间的变化规律与 λ_A、λ_B 及二者之间的差别有关。为了更清楚地研究 B 核素的变化规律，下面分几种情况来讨论。为了简化起见，假定当 $t=0$ 时，$N_{0B}=0$，即开始不存在 B 核素，则式(1-6)可简化为

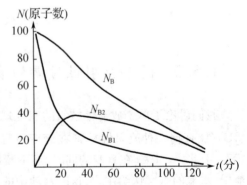

图 1-12　两种放射核素相继衰变

$$N_B = \frac{\lambda_A N_{0A}}{\lambda_B - \lambda_A}e^{-\lambda_A t}\left[1 - e^{-(\lambda_B - \lambda_A)t}\right] \tag{1-7}$$

1. $\lambda_A << \lambda_B$（即 $T_A >> T_B$）——长寿核素的子体核素的积累

在这种情况下 A 核素的衰变速度要比 B 核素慢得多,测量过程中可以认为 A 核素的量实际上保持不变。例如 Rn 从 Ra 的积累就是如此,$\lambda_{Ra} = 1.36 \times 10^{-11} \text{ s}^{-1}$,$\lambda_{Rn} = 2.10 \times 10^{-6} \text{ s}^{-1}$,二者的衰变常数相差五个数量级。在由 Ra 积累 Rn 的几天甚至几个月的时间内,Ra 量衰变非常少,实际上可以认为保持不变。当然所谓长寿核素的子体核素的积累,只是一个相对的概念,当研究时间较短时(比如 1 小时),也可把 RaA 由 Rn 的积累过程中,将 Rn 看成长寿核素($\lambda_{RaA} = 3.85 \times 10^{-3} \text{ s}^{-1}$)。

因为　　　　　　　　　　　　　　$\lambda_A << \lambda_B$

所以　　　　　　　　　　　　　　$\lambda_B - \lambda_A \approx \lambda_B$

　　　　　　　　　　　　　　　　$e^{-\lambda_A t} \rightarrow 1$

　　　　　　　　　　　　　　　　$N_{0A} \approx N_A$

于是式(1-7)可简写成

$$N_B = \frac{\lambda_A N_A}{\lambda_B}(1 - e^{-\lambda_B t}) \tag{1-8}$$

当 $t \rightarrow \infty$ 时,则 $e^{-\lambda_B t} \rightarrow 0$,于是

$$N_B = \frac{\lambda_A N_A}{\lambda_B} = N_\infty \tag{1-9}$$

此时 N_B 达到极大值。

式(1-9)可写为 $\lambda_B N_B = \lambda_A N_{0A} \approx \lambda_A N_A$,这表示单位时间内 B 核素衰变的原子数等于单位时间内 A 核素衰变的原子数,即母核素与子核素衰变率相等。此时称 A 核素与 B 核素达到放射性平衡。

A 核素与 B 核素达到平衡状态,从数学上看要经过无限长的时间($t \rightarrow \infty$),但在物理意义上说,只要经过足够长的时间就可以了。假定我们认为 $N_B = 0.999 \frac{\lambda_A N_A}{\lambda_B}$ 时,A 核素与 B 核素达到放射性平衡,则 A,B 两核素达到放射性平衡所需时间可利用式(1-8)计算,即

$$N_B = 0.999 N_\infty = N_\infty (1 - e^{-\lambda_B t})$$

即 $0.999 = 1 - e^{-\lambda_B t}$,解得

$$t = \frac{-\ln 0.001}{\lambda_B} = \frac{-T_B \ln 0.001}{0.693} \approx \frac{6.93 T_B}{0.693} \approx 10 T_B$$

计算结果证明,经过 $10 T_B$ 的时间,B 核素与 A 核素达到放射性平衡。这个时间也是 B 核素积累到极大值所需的时间,如图 1-13 所示。如前所述,Rn 从 Ra 的积累就满足 $T_{Ra} >> T_{Rn}$,$T_{Rn} = 3.825$ 天,因此 Ra 与 Rn 建立起放射性平衡需要 10 倍 Rn 的半衰期,即 38.25 天。

2. $\lambda_A < \lambda_B (T_A > T_B)$

这种情况是母核素比子核素衰变得慢,但慢得不是很多。在测量过程中不能认为母核素的原子数保持不变,而是逐渐减少。如 RaC 从 RaB 中积累,$\lambda_{RaB} = 4.31 \times 10^{-4}\ s^{-1}$,$\lambda_{RaC} = 5.86 \times 10^{-4}\ s^{-1}$,在这种情况下 N_B 的变化规律如式(1-7),即

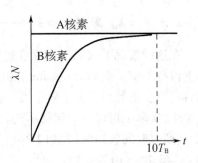

图 1-13　$\lambda_A \ll \lambda_B$ 时,核素的衰变与时间的关系曲线

$$N_B = \frac{\lambda_A N_{0A}}{\lambda_B - \lambda_A} e^{-\lambda_A t} \left[1 - e^{-(\lambda_B - \lambda_A)t} \right]$$

由上式可看出,当 $\lambda_A < \lambda_B$ 时,公式不能简化,方括号中的 e 为负指数,它随时间 t 增加而逐渐减小,N_B 逐渐增大,如图 1-12 的 N_{B2} 曲线。当 $t = 0$ 时 $N_B = 0$,当时间为 t 时,随着 A 核素的衰变,B 核素原子数不断增加。虽然 B 核素自己也在不断衰变,但是由 A 核素生成的 B 核素比 B 核素本身衰变的原子数要多,所以 B 核素的原子数总是增加的。当 B 核素原子增加到一定数量达到极大值时,不再增长。随着时间 t 的继续增加,由于 A 核素原子数的不断减少,生成 B 核素的原子数也逐渐减少,因此 B 核素的原子数相应减少。B 核素原子数增长到极大值所需时间用 t_m 表示,t_m 的计算如下。

由式(1-7)可得

$$N_B = \frac{\lambda_A N_{0A}}{\lambda_B - \lambda_A} \left\{ e^{-\lambda_A t} - \left[e^{-(\lambda_B t - \lambda_A t)} \right] \right\}$$

$$N_B = \frac{\lambda_A N_{0A}}{\lambda_B - \lambda_A} \left(e^{-\lambda_A t} - e^{-\lambda_B t} \right)$$

对时间 t 求导数有

$$\frac{dN_B}{dt} = \frac{\lambda_A N_{0A}}{\lambda_B - \lambda_A} \left(-\lambda_A e^{-\lambda_A t} + \lambda_B e^{-\lambda_B t} \right)$$

令

$$\frac{dN_B}{dt} = 0$$

则有

$$\frac{\lambda_A N_{0A}}{\lambda_B - \lambda_A} \left(-\lambda_A e^{-\lambda_A t} + \lambda_B e^{-\lambda_B t} \right) = 0$$

而 $N_B = \frac{\lambda_B N_{0A}}{\lambda_B - \lambda_A} \neq 0$,只有 $-\lambda_A e^{-\lambda_A t} + \lambda_B e^{-\lambda_B t} = 0$,移项、两边取对数,得

$$t_{\mathrm{m}} = \frac{\ln \dfrac{\lambda_{\mathrm{B}}}{\lambda_{\mathrm{A}}}}{\lambda_{\mathrm{B}} - \lambda_{\mathrm{A}}} = \frac{1}{\lambda_{\mathrm{B}} - \lambda_{\mathrm{A}}} \cdot \ln \frac{\lambda_{\mathrm{B}}}{\lambda_{\mathrm{A}}} \qquad (1-10)$$

将式(1-10)代入式(1-7)，即得 B 核素达到极大值时的原子数

$$N_{\mathrm{Bm}} = \frac{N_{\mathrm{A}}\lambda_{\mathrm{A}}}{\lambda_{\mathrm{B}}} \qquad (1-11)$$

式中 $N_{\mathrm{A}} = N_{0\mathrm{A}}\mathrm{e}^{-\lambda_{\mathrm{A}} t}$。

　　因为 $N_{\mathrm{A}} \neq N_{0\mathrm{A}}$，式(1-11)与式(1-9)只是形式上相同，不能像式(1-9)那样理解为 A，B 两核素达到了放射性平衡，当然，在 $t = t_{\mathrm{m}}$ 这一时刻是平衡的，除此之外就不再平衡了。满足式(1-11)条件的时间很短，随着时间的增长由于 N_{A} 数量的减少，形成 B 核素的量也在减少，加之 B 核素本身在不断衰变，N_{B} 极大值不能维持，式(1-11)所描述的关系也不能成立。

　　当 t 足够大时($>10T_{\mathrm{B}}$)，式(1-7)中的 $\mathrm{e}^{-(\lambda_{\mathrm{B}}-\lambda_{\mathrm{A}})t}$ $\rightarrow 0$，式(1-7)可写成

$$N_{\mathrm{B}} = \frac{\lambda_{\mathrm{A}}N_{\mathrm{A}}}{\lambda_{\mathrm{B}} - \lambda_{\mathrm{A}}} = \frac{\lambda_{\mathrm{A}}N_{0\mathrm{A}}\mathrm{e}^{-\lambda_{\mathrm{A}} t}}{\lambda_{\mathrm{B}} - \lambda_{\mathrm{A}}} \qquad (1-12\mathrm{a})$$

或

$$\frac{N_{\mathrm{B}}}{N_{\mathrm{A}}} = \frac{\lambda_{\mathrm{A}}}{\lambda_{\mathrm{B}} - \lambda_{\mathrm{A}}} \qquad (1-12\mathrm{b})$$

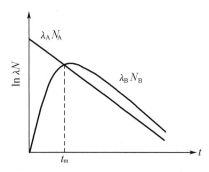

图 1-14　$\lambda_{\mathrm{A}} < \lambda_{\mathrm{B}}$ 时，核素的衰变与时间的关系曲线

　　由此可见 B 核素的原子数与 A 核素的原子数的比值保持不变，即为一常数，并且此时 N_{B} 的变化规律随着 A 核素的衰变规律 $\mathrm{e}^{-\lambda_{\mathrm{A}} t}$ 而变化，此时 A，B 元素所处的状态称为放射性动平衡。这时 A，B 核素衰变率的变化如图 1-14 所示。

3. $\lambda_{\mathrm{A}} > \lambda_{\mathrm{B}}$ ($T_{\mathrm{A}} < T_{\mathrm{B}}$)

　　这种情况下 A 核素比 B 核素衰变得更快，即 A 核素比 B 核素半衰期短。在测量时间内 A 核素不能认为不变，而是逐渐在减少。例如 RaD 从 RaC 的积累($T_{\mathrm{RaC}} = 19.7$ 分钟，$T_{\mathrm{RaD}} = 22.3$ 年)，这时式(1-7)可以改写为

$$\begin{aligned}
N_{\mathrm{B}} &= \frac{\lambda_{\mathrm{A}}N_{0\mathrm{A}}}{\lambda_{\mathrm{A}} - \lambda_{\mathrm{B}}}\mathrm{e}^{-\lambda_{\mathrm{A}} t}\left[\mathrm{e}^{(\lambda_{\mathrm{A}}-\lambda_{\mathrm{B}})t} - 1\right] \\
&= \frac{\lambda_{\mathrm{A}}N_{0\mathrm{A}}}{\lambda_{\mathrm{A}} - \lambda_{\mathrm{B}}}(\mathrm{e}^{-\lambda_{\mathrm{B}} t} - \mathrm{e}^{-\lambda_{\mathrm{A}} t}) \\
&= \frac{\lambda_{\mathrm{A}}N_{0\mathrm{A}}}{\lambda_{\mathrm{A}} - \lambda_{\mathrm{B}}}\mathrm{e}^{-\lambda_{\mathrm{B}} t} - \frac{\lambda_{\mathrm{A}}N_{0\mathrm{A}}}{\lambda_{\mathrm{A}} - \lambda_{\mathrm{B}}}\mathrm{e}^{-\lambda_{\mathrm{A}} t}
\end{aligned}$$

　　当 $t = 10T_{\mathrm{A}}$ 时，上式右边第二项趋于零，则

$$N_{\mathrm{B}} = \frac{\lambda_{\mathrm{A}} N_{0\mathrm{A}}}{\lambda_{\mathrm{A}} - \lambda_{\mathrm{B}}} \mathrm{e}^{-\lambda_{\mathrm{B}} t} \qquad (1-13)$$

式(1-13)告诉我们,当 $t > 10 T_{\mathrm{A}}$ 时,A 核素已经衰变完,N_{B} 便按照自己的衰变规律变化(图 1-15),这时与单个放射性核素衰变的情况一样。

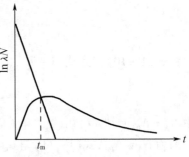

图 1-15 $\lambda_{\mathrm{A}} > \lambda_{\mathrm{B}}$ 时,核素的衰变率与时间的关系曲线

1.5.3 三个和多个放射性核素的积累

在讨论了两个放射性核素的衰变与积累问题以后,可以利用上述结论来简单讨论三个放射性核素和多个放射性核素的积累问题。

设放射性核素的衰变如下:

A→B→C→D…,现在我们要研究放射性核素 C 的原子数随时间的变化规律。在这种情况下 C 核素的量不仅取决于 B 核素的量,同时还取决于 A 核素量的变化。

C 核素随时间的变化率是

$$\frac{\mathrm{d} N_{\mathrm{C}}}{\mathrm{d} t} = \lambda_{\mathrm{B}} N_{\mathrm{B}} - \lambda_{\mathrm{C}} N_{\mathrm{C}}$$

其中 $N_{\mathrm{B}} = N_{0\mathrm{B}} \mathrm{e}^{-\lambda_{\mathrm{B}} t} + \dfrac{\lambda_{\mathrm{A}} N_{0\mathrm{A}}}{\lambda_{\mathrm{B}} - \lambda_{\mathrm{A}}} (\mathrm{e}^{-\lambda_{\mathrm{A}} t} - \mathrm{e}^{-\lambda_{\mathrm{B}} t})$。

将 N_{B} 代入上式并移项,得

$$\frac{\mathrm{d} N_{\mathrm{C}}}{\mathrm{d} t} + \lambda_{\mathrm{C}} N_{\mathrm{C}} = \lambda_{\mathrm{B}} \left[N_{0\mathrm{B}} \mathrm{e}^{-\lambda_{\mathrm{B}} t} + \frac{\lambda_{\mathrm{A}} N_{0\mathrm{A}}}{\lambda_{\mathrm{B}} - \lambda_{\mathrm{A}}} (\mathrm{e}^{-\lambda_{\mathrm{A}} t} - \mathrm{e}^{-\lambda_{\mathrm{B}} t}) \right]$$

解此式,并当 $t = 0$ 时,$N_{0\mathrm{C}} = 0$,$N_{0\mathrm{B}} = 0$,即开始时不存在 B 核素与 C 核素,则有(积分求解过程省略)

$$N_{\mathrm{C}} = \lambda_{\mathrm{A}} \lambda_{\mathrm{B}} N_{0\mathrm{A}} \left[\frac{\mathrm{e}^{-\lambda_{\mathrm{A}} t}}{(\lambda_{\mathrm{C}} - \lambda_{\mathrm{A}})(\lambda_{\mathrm{B}} - \lambda_{\mathrm{A}})} + \frac{\mathrm{e}^{-\lambda_{\mathrm{B}} t}}{(\lambda_{\mathrm{A}} - \lambda_{\mathrm{B}})(\lambda_{\mathrm{C}} - \lambda_{\mathrm{B}})} + \frac{\mathrm{e}^{-\lambda_{\mathrm{C}} t}}{(\lambda_{\mathrm{A}} - \lambda_{\mathrm{C}})(\lambda_{\mathrm{B}} - \lambda_{\mathrm{C}})} \right]$$

$$(1-14)$$

N_{C} 的变化规律如图 1-16 所示。从图中可看出,开始 $N_{\mathrm{C}} = 0$,经过一段时间 a 后,N_{C} 开始增长,当 N_{C} 增长到某一极大值后又逐渐减少。它与图 1-14 的 N_{B} 的增长规律大致相同,所不同的是开始有一段时间(图中的 a 段)N_{C} 实际上为零。a 段的大小与三种核素的衰变常数($\lambda_{\mathrm{A}}, \lambda_{\mathrm{B}}, \lambda_{\mathrm{C}}$)有关。

多个放射性核素的积累与此相类似。假定某系列由 n 个核素组成,衰变次序为 $1 \to 2 \to 3 \to \cdots \to n-1 \to n$。类似于三个

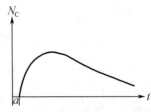

图 1-16 A,B,C 三个核素衰变时 C 核素的积累

核素的相继衰变规律,第 n 个核素积累可由下式表示

$$N_n = \lambda_1\lambda_2\cdots\lambda_{n-1}N_{01}\left[\frac{\mathrm{e}^{-\lambda_1 t}}{(\lambda_2-\lambda_1)(\lambda_3-\lambda_1)\cdots(\lambda_n-\lambda_1)}+\right.$$

$$\frac{\mathrm{e}^{-\lambda_2 t}}{(\lambda_1-\lambda_2)(\lambda_3-\lambda_2)\cdots(\lambda_n-\lambda_2)}+$$

$$\left.\cdots+\frac{\mathrm{e}^{-\lambda_n t}}{(\lambda_1-\lambda_n)(\lambda_2-\lambda_n)\cdots(\lambda_{n-1}-\lambda_n)}\right]\qquad(1-15)$$

第 n 个核素 N_n 的增长规律大致与图 1-16 相似,所不同的是随着 n 数值的增加,曲线 a 段也会随着增长。

1.6　衰变积累规律的应用

在放射性找矿与勘探中,很多实际问题都与放射性核素的衰变与积累规律有关。因此,比较深入地研究这些规律是非常重要的。下面我们通过几个实际问题的讨论,来进一步了解这些规律在放射性普查与勘探中的应用。

1.6.1　放射性系列平衡的建立及铀镭平衡系数

1. 放射性系列平衡的建立

两个放射性核素相继衰变,当母核素的半衰期大于子核素的半衰期时,这两个核素就可能建立起放射性平衡,而建立放射性平衡所需时间为子核素半衰期的十倍。那么整个放射性系列能否建立放射性平衡呢? 如果能建立起放射性平衡又需要多长时间呢? 假如开始只有起始母核素(比如 $^{238}_{92}\mathrm{U}$),从式(1-15)可知,衰变系列中任一子体 n 在 t 时刻的原子数 N_n 共包括有 n 项,而每项的分子依次为 $\mathrm{e}^{-\lambda_1 t}$,$\mathrm{e}^{-\lambda_2 t}$,$\cdots$,$\mathrm{e}^{-\lambda_n t}$。三个天然放射性系列的起始核素都是长寿核素,其衰变常数 λ_1 显然比所有子体都小得多。当时间足够长,大于寿命最长的衰变子体半衰期的 10 倍以上时,除 $\mathrm{e}^{-\lambda_1 t}$ 外,其他各项,即 $\mathrm{e}^{-\lambda_2 t}$,$\cdots$,$\mathrm{e}^{-\lambda_n t}$ 都趋近于零($\lambda_1 \ll \lambda_2 \ll \cdots \ll \lambda_n$)。这时(1-15)式仅保留第一项,即

$$N_n = \lambda_1\lambda_2\cdots\lambda_{n-1}N_{01}\frac{\mathrm{e}^{-\lambda_1 t}}{(\lambda_2-\lambda_1)(\lambda_3-\lambda_1)\cdots(\lambda_n-\lambda_1)}\qquad(1-16)$$

也由于 $\lambda_1 \ll \lambda_2 \ll \cdots \ll \lambda_n$,因此 $(\lambda_2-\lambda_1)\approx\lambda_2$,$(\lambda_3-\lambda_1)\approx\lambda_3$,$\cdots$,$(\lambda_n-\lambda_1)\approx\lambda_n$,式(1-16)可进一步简化得到

$$N_n = \frac{\lambda_1}{\lambda_n}N_{01}\mathrm{e}^{-\lambda_1 t}$$

而 $N_1 = N_{01} \mathrm{e}^{-\lambda_n t}$，故

$$\lambda_n N_n = \lambda_1 N_1 \qquad (1-17\mathrm{a})$$

或

$$N_n / N_1 = \lambda_1 / \lambda_n \qquad (1-17\mathrm{b})$$

由式（1-17）可见，起始核素与其半衰期最长的衰变子体衰变率相等，当然也与其他任何子体衰变率相等，即

$$\lambda_1 N_1 = \lambda_2 N_2 = \cdots = \lambda_{n-1} N_{n-1} = \lambda_n N_n$$

这说明放射性系列达到放射性平衡的时间为系列中寿命最长的子体的半衰期的 10 倍。三个系列建立平衡的时间如下：

铀系，UⅡ 的 10 倍半衰期，即

$$2.44 \times 10^5 \text{ 年} \times 10，约 250 \text{ 万年；}$$

钍系，MsTh$_1$ 的 10 倍半衰期，即

$$5.75 \text{ 年} \times 10，约 58 \text{ 年；}$$

锕铀系，Pa 的 10 倍半衰期，即

$$3.25 \times 10^4 \text{ 年} \times 10，约 33 \text{ 万年。}$$

对钍系来说，可以认为它在自然界总是处于平衡的，因为钍系建立平衡的时间只需 58 年，这对地质年代而言是非常短暂的。

当整个系列处于平衡状态时，就可以根据子体核素的量来计算母体核素的量，也可通过寻找子体来达到寻找母体的目的。这在放射性普查与勘探中是经常遇到的。

2. 铀镭平衡系数

在 1.4 节中提到，铀系的主要 γ 辐射体是 RaC 与 RaB，其 γ 射线相对照射量率占全系列总照射量率的 97% 以上。在镭组中（$^{226}_{88}\mathrm{Ra}$）的半衰期远大于其衰变子体（包括 RaB 与 RaC）的半衰期，因而镭与其衰变子体可以建立起平衡。因此在普查与勘探铀矿床的过程中，用 γ 射线照射量率来确定铀含量，实际上是通过测定镭含量来达到确定铀含量之目的。因而了解铀与镭之间的平衡关系是很重要的，为此需要计算铀镭平衡时它们之间质量的比值。

当铀的含量为 1 g 时，与铀处于平衡时的镭含量是多少呢？

当铀与镭处于平衡时有

$$\lambda_{\mathrm{U}} N_{\mathrm{U}} = \lambda_{\mathrm{Ra}} N_{\mathrm{Ra}} \qquad (1-18)$$

由物理学可知

$$N = \frac{L \cdot m}{A}$$

式中　N——核素的原子数；

　　　L——阿伏加德罗常数（6.022×10^{23}）；

　　　m——质量，g；

A——原子核的质量数。

于是式(1-18)可写成

$$\lambda_U \frac{L \cdot m_V}{A_U} = \lambda_{Ra} \frac{L \cdot m_{Ra}}{A_{Ra}}$$

即

$$m_{Ra} = \frac{\lambda_U \cdot A_{Ra}}{\lambda_{Ra} \cdot A_U} m_U$$

已知 $\lambda_U = 4.91 \times 10^{-18}$ s^{-1}, $\lambda_{Ra} = 1.37 \times 10^{-11}$ s^{-1}, $A_U = 238$, $A_{Ra} = 226$, $m_U = 1$ g, $m_{Ra} = \frac{4.91 \times 10^{-18} \times 226}{1.37 \times 10^{-11} \times 238} = 3.4 \times 10^{-7}$ g 。

可见与 1 g 铀处于平衡时的镭的质量为 3.4×10^{-7} g。

实际工作中为了方便,常用平衡系数 C 来表示铀镭平衡情况,即

$$C = \frac{Ra/U}{3.4 \times 10^{-7}} = 2.9 \times 10^6 \frac{Ra}{U}$$

当 $C = 1$ 时,铀镭处于平衡状态;$C < 1$ 时,富铀;$C > 1$ 时,富镭。

由于地球化学作用的结果,使铀与镭的平衡状态常被破坏。在氧化作用强烈的环境下,铀易被地下水中酸溶解带走,而镭被溶解带走较少,镭相对富集,这时出现平衡破坏——富镭。在还原环境下,水中铀被还原而沉淀,这时会出现平衡破坏——富铀。一般情况下地表铀镭平衡状态往往被破坏,大都出现富镭的情况($C > 1$)。

1.6.2　氡(Rn)及钍射气(Tn)的短寿命衰变产物的积累和衰变

1. Rn 的短寿衰变产物的积累

Rn 的短寿衰变产物主要包括 RaA,RaB,RaC 及 RaC′四个核素。这属于多个放射性核素的积累问题。把 Rn 瞬时引入密封容器后,它们在任一时刻的原子数,可利用式(1-15)计算。根据计算结果可作图 1-17。由图 1-17 可看出 RaA 从 Rn 中积累,很快就达到最大值,而 RaB,RaC 相对增长较慢,经 3~4 小时才能积累达到极大值。

Rn 及其短寿子体中,Rn,RaA 和 RaC′是 α 辐射体。它们总的衰变率随时间的变化规律如图 1-18 所示。射气测量中,将 Rn 引入 ZnS 闪烁室后引起的闪烁效应的增长,就是由它决定的。

2. Rn 的短寿子体的衰减

物体被 Rn 射气污染后,物体表面上会沉淀 Rn 的衰变子体 RaA,RaB 及 RaC′等。即使将

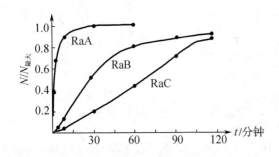

图 1-17　从 Rn 中积累的 RaA, RaB 及 RaC

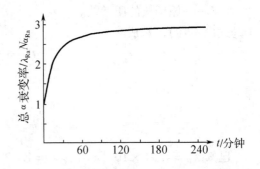

图 1-18　Rn 及其衰变子体总的 α 衰变率随时间变化曲线

Rn 射气排除掉(或把物体从含 Rn 的空气中拿走),这些沉淀物也不会马上消失,而是逐渐衰变并伴随放出 α,β,γ 射线。显然这会对放射性测量工作带来干扰。例如,射气测量中闪烁室被 Rn 射气污染,在坑道中测定天然产状下的射气系数时铁筒或铁板被污染等都属于这种情况,因此研究氡子体的干扰辐射照射量率随时间变化的规律是非常必要的。这些干扰辐射照射量率随时间的变化规律与 Rn 射气浓度和作用时间有着密切的关系,下面分两种情况予以讨论。

(1)物体与 Rn 射气接触时间较短(2 分钟左右),由图 1-17 可以看出,这时主要是 RaA 的沉淀,而 RaB 与 RaC 沉淀很少。当 Rn 除去后,RaA 便成为母体核素了,因而按指数规律 $e^{-\lambda_{RaA}t}$ 衰变,RaB,RaC,RaC′等核素则按多个核素相继衰变的规律衰变与积累。它们积累的量可由式(1-15)进行计算。三个子体(RaA,RaB,RaC)的变化规律如图 1-19 所示。因 RaC′的半衰期很短,只有 1.64×10^{-4} s^{-1},RaC′与 RaC 处于平衡状态,其变化规律与 RaC 相同。

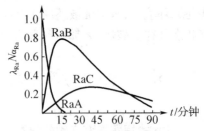

图 1-19　短时间被 Rn 污染后,衰变子体的变化

随着 RaA 的衰变,RaB 迅速积累,10 分钟左右达到极大值,而后逐渐减少。30 分钟后(即 10 倍的 T_{RaA})RaA 基本衰变完,因此 RaB 按照 $e^{-\lambda_{RaA}t}$ 的规律衰变。RaC 增长较 RaB 缓慢,约经 30 分钟积累到最大值,而后慢慢减少。

Rn 短寿衰变产物中 RaA 与 RaC′是主要 α 辐射体。在前 10 分钟里 $N_{RaA} > N_{RaC'}$,因此 $\lambda_{RaA}N_{RaA} > \lambda_{RaC'}N_{RaC'}$,这时的 α 辐射主要由 RaA 来决定,RaC′贡献很小。20 分钟后 RaC 的量显著超过 RaA,此后的 α 辐射将由与 RaC 处于平衡的 RaC′决定。RaB,RaC 是铀系的主要 β,γ 辐射体,因此污染所产生的 β,γ 辐射将由这两个核素决定。

(2)如果 Rn 的浓度保持不变,物体被污染的时间超过 4 小时,已接近 10 倍 RaB 的半衰期,这时将 Rn 射气去掉,物体表面上沉淀的 RaA,RaB,RaC 的积累和衰变规律与短时间接触

不同,如图 1-20 所示。前 10 分钟, α 辐射将由于 RaA
的迅速衰变而降低,而后决定于 RaC 的变化。污染所引
起的 β, γ 辐射,将由 RaB 与 RaC 的变化决定。无论 α
辐射,还是 β, γ 辐射都与 RaC 关系最为密切。经过 2 小
时后, α 辐射将降低到开始时的 2% 左右, β, γ 辐射将降
低到开始时的 4% 左右。因此被 Rn 较长时间污染的测
量装置或仪器在空气中放置 3 小时左右,一般可继续使
用。比如在射气测量中,当 ZnS 闪烁室被 Rn 的短寿沉
淀物污染后,只要将闪烁室放在空气中两小时左右,就
可以继续工作,如果要立即工作则需要更换闪烁室。

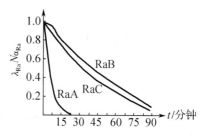

图 1-20　长时间(>4 小时)被 Rn 污染后,衰变子体的变化

3. Tn 引入密封容器后 α 辐射照射量率的变化

当 Tn 引入密封容器后,其 α 辐射照射量率的变化
规律如图 1-21 所示。Tn 和它的衰变子体 ThA 是 α 辐
射体。ThB 的半衰期较长(10.64 小时),它以后的衰变
产物无明显积累,所以 α 辐射照射量率将由 Tn 和 ThA
的衰变所决定。ThA 的半衰期很短($t = 0.15$ 秒),Tn 与
ThA 很快达到平衡,然后都依照 $e^{-\lambda_{Tn}t}$ 的规律而衰减。
Tn 的半衰期约为 55.6 秒,大约每隔一分钟减少一半,经
过 10 分钟后,可以认为它已经衰变完。

可见,Tn 引入密封容器后的 α 辐射规律与 Rn 的变
化规律明显不同。可以利用这个差别来确定矿石起始
核素的性质,射气测量中的 Rn, Tn 定性就是利用这
一点。

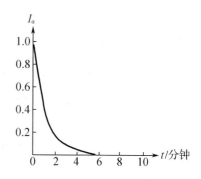

图 1-21　Tn 引入密封容器后 α 辐射的变化

第2章 射线与物质的相互作用

2.1 α粒子与物质的相互作用

2.1.1 α粒子与物质作用的主要形式

α粒子由两个质子、两个中子组成,是氦的原子核(^4_2He)。α粒子的运动速度约为$(1 \sim 2) \times 10^7 \, m/s$,能量一般为$4 \sim 10 \, MeV$。

α粒子与物质作用的主要形式是电离与激发。由于α粒子的质量大(为电子质量的7 360倍),散射作用不明显,α粒子与电子碰撞时运动方向不发生变化,所以α粒子在气体中的径迹是一条直线。

当α粒子与原子发生碰撞时,使得束缚电子获得一部分能量由低能级向高能级跃迁,这种作用称为原子的激发。当束缚电子获得的能量足够大时,束缚电子脱离原子核的吸引而成为自由电子,称为原子的电离。这时,原子因失去电子而显电性,称为离子。

还有一种次级电离作用,次级电离是入射粒子在物质中由于直接碰撞,打击能量较高的电子,这个电子再次与原子中的束缚电子起作用,而发生一次新的电离,形成离子对,这就是次级电离。α粒子通过气体时,有60% ~80%的离子对是次级电离产生的。

2.1.2 α粒子的射程

α粒子的能量消耗表现为速度的减低,当α粒子穿过物质一定距离后,因耗尽能量而停了下来,把α粒子在某物质中完全停止下来所经过的距离称为α粒子在该物质中的射程。简言之,α粒子在物质中通过的路程,叫射程。

具有相同能量的α粒子在同一物质中,基本上都有相同的固定射程。然而,由于α粒子与原子碰撞具有偶然性,其能量损耗不尽相同,故射程也有所涨落。我们说α粒子在某物质中的射程都指平均射程。天然放射性核素的α粒子在空气中($P = 1$个标准大气压(101 325 Pa),$\theta = 15 \, ℃$的条件下)的射程见表2 – 1。

表 2 – 1　天然放射性核素的 α 粒子在空气中的射程

辐射体	能量/MeV	射程/cm	辐射体	能量/MeV	射程/cm
U I ($^{238}_{92}$U)	4.169	2.6	RaF ($^{210}_{84}$Po)	5.301	3.83
U II ($^{234}_{92}$U)	4.756	3.24	Th ($^{232}_{90}$Th)	3.933	2.50
Io ($^{230}_{90}$Th)	4.660	3.15	RdTh ($^{228}_{90}$Th)	5.412	3.96
Ra ($^{226}_{88}$Ra)	4.761	3.29	ThX ($^{224}_{88}$Ra)	5.677	4.26
Rn ($^{222}_{86}$Rn)	5.482	4.04	Tn ($^{220}_{86}$Rn)	6.282	4.99
RaA ($^{218}_{84}$Po)	6.002	4.64	ThA ($^{216}_{84}$Po)	6.774	5.62
RaC ($^{214}_{83}$Bi)	5.508	5.48	ThC ($^{212}_{83}$Bi)	6.051	4.71
RaC′ ($^{214}_{84}$Po)	7.687	6.87	ThC′ ($^{212}_{84}$Po)	8.785	8.62

对于同一起始能量的 α 粒子,在不同物质中,其射程并不相同。天然放射性核素的 α 粒子在空气中射程从 2.5 ~ 8.62 cm。虽然有几个厘米,但一张纸就可以将 α 粒子挡住。RaC′的 α 粒子在空气中射程为 6.87 cm,在固体、液体中的射程约为空气中射程的 1/1 000。

2.2　β 粒子与物质的相互作用

2.2.1　β 粒子与物质作用的形式

β 粒子是随 β 衰变放出的快速电子,带有一个负电荷。β 粒子的质量远比 α 粒子小。β 粒子通过物质时方向往往发生改变,使其径迹为一折线,这是因为 β 粒子通过物质时除发生激发、电离作用外,还有散射作用。

1. 弹性散射

β 粒子与束缚电子或原子核发生碰撞时,由于核库仑电场的作用,使其改变运动方向,称为弹性散射。散射前后能量并不减少,主要是改变运动方向。

在 β 粒子运动的路程上,由于不断地发生弹性散射,所以 β 粒子运动的轨迹不是一条直线,而是不规则的折线,如图 2 – 1 所示。假如把它在物质中所走的总路程拉成一直线,则路线总长度约比穿过物质的厚度大 1.5 ~ 4 倍。

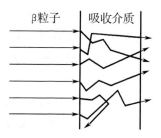

图 2 – 1　β 粒子运动轨迹示意图

2. 电离与激发

与 α 粒子相似，β 粒子与原子碰撞时，将能量交给束缚电子，电子由于获得能量而使原子电离或激发，β 粒子本身能量则逐渐消耗。β 粒子的直接电离约占 20% ~ 30%，次级电离占 70% ~ 80%，但 β 粒子的电离本领比 α 粒子弱（大致为 α 粒子电离本领的 1/100）。

3. 韧致辐射

β 粒子特别是高能量的 β 粒子通过物质时，在核电场作用下迅速被阻止而突然改变其速度，有一部分动能转变为电磁辐射——韧致辐射。一般把韧致辐射产生的射线称为韧致伦琴射线。

韧致幅射的作用随 β 粒子的能量增加而加强。例如在 Pb 介质中，β 粒子能量为 10 MeV 时，有 50% 的能量为韧致辐射所消耗。当粒子能量为 100 MeV 时，则有 90% 的能量消耗于韧致辐射，而天然放射性元素放出的 β 粒子能量一般低于 2.5 MeV，所以韧致辐射作用是比较小的。当 β 粒子通过重物质时（比如 Pb），韧致辐射也是不能忽视的。因此，进行 β 测量时，在测量装置的铅室内壁，往往衬上一层轻物质屏（为铝屏或有机玻璃屏），一方面可以减少散射射线，另一方面有效地减少了韧致辐射射线。

2.2.2　β 射线在物质中的衰减

1. β 射线在物质中的吸收

同一能量的 α 粒子穿过同一物质时，α 粒子的射程是一定的，β 粒子则不然。因为 β 粒子是连续谱，且它与物质的作用除激发与电离外，还会发生弹性散射和韧致辐射，这样就使得讨论 β 粒子的射程复杂化了。因此需要对 β 粒子的射程赋予新的定义，即：对某一能量的 β 粒子几乎完全被吸收时的介质厚度为 β 粒子的射程，用 R 表示。

β 粒子通过物质时由于发生了散射、激发、电离与韧致辐射而发生衰减。由实验得到，天然放射性核素放出 β 射线能量范围内，β 射线在物质中近似按指数规律衰减，即

$$I = I_0 e^{-\mu \cdot d} \tag{2-1}$$

式中　I_0——入射 β 射线照射量率；

　　　I——通过物质厚度为 d 时 β 射线照射量率；

　　　d——吸收物质厚度，cm；

　　　μ——物质的吸收系数，cm^{-1}。

当射线照射量率衰减为起始照射量率一半时的厚度用 $D_{1/2}$ 来表示，$D_{1/2}$ 称为半吸收厚度。当 $I = I_0/2$ 时，$d = D_{1/2}$，代入（2-1）式，得

$$\frac{1}{2}I_0 = I_0 e^{-\mu D_{1/2}}$$

$$\ln\frac{1}{2} = -\mu D_{1/2}$$

故

$$D_{1/2} = \frac{\ln 2}{\mu} = \frac{0.693}{\mu}$$

而当 $I = I_0/1\,000$ 时,则有

$$R = \frac{6.93}{\mu} = 10D_{1/2}$$

当 $R = 10D_{1/2}$ 时,可以认为射线照射量率已吸收完,因而常以 10 倍半吸收厚度来表示 β 粒子的射程。

射程 R 可以用物质的厚度(cm)为单位,也可以用面密度(又称为质量厚度,g/cm^2)为单位。以面密度为单位表示射程时,它与吸收物质的原子序数和密度几乎无关,因此较为方便。

实际工作中具有连续而复杂的能谱的 β 射线在吸收介质中的射程,是由实验确定的。表 2－2 列出了天然放射性系列中实验测定的 β 射线射程。β 粒子穿透物质的本领比 α 粒子大,大致为 α 粒子的 100 倍。

表 2－2　实验测定岩石矿物中 β 辐射体的射程

β 辐射体	β 射线最大能量/MeV	最大射程 $R/(g/cm^2)$	β 辐射体	β 射线最大能量/MeV	最大射程 $R/(g/cm^2)$
UX_1	0.112(20%),0.205(80%)	0.018	$MsTh_1$	0.035	－
UX_2	1.37(5%),2.32(95%)	1.1	$MsTh_2$	1.55	0.95
RaB	0.65	0.216	ThB	0.210(78%),0.569(22%)	－
RaC	3.17	1.54	ThC	2.25	1.02
RaC″	1.96	0.90	ThC″	1.792,1.795	0.84
RaD	0.023	－	K－40	1.35	0.545
RaE	1.17	0.505			

β 粒子在物质中的射程 R 和 β 粒子最大能量 E_0 的关系曲线如图 2－2 所示。图 2－2 是双对数坐标纸作出的曲线图,从图中可以看出 β 粒子射程随能量增大而增大,当 $E_0 > 0.8$ MeV 以后,曲线变成直线,即射程与最大能量呈线性关系。注意这时的直线是在常用对数坐标下的直线,并不是算术坐标下的直线。

β 粒子射程可按如下经验公式计算。

当 $E_0 > 0.8$ MeV 时,$\lg R = 0.542 \lg E_0 - 0.133$,令 $y = \lg R, x = \lg E_0$,则

$$y = 0.542\ 1x - 0.133$$

显然,此式表示直线关系。

当 $0.15\ \text{MeV} < E_0 < 0.8\ \text{MeV}$ 时,$R = 0.407E_0^{1.38}$,这是一个指数上升的曲线,但应注意图 2 − 2 中的 R,E_0 都是取了常用对数以后的值。

以上两式中射程 R 以面密度(g/cm^2)为单位,能量 E_0 以 MeV 为单位。

2. 放射层中 β 射线的自吸收

与 β 射线通过物质时被吸收一样,当 β 射线源具有一定厚度时,层中某一点的 β 射线穿过该放射层将会产生自吸收作用,这就是放射层的自吸收。由于这种自吸收作用,使得放射性照射量率不会随着厚度增加而线性增长,而是放射层达到某一厚度后,射线照射量率就不再增加了,这一厚度称为 β 射线的饱和层。那么这一饱和层厚度有多大呢? 设单位厚度的放射层在没有自吸收时放出的 β 射线照射量率为 I_0,在放射层中取一个薄层 dx(图 2 − 3),dx 层的放射性照射量率为 $I_0 dx$。它经过距离 x 到达放射层表面,这时射线照射量率为

$$dI = I_0 e^{-\mu \cdot x} dx$$

取积分限 x 从 0 到 h,并对上式进行积分得

$$I = \int_0^h I_0 e^{-\mu \cdot x} dx = -\frac{I_0}{\mu} e^{-\mu \cdot x} \Big|_0^h = \frac{I_0}{\mu}(1 - e^{-\mu \cdot h})$$

当 $h \to \infty$ (即放射层很厚时)时,有

$$e^{-\mu \cdot h} \to 0$$

于是

$$I = \frac{I_0}{\mu} = I_\infty$$

此时射线照射量率达到极大值 I_∞,I_∞ 称为 β 饱和层的射线照射量率。是否要当 $h \to \infty$ 时,才是 β 射线的饱和层的厚度呢? 实际上 β 饱和层的厚度是不大的,在数值上等于被测对象中能量最大的 β 射线的射程,如图 2 − 4 所示。当放射层较薄时,射线照射量率随厚度增加而线性增加。当放射层有一定厚度时,射线照射量率增加较缓慢。放射层增加到某一厚度时,

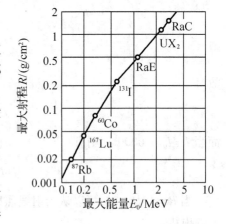

图 2 − 2　β 粒子射程与能量关系曲线图

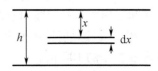

图 2 − 3　β 射线自吸收公式推导简图

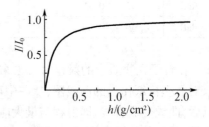

图 2 − 4　U − Ra 系 β 射线饱和曲线

射线照射量率不再随厚度增加而增加。

　　例如铀系中能量最大的 β 射线为 3.17 MeV（见表 2-2），其射程为 1.54 g/cm²（用面密度表示）。如果当矿石粉末密度为 1.54 g/cm² 时，其 β 饱和层厚度仅 1 cm（用厚度表示）。

　　由此可知，一个放射层的 β 射线照射量率，不仅与放射性元素的含量有关，还与放射层厚度有关。因此，用对比法确定矿石中放射性元素铀、钍等的含量时，常常采用 β 射线饱和层。这样 β 射线照射量率仅仅与矿石中放射性元素含量有关。

2.3　γ 射线与物质的相互作用

　　γ 射线是一种波长极短的电磁辐射，具有波动、粒子两重性质。

　　γ 射线的波长单位为 $\dot{A}$（$1\ \dot{A} = 10^{-10}$ m）。

　　γ 射线的能量单位为电子伏（eV）、千电子伏（keV）、百万电子伏（MeV）。这两种单位之间的关系如下

$$E = h\upsilon = \frac{hc}{\lambda} \tag{2-2}$$

$$\lambda = \frac{hc}{E}$$

式中　E——γ 射线的能量（MeV），1 MeV = 1.602×10^{-6} 尔格；

　　　　h——普朗克常数，$h \approx 6.62 \times 10^{-27}$ 尔格·秒；

　　　　υ——光子频率；

　　　　c——光速，$c = 3 \times 10^{8}$ m/s。

　　当 γ 射线能量为 1 MeV 时，可算得相应波长为 1.242×10^{-8} m。

　　天然放射性核素的 γ 射线能量一般为几十千电子伏到数百万电子伏。γ 射线与物质的相互作用和带电粒子（α 粒子与 β 粒子）与物质的作用完全不同。带电粒子与物质作用的过程中，把能量逐步消耗掉，最后停止下来。γ 射线与物质作用不是能量逐步消耗掉，往往是整个 γ 光子被吸收而转变成其他形式，如光电子、反冲电子等。γ 射线与物质的作用主要有三种形式，即光电效应、康普顿－吴有训效应、形成电子对效应。由于以上这些作用使 γ 射线在物质中逐渐衰减。单个 γ 光子穿过物质的距离不是一定的，但是，对由许多光子组成的 γ 射线束而言，它的衰减则具有统计规律。

　　当一束平行的单色 γ 射线束，垂直通过吸收屏（吸收物质）时，γ 射线就会和物质发生作用，且随着吸收物质厚度的增加照射量率逐渐减弱。实验证明，它的衰减服从指数规律，即

$$I = I_0 e^{-\mu \cdot x} \tag{2-3}$$

式中　I_0——起始 γ 射线束照射量率；

　　　　I——当吸收物质厚度为 x 时的 γ 射线束照射量率；

μ——线衰减系数,m^{-1}。

由线吸收(衰减)系数 μ 的物理意义可得

$$dI = -\mu I dx$$

$$\mu = \frac{-\dfrac{dI}{I}}{dx} \qquad (2-4)$$

因此,μ 的物理意义为射线穿过单位距离时,损失的射线照射量率同入射照射量率的比值。

μ 的大小和光子能量及吸收物质密度(ρ)等因素有关。当入射 γ 射线能量一定时,ρ 愈大 μ 也愈大。因为 ρ 愈大,单位体积中的原子和电子数愈多,γ 光子被吸收的概率愈大,射线束衰减得愈快,μ 就愈大。为了消除 μ 值随 ρ 的显著变化,常采用质量吸收(衰减)系数来描述 γ 射线在物质中的衰减,即

$$\mu_m = \frac{\mu}{\rho}$$

式中　μ_m——质量吸收系数,cm^2/g。采用质量吸收系数时,γ 射线的衰减公式即式(2-3)可写为

$$I = I_0 e^{-\frac{\mu}{\rho}\rho \cdot x} = I_0 e^{-\mu_m \rho \cdot x} = I_0 e^{-\mu_m X_m} \qquad (2-5)$$

式中　$X_m = \rho \cdot x$——质量厚度,g/cm^2。

为了描述光子与物质的原子、电子作用的概率,往往采用原子截面(或称原子衰减系数)和电子截面(或称电子衰减系数)来描述射线的衰减规律。当采用原子截面时,γ 射线的衰减公式如下

$$I = I_0 e^{-\frac{\mu}{N}N \cdot x} = I_0 e^{-\mu_a n_a} \qquad (2-6)$$

式中　$N = \dfrac{\rho \cdot L}{A}$——1 cm^3 体积中的原子数;

　　　L——阿伏加德罗常数;

　　　ρ, A——物质的密度与原子量;

　　　$n_a = Nx$——面积为 1 cm^2,厚为 x cm 的体积中的原子数;

　　　$\mu_a = \dfrac{\mu}{N}$——原子截面(或称原子衰减系数),cm^2。它表示单个光子垂直射到单位面积上和其中一个原子发生作用的概率。

μ_a 的量纲与面积的量纲相同,都是 cm^2,所以称为原子截面。原子截面并非原子的几何截面,而是光子与原子发生作用的概率。

同样需用电子截面(或称电子衰减系数)时,γ 射线的衰减公式如下

$$I = I_0 e^{-\frac{\mu}{N \cdot z}NZX} = I_0 e^{-\mu_e n_e} \qquad (2-7)$$

式中　$n_e = NZX$——面积是 1 cm^2,厚度为 X 的体积中的电子数目;

μ_e——电子截面(或称电子衰减系数),它表示一个光子垂直射到单位面积上和其中一个电子发生作用的概率。

下面讨论 γ 射线(γ 光子)与物质作用的三种主要形式。

2.3.1　光电效应

当 γ 光子与原子碰撞时,它将所有能量($h\upsilon$)交给原子,原子又把能量几乎全部交给束缚电子,电子由于获得能量克服了电离能脱离原子而运动,产生了光电子,而光子则整个被吸收,这种作用称为光电效应,如图 2－5 所示。光电效应在靠近原子核的电子壳层,如 K 层、L层产生光电子的概率最大。产生光电效应后的原子处

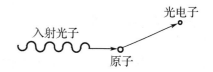

图 2－5　光电效应示意图

于激发状态,当外层电子填充内层电子空缺时,其多余的能量以辐射特征 X 射线(或称标识 X 射线)、俄歇电子等形式放出而使原子回到正常状态。由于每一个元素产生的 X 射线能量是特定的,换言之,一定能量的 X 射线标志一定元素,故称特征(标识)X 射线。当光电效应发生在 K 电子层时,则产生的标识 X 射线称为 K－X 射线。发生在 L 电子层时,产生的 X 射线称为 L－X 射线。

只有当入射 γ 射线的能量大于原子的电离能时,γ 光子才能与该物质产生光电效应。光电子的动能是入射 γ 光子能量与电离能之差,即

$$E_e = h\upsilon - \varepsilon_j \quad (j = K, L\cdots)$$

式中　E_e——光电子动能;

　　　$h\upsilon$——入射光子能量;

　　　ε_j——第 j 电子壳层的电离能。

如果 γ 光子的能量超过 K 层电子电离能时,光电效应有 80% 在 K 层发生。当入射 γ 射线能量很大时,即 $h\upsilon \gg \varepsilon_j$,则往往可以测量光电子能量 E_e 来代表 γ 光子能量 $h\upsilon$。

对于天然放射性核素放出的 γ 射线能量范围(10 keV ~ 1 MeV)内,光电吸收系数 τ 产生光电效应的概率可用以下经验公式表示

$$\tau = \frac{0.008\,9\rho \cdot Z^{4.1}}{A}\lambda^n \qquad (2-8)$$

式中　τ——光电吸收系数(cm^{-1});

　　　ρ——吸收物质的密度;

　　　Z, A——吸收物质的原子序数与原子量;

　　　n——Z 的函数(当 $Z = 5.6$ 时, $n = 3.05$; $Z = 11.26$ 时, $n = 2.85$);

　　　λ——入射光子的波长(10^{-10} m)。

由式(2-8)可知,当原子序数 Z 增大时,τ 增大;当 λ 增大时 τ 也增大。而 λ 增大,则意味着入射 γ 光子的能量减小(由式(2-2)可知),就是说低能量(小于 0.5 MeV)γ 光子与重物质(Z 大的物质)作用时,光电效应才会显著。

当入射 γ 光子能量较小时,光电效应具有如下特点:开始是最外层电子产生光电效应,当 γ 光子能量逐渐增加时,内层电子也产生光电效应。当 γ 光子能量稍大于某一层电子的电离能时,光电吸收概率特别大,这个光电吸收概率变化特别大的地方称为吸收限,如图 2-6 所示。当 γ 光子能量略大于 K 层电子电离能时,造成强烈光电吸收,并放出特征 K-X 射线,射线能量为

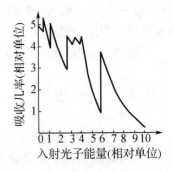

图 2-6　光电效应随入射光子能量改变的曲线

$$hv = E_N - E_K$$

式中　E_N——电子处在 N 层时能级能量;

　　　E_K——电子处在 K 层时能级能量。

对于某一元素 K-X 射线能量是特定的,所以可以利用不同能量的 K-X 射线来确定不同的元素,并根据 K-X 射线的照射量率,确定其含量,这就是 X 射线荧光分析的原理。

2.3.2　康普顿-吴有训效应

随着 γ 光子能量的增加,产生光电效应的概率将逐渐减小,而 γ 光子与原子中电子的散射将逐渐成为主要的作用方式。

当能量为 hv 的 γ 光子与原子中的一个电子发生弹性碰撞时,γ 光子将部分能量交给电子,使得电子与入射光子成某一角度 φ 散射出去,该电子称为反冲电子。被减弱的 γ 光子也改变方向,与入射光子成某一角度 θ 散射出去,能量减少为 hv',该光子称为散射光子。这种作用称为康普顿-吴有训效应,简称康-吴散射,如图2-7所示。

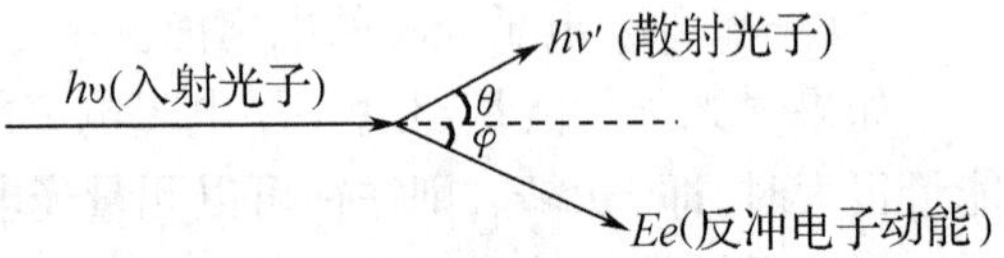

图 2-7　康-吴散射示意图

散射光子能量(hv'),反冲电子动能(E_e)与入射光子能量(hv)及散射角(θ)之间有如下关系式

$$hv' = \frac{hv}{1 + \dfrac{hv}{m_0c^2}(1 - \cos\theta)} = \frac{m_0c^2}{1 + \dfrac{m_0c^2}{hv} - \cos\theta} = \frac{0.51}{1 + \dfrac{0.51}{hv} - \cos\theta} \qquad (2-9)$$

式中　m_0c^2——电子静止质量能(m_0 为静止的电子的质量,c 为光速,$m_0c^2 = 0.51$ MeV)。

由于发生康-吴散射时,入射光子能量较大,电子电离能较小,所以电子在反冲时得到的

能量即为反冲电子的动能,即

$$E_e = hv - hv' = \cfrac{hv}{1 + \cfrac{0.51}{hv(1 - \cos\theta)}} \qquad (2-10)$$

当入射能量 hv 一定时,散射角 θ 越大,$\cos\theta$ 越小,$1 - \cos\theta$ 越大,公式(2-9)的分母越大,则散射光子能量 hv' 就越小;散射角 θ 一定时,入射光子能量 hv 越大,$0.51/hv$ 越小,公式(2-9)的分母越小,则散射光子能量 hv' 就越大。在垂直方向上 $\theta = 90°$,$\cos\theta = 0$,$hv' = 0.51\cfrac{1}{1 + \cfrac{0.51}{hv}}$,此式中分母始终大于1,表示散射光子能量 hv' 不会超过 0.51 MeV;在反方向上 $\theta = 180°$,$\cos\theta = -1$,$hv' = \cfrac{0.51}{2 + \cfrac{0.51}{hv}}$,此式分母始终大于2,故散射光子能量 hv' 不会超过 0.51/2 = 0.25 MeV。

由式(2-10)可知,反冲电子的动能 E_e 与入射光子能量 hv 以及散射角 θ 有关。反冲电子的动能 E_e 随散射角 θ 减小而减小。这是因为 θ 越小,$1 - \cos\theta$ 越小,公式(2-10)中,总分母越大,E_e 就越小。

图 2-8 是散射光子能量、反冲电子动能和角度(散射角 θ 与反冲角 φ)的关系向量图,由图 2-8 可形象地看出它们之间的关系。

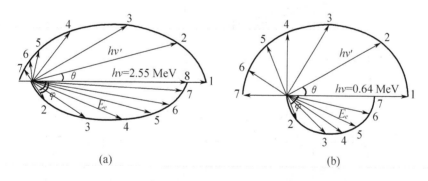

图 2-8　散射光子与反冲电子之间的角度分布关系

(a)入射光子能量为 2.55 MeV 时的情况;(b)入射光子能量为 0.64 MeV 时的情况

当散射角 $\theta = 180°$ 时,反冲角 $\varphi = 0°$,电子向前反冲,具有最大动能,而散射光子能量最低,称为反散射射线。

当散射角 $\theta = 0°$ 时,反冲角 $\varphi = 90°$,反冲电子动能为零,其物理意义是电子不受反冲,即没有反方向($\varphi > 90°$)的反冲电子。

发生康-吴散射时,入射光子能量一部分传给反冲电子,另一部分能量由散射光子带走。

因此康 – 吴散射时,一个电子的截面,即一个电子的衰减系数 σ^e 可以分成两部分,即

$$\sigma^e = \sigma_a^e + \sigma_s^e \qquad (2-11)$$

式中　σ_a^e——康普顿真吸收系数,表示光子能量传给反冲电子引起的电子吸收系数;

　　　σ_s^e——康普顿真散射系数,表示由散射光子带走能量引起的电子衰减系数。

康普顿线衰减系数 σ 为电子衰减系数 σ^e 乘单位体积中的电子数 $n\left(n=\dfrac{\rho \cdot L \cdot Z}{A}\right)$,即

$$\sigma = \sigma^e \cdot \frac{\rho \cdot L \cdot Z}{A}$$

式中　ρ——物质的密度;

　　　L——阿伏加德罗常数;

　　　Z,A——元素的原子序数与原子量。

需要指出的是,σ_a^e,σ_s^e 和 σ^e 随入射光子能量不同而变化,如图 2 – 9 所示。可以看出,当入射光子能量很小时,σ_s^e 比 σ_a^e 大很多,这是因为入射光子能量小时,只有一小部分传给反冲电子,大部分由散射光子带走。随着入射光子能量的增加,传给反冲电子的那部分能量也逐渐增加,当入射光子能量 $h\upsilon \approx 1.5$ MeV 时,传给反冲电子的能量和散射光子带走的能量相等,那时 $\sigma_a^e = \sigma_s^e$。当入射光子能量 $h\upsilon > 1.5$ MeV 时,大部分能量传给反冲电子,那时 $\sigma_a^e > \sigma_s^e$。

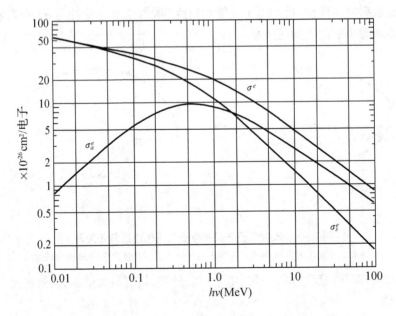

图 2 – 9　σ^e,σ_a^e,σ_s^e 随入射光子能量($h\upsilon$)的变化曲线

康 – 吴散射是 γ 光子与原子中的电子发生作用,所以单位体积中电子数愈多,作用概率愈大,康普顿线衰减系数 σ 与原子序数 Z 的一次方成正比。此外随着入射光子能量的增加,

康－吴散射的作用概率下降,即康普顿线衰减系数与入射光子能量 $h\upsilon$ 成反比。以上关系可由下式来表达

$$\sigma \propto \frac{Z}{h\upsilon}$$

实际工作中往往采用康普顿质量衰减系数 σ/ρ 表示,即

$$\frac{\sigma}{\rho} = \sigma^e \rho \cdot L \frac{Z}{A} \cdot \frac{1}{\rho} = \sigma^e L \frac{Z}{A}$$

由上式可知,σ/ρ 正比于 Z/A,因此,康普顿质量衰减系数不随作用物质而显著变化。对一般造岩元素而言,$Z/A \approx 1/2$,故 $\sigma/\rho \approx \sigma^2 L/2 =$ 常数(入射能量一定时,σ^e,σ_a^e 和 σ_s^e 都有确定的数值,与作用物质性质几乎无关)。因此,对一定能量的 γ 射线而言,各种岩石的康普顿质量吸收系数近似相等。

2.3.3　形成电子对效应

当入射 γ 光子能量超过 1.02 MeV 时,产生电子对效应。形成电子对作用就是光子完全被吸收,产生一对粒子,电子和正电子,且随着 γ 光子能量的增加逐渐成为主要的作用形式。

γ 光子在核库仑场中完全被吸收,转化成一对正负电子,如图 2－10 所示。电子对的动能为

$$E = h\upsilon - 2m_0 c^2 = h\upsilon - 1.02 \text{ MeV} \quad (2-12)$$

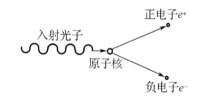

形成电子对的逆过程就是正电子的湮没。正电子与负电子不同,它很不稳定,只在极短时间内存在自由状态(约为 $10^{-7} \sim 10^{-10}$ 秒)。正电子在物质中由于电离损失能量之后,将与物质中的束缚电子发生作用,正电子消失,辐射出两个能量为 0.51 MeV 的 γ 光子,这就是正电子湮没和湮没辐射。

图 2－10　形成电子对效应

形成电子对效应包括正负电子对的生成和湮没两个过程。

由式(2－12)可知,只有当入射光子能量 $h\upsilon > 1.02$ MeV 时,才可能有电子对的形成。形成电子对的概率与作用物质原子序数平方成正比,还与 γ 光子能量成正比。若形成电子对的原子截面(原子衰减系数)用 K_a 表示,则有

$$K_a \propto Z^2 h\upsilon$$

所以不论在什么情况下,形成电子对的概率和物质原子序数平方成正比。

对于天然放射性核素放出的 γ 射线能量范围内,形成电子对的概率是很小的。在轻物质如岩石、铝介质中形成电子对衰减系数 K 接近于零,在重物质如铅中形成电子对衰减系数也仅占 $0\% \sim 15\%$。

由以上分析可知,天然放射性核素放出的 γ 射线与物质作用的三种主要形式为光电效

应、康－吴散射和形成电子对效应。由于上述三种作用的结果,γ射线通过物质会发生衰减(吸收),其总衰减系数应为三者之和,即

$$\mu = \tau + \sigma + K = \tau + \sigma_a + \sigma_s + K \qquad (2-13)$$

式中　μ——总衰减系数;

　　　τ——光电吸收系数;

　　　σ——康普顿衰减系数;

　　　K——形成电子对吸收系数;

　　　σ_a, σ_s——康普顿真吸收系数和真散射系数。

随着入射γ光子能量的变化,三种效应所占比例是不相同的。一般来说,低能量以光电效应为主,中等能量以康－吴散射为主,而高能量以形成电子对效应为主。对原子序数 Z 较小的铝,在0.3~3 MeV范围内,作用形式主要是康－吴散射。由于岩石的有效原子序数 $Z_{有数}$ 与铝接近,所以天然放射性核素放出的γ射线与岩石作用的主要形式为康－吴散射。

表2－3中列出了A1,Cu,Pb三种介质中,各种效应相对为主的能量范围,由此可以看出,对中等能量的γ射线而言,在轻物质(Z 小)与重物质(Z 大)中,康－吴散射都是主要的;对低能量的γ射线和重物质而言,光电效应是主要的;对高能量γ射线和重物质而言,电子对效应是主要形式。

表2－3　不同介质中各种效应相对为主的能量(MeV)范围

介质	光电效应	康－吴散射	电子对效应
Al	<0.05	0.05~15	>15
Cu	<0.125	0.125~10	>10
Pb	<0.5	0.5~5	>5

由以上讨论可以看出,γ射线本身不像α与β粒子那样会使物质电离,但是由于γ射线与物质作用发生光电效应、康－吴散射和形成电子对效应,产生了光电子、反冲电子和正负电子对,这些电子统称为次级电子,而这些次级电子能使物质电离和激发。探测γ射线实际上是探测这些次级电子在物质中的电离和激发,无论是计数管,还是闪烁晶体都是如此。在γ能谱测量中,还通过次级电子能量来反应γ射线的能量。为了分析γ能谱仪测得的能谱,了解γ射线与物质作用的过程中次级电子能量的分布是非常重要的。

2.4　γ射线在物质中的衰减

γ射线通过物质时,由于光电吸收,康－吴散射和形成电子对作用,γ光子的能量逐渐被吸收,射线照射量率也就逐渐减弱。射线照射量率的衰减规律与测量条件有关。

2.4.1 单色窄射线束在物质中的衰减

图 2 - 11 是测量窄射线束通过物质的实验装置。放射源放出一束窄而平行的射线,探测器周围用铅屏蔽起来,免得周围散射射线被记录。在这种装置下康 - 吴散射射线全部不会记录到。此时,总衰减系数为各部分系数之和,即

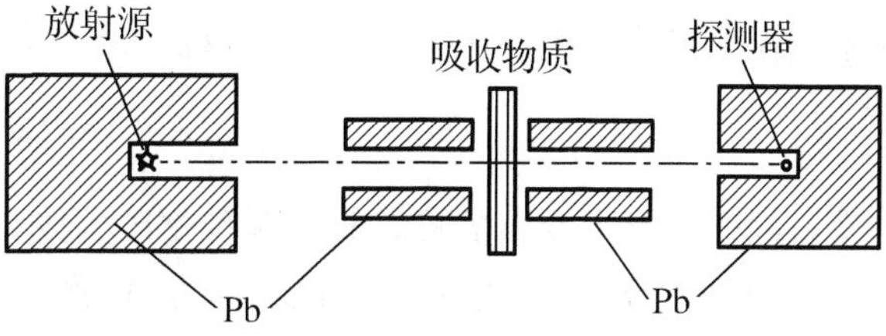

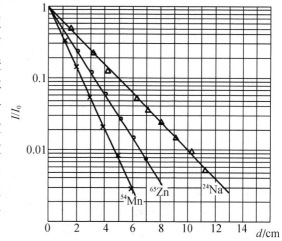

图 2 - 11 窄射线束在物质中衰减的实验装置

$$\mu = \tau + \sigma + K = \tau + \sigma_a + \sigma_s + K$$

窄射线束通过厚度为 d 的介质后,射线照射量率按指数规律变化,即

$$I = I_0 e^{-\mu \cdot d} \tag{2 - 14}$$

式中 I_0——没有吸收屏时,测得的射线照射量率;

   I——通过吸收厚度为 d 的物质时,测得的射线照射量率。

图 2 - 12 是各种能量射线的单色窄射线束在铅(Pb)中的衰减。纵坐标为相对照射量率 I/I_0,横坐标为铅的厚度。从图中可看出射线照射量率减弱严格按指数规律衰减,在对数坐标里衰减曲线成一条直线,其斜率就是吸收系数 μ。由图 2 - 12 曲线计算得到铅对 ^{24}Na(2.754 MeV)的吸收系数为 0.46,铅对 ^{65}Zn(1.116 MeV)的吸收系数为 0.71,铅对 ^{54}Mn(0.835 MeV)的吸收系数为 0.92。这说明在窄射线束情况下,吸收系数 μ 与入射 γ 光子能量及介质的原子序数有关,而与介质厚度无关。

如前所述,对于天然放射性核素放出的 γ 射线,在岩石中的衰减主要为康 - 吴散射。

图 2 - 12 窄射线束在铅中的衰减

$$\mu = \sigma \quad 或 \quad \mu = \sigma_a + \sigma_s$$

而

$$\sigma = \sigma^e \frac{\rho \cdot L \cdot Z}{A}$$

所以
$$\mu = \sigma^e \frac{\rho \cdot L \cdot Z}{A} \qquad (2-15)$$

对一般岩石来说,当入射 γ 光子能量一定时, $\sigma^e \frac{\rho \cdot L \cdot Z}{A} = \frac{1}{2}\sigma \cdot L$ 为一常数,因此岩石的吸收系数仅与密度 ρ 成正比关系。如果用 μ_m 来表示质量吸收系数,则有

$$\mu_m = \frac{\mu}{\rho} = 常数 \qquad (2-16)$$

岩石的密度是个变化的量。有时两种物质的成分一样,但由于结构不同造成密度不同,引起 μ 也不同。常数 μ_m 不受 μ 变化的影响,也不受密度变化的影响,对一般岩石来说, μ_m 可以看成是一定的。

由式(2-16)可看出,在 μ_m 值确定的情况下,只要测得岩石的吸收系数 μ ,岩石的密度也就知道了。这就是天然产状下用放射性测量方法测定岩石密度(工程中称体重)的基础。

2.4.2　宽射线束在物质中的衰减

在窄束条件下,散射射线没有被记录,而对宽射线束来说,有部分散射射线会被记录下来。通过介质吸收后的 γ 辐射照射量率比按公式 $I = I_0 e^{-\mu \cdot d}$ 计算的照射量率大,这是因为吸收系数 μ 比在窄束条件下要小。在宽束条件下有

$$\mu = \tau + \sigma_a + q\sigma_s + K$$

式中　　q——修正系数,在 $0 \sim 1$ 之间。

在窄束条件下 $q=1$,而宽射线束通过较厚物质时, $q=0$,此时

$$\mu = \tau + \sigma_a + K$$

一般情况下,吸收系数 μ 介于这两种极端情况之间,即

$$\tau + \sigma_a + K < \mu < \tau + \sigma_a + \sigma_s + K$$

显然,吸收系数与测量条件(窄束或宽束)密切相关,随着测量条件的不同,射线的衰减会发生变化。图 2-13 是宽射线束在平面钢板中的衰减曲线。曲线 1 是宽射线束在不同钢板厚度中的实测变化曲线,曲线 2 是窄射线束的理论吸收曲线。可见曲线 1 不像曲线 2 是一条直线,而是一条斜率(即吸收系数)不断变化的曲线。开始吸收系数小(斜率小),随着钢板厚度增加,吸收系数增大(斜率增大)。当钢板厚度达到 4 cm 后,吸收系数几乎不变了(斜率不变),但吸收系数较窄射线束的吸收系数要明显地小。

从理论上来描述宽射线束在物质中的衰减规律是比较困难的,目前仍以指数规律来粗略地描述宽射线束在物质中的衰减规律。这时吸收系数 μ 要采用有效吸收系数,用 $\bar{\mu}$ 来表示,即

$$I = I_0 e^{-\bar{\mu} \cdot d}$$

或

$$I = I_0 e^{-\frac{\bar{\mu}}{\rho}\rho \cdot d}$$

其中, $\bar{\mu}$ 用实测照射量率按下述公式计算,即

$$\bar{\mu} = \frac{-\ln(I/I_0)}{d} \quad 或 \quad \bar{\mu}/\rho = \frac{-\ln(I/I_0)}{\rho \cdot d}$$

例如,镭源在矿石水泥模型上($\rho = 2.08 \ t/m^3$),用 FD – 61K 测量的结果如下(J – 306 充气计数管)

$$I/I_0 = 0.119 \ , \rho \cdot d = 60 (g/cm^2)$$

有效质量吸收系数为

$$\frac{\bar{\mu}}{\rho} = \frac{-\ln 0.119}{60} = 0.035 \ (cm^2/g)$$

这里需要指出的是,有效质量吸收

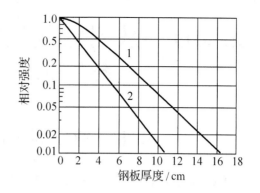

图 2 – 13　宽射线束通过平面钢板的衰减曲线

1—平面^{60}Co 源通过平面钢板时的 γ 射线衰减实测曲线;
2—窄束射线吸收 γ 射线的理论计算曲线

系数在不同吸收厚度($\rho \cdot d$)处是不相同的。因此,在某一厚度处测得有效质量吸收系数,只能在类似条件下(厚度大体相同)应用。例如,在相应吸收厚度为 25 ~ 40 cm 的条件下测定有效质量吸收系数,那么在天然产状下测定矿石密度时,吸收层厚度(炮眼之间的距离)也应控制在 25 ~ 40 cm 之间。

第3章 放射性测量常用单位、标准源、标定模型和防护

3.1 放射性测量常用单位

众所周知,衡量物体的质量要有质量单位如 g,kg,t 等,衡量物体的长度有长度单位如 cm,m 等。在放射性测量中也需要有一定的度量单位。

3.1.1 放射性测量单位

1. 放射性物质的含量单位

岩石、矿石或其他固体物质中的放射性物质含量,用每克物质中含有多少克放射性物质的百分数或百万分数表示,如%(10^{-2}),ppm(10^{-6}),ppb(10^{-9})。这些单位适用于一些长寿核素如^{238}U,^{232}Th,^{40}K 等。

2. 放射性照射量率(活度)单位

在国际制单位(SI)中放射性照射量率(活度)采用每秒钟内的衰变数来表示,命名为"贝可勒尔"简称"贝可"(Bq),每秒衰变一次称为 1 贝可。

过去使用的专用单位是居里(Ci),指在 1 秒钟产生 3.7×10^{10} 次衰变的放射性照射量率。通常用它的派生单位,即:

1 毫居里(mCi) = 3.7×10^7 Bq

1 微居里(μCi) = 3.7×10^4 Bq

1 爱曼(em) = 1×10^{-10} 居里/升(Ci/L) = 3.7 Bq/L

爱曼用来表示液体或气体中的射气浓度(Rn,Tn 等),它经常用于射气测量,所以射气测量俗称"爱曼测量",相当于长度测量俗称为"米数测量"一样。

克镭当量是一种 γ 放射量的单位,因这种单位较大,所以常取它的千分之一"毫克当量"来计量。毫克镭当量的定义是,若任何 γ 放射性物质的 γ 射线在空气等效电离室中所产生的电离度,与 1 mg 镭和它的衰变产物达到平衡时,在完全相同的情况下所产生的电离度一样,那么,这种 γ 放射性物质的放射量就称为 1mg 镭当量。

3. 照射量(X)的单位

照射量(X)是以 X 射线或 γ 射线辐射产生电离的本领而作出的一种量度,用来表示 X 射线或 γ 射线辐射源在空气中形成的辐射场。在国际制单位中,它的量纲为库仑/千克($C \cdot kg^{-1}$)。

过去使用的专用单位是伦琴(R)。1 伦琴 γ 射线指的是这样的照射量:通过 0.001 293 g(体积为 1 cm^3)空气时,在正常温度和气压条件下能产生一个静电单位电量的正负离子对,它相当于在空气中产生 2.08×10^9 离子对/cm^3,或者 1.609×10^{15} 离子对/g。

照射量的定义式是

$$X = \frac{dQ}{dm}$$

式中　dQ——电荷量微分;

　　　dm——空气质量微分;

伦琴与库仑/千克的关系式是 1 C/kg $= 3.876 \times 10^3$ R,1 R $= 2.58 \times 10^{-4}$ C/kg。

4. 照射量率($\dot{X}$)的单位

照射量率($\dot{X}$)的定义是单位时间内的照射量,它的定义式是

$$\dot{X} = \frac{dX}{dt}$$

在国际制单位中,它的量纲为安培/千克($A \cdot kg^{-1}$)或库仑/(千克·秒)($C \cdot kg^{-1} \cdot s^{-1}$)。

在工程上,过去经常使用的照射量率单位是伦琴/小时(R/h),或其派生单位微伦/小时($\mu R/h$),并且称 1 $\mu R/h$ 为 1 伽玛(γ),这种用法现已被国际单位制取代,其换算关系为

1 γ = 1 $\mu R/h$ = 10^{-6} R/h = $10^{-6} \times 2.58 \times 10^{-4}$ C/kg /3 600 s = 7.17×10^{-14} C $\cdot kg^{-1} \cdot s^{-1}$

本书经常使用 7.17×10^{-14} C $\cdot kg^{-1} \cdot s^{-1}$ 或 7.17×10^{-14} A/kg 作为照射量率的常用单位。

1 mg 镭的点源与其衰变产物平衡,当用 0.5 mm 铂层作外壳时,在距它 1 cm 处能产生 8.4 R/h 的照射量率,这个数值称为镭的 γ 常数,记作 K_γ。已知 K_γ,根据下式可以计算镭点源任意质量 m(mg)在任一距离 r(cm)处的照射量率,即

$$\dot{X} = K_\gamma \frac{m}{r^2} (7.17 \times 10^{-14} \text{ C} \cdot kg^{-1} \cdot s^{-1}) \tag{3-1}$$

例如,0.1 mg 镭源在 1 m 远处的照射量率为

$$\dot{X} = 8.4 \times \frac{0.1}{100^2} \text{ R/h} = 8.4 \times 10^{-5} \text{ R/h} = 84 \times 7.17 \times 10^{-14} \text{ A/kg}$$

5. 辐射吸收剂量

照射量可以用辐射对空气的剂量效应来衡量,但不适用于辐射对人体组织的能量沉积,因

此引入辐射吸收计量。在国际单位制(SI)中使用的吸收计量单位是戈瑞(Gy),它的定义是:辐射在 1 kg 介质中形成 1 焦耳的能量沉积,即

$$1 \text{ Gy}(戈瑞) = 1 \text{ J/kg}(焦耳/千克);1 \text{ Gy} = 100 \text{ rd}(拉德)$$

拉德(rd)是以前使用的单位,现在仍然被广泛使用。

6. 剂量当量

剂量学中发现 0.01 Gy 的快中子(能量在 0.5 ~ 10 MeV 的中子)吸收剂量产生的生物学损伤与 0.1 Gy 的 γ 射线辐射吸收剂量产生的生物学损伤相同,为此提出了能反应特定类型辐射引起损伤能力的品质因素 Q 乘以吸收剂量,构成剂量当量。现在用的国际单位制(SI)单位是希(沃特)(Sirvert),符号是 Sv,过去使用的单位是雷姆(rem)。

$$剂量当量(希) = 吸收剂量(戈瑞) \times Q$$

品质因素 Q 值:对 X 射线、γ 射线和 β 射线是 1;热中子(能量小于 0.025 eV 的中子)是 2.3;快中子是 10;α 粒子是 20。

$$1 \text{ Sv} = 10^3 \text{ mSv} = 100 \text{ rem}$$

7. 剂量率

前面讲的是吸收剂量,没有时间概念。剂量率表示单位时间内的吸收剂量,剂量、剂量率和时间的关系是

$$剂量 = 剂量率 \times 时间$$

剂量率的单位是 Sv/h,mSv/h,mGy/h。

8. 其他单位

在放射性测量中有些量还使用了一些相对单位,如单位时间内的脉冲数,常用的单位有脉冲/秒(cps)和脉冲/分(cpm);单位面积内的径迹数,径迹/mm^2(j/mm^2,简写为 j)等等。这些相对单位不能作为放射性测量的客观、统一标准的物理量单位,但在工程物探中常用。

3.1.2　国际原子能机构(IAEA)推荐的单位

国际原子能机构推荐的单位应符合以下要求:(1)应尽可能直接地与放射性元素的含量有关;(2)在一定条件下,各种类型仪器在不同年代测量的,应该得到相同的结果,并能使放射性测量结果与实验室其他分析方法结果进行直接的对比;(3)不应与其他单位混淆。

国际原子能机构(IAEA)推荐的单位如下。

1. γ 总量测量的单位

"放射性元素含量单位"或简称"放射性元素单位"记作 U_γ，指具有 1 U_γ 地质体(或放射源) 能使 γ 辐射仪器产生的响应(如计数率)相当于含有 1×10^{-6} 平衡铀的地质体所产生的响应。

$$1 \ U_\gamma = 1 \times 10^{-6} eU(百万分之一的当量铀)$$

IAEA 所推荐的放射性测量单位要求把野外测量数据与接近自然界物质的、已知平衡铀含量的饱和标定模型上的测量数据进行对比。这种要求比较接近野外 γ 测量的实际地质情况。通常用的 γ(即 μR/h)单位是以镭的点源在空气中产生的电离效应为基础的。实际地质体中的铀不是点源，而是呈分散状的体源，经过岩石的康 - 吴散射，在 γ 谱成分上与点状镭源有很大差别，而且 γ 射线在闪烁体中的响应也不同于点状源在空气中的电离效应。

当不知道所测地质体内放射性物质的性质时，所测的 U_γ 单位是 1×10^{-6} 的当量铀含量。在距离土壤 1 m 处为 $0.6 \times 7.17 \times 10^{-14}$ C · kg^{-1} · s^{-1}。

用 NaI(Tl)探测器实测证明：地质体中 10^{-6} eTh 相当于 $(0.44 \sim 0.45)$ $U_\gamma = (0.44 \sim 0.45) \times 10^{-6}$ eU。

2. γ 能谱测量单位

γ 能谱测量使用的单位就是相应放射性元素的含量单位：K 为%，U 为 1×10^{-6} eU，Th 为 1×10^{-6} eTh。上述各种测量单位之间的关系见表 3 - 1。

表 3 - 1　各种放射性测量单位的关系

测量对象(代号)	以前使用单位	国际单位(SI)	IAEA 推荐的单位	各单位之间的关系
放射性物质含量(Q)	%，ppm，g/g	%，ppm，g/g	%，ppm，g/g，U_γ	1 U_γ = 1 ppmeU[注]
放射性(活度) 照射量率(A)	居里(Ci)	Bq	–	1 Ci = 3.7×10^{10} Bq 1 Bq = 2.7×10^{-11} Ci 1 mCi = 3.7×10^7 Bq 1 μCi = 3.7×10^4 Bq
射气浓度	爱曼(em)	Bq/L	–	1 em = 10^{-10} Ci/L 1 em = 3.7 Bq/L
照射量(X)	伦琴(R)	C/kg	–	1 R = 2.58×10^{-4} C/kg 1 C/kg = 3.88×10^3 R
照射量率($\dot{X}$)（比活度）	R/h，μR/h(γ)	A/kg，C · kg^{-1} · s^{-1}	放射性元素含量(U_γ)	1 U_γ = 1 ppmeU = 0.6 μR/h = 4.3×10^{-14} A/kg 1 μR/h = 7.17×10^{-14} A/kg
吸收剂量(D)	拉德(rad)	焦/千克(J/kg) 戈瑞(Gy)	–	1 rad = 10^{-2} J/kg(Gr) 1 J/kg(Gr) = 100 rad

表 3 – 1(续)

测量对象(代号)	以前使用单位	国际单位(SI)	IAEA 推荐的单位	各单位之间的关系
吸收剂量率($\dot{D}$)	拉德/秒 (Rad/s)	焦/(千克·秒) [J/(kg×s)]	–	1 rag/s = 10^{-2} J/(kgs) 1 J/(kgs) = 100 rad/s

[注]ppm = 10^{-6},下同。

因此,标定放射性仪器时至少需要 4 个混凝土饱和模型,1 个为"零值"模型,3 个分别为铀、钍、钾的标定模型。

3.2　标　准　源

放射性测量,跟任何其他测量一样,都要有一个度量单位。放射性测量中有一个作为统一衡量标准的东西,叫作标准源。有了标准源,放射性物探工作就能作相对测量,即用仪器将样品(或观测对象)与标准源进行比较,以确定样品(或观测对象)中放射性元素的含量或照射量率。

标准源如同砝码一样是衡量的准则,要求它应该准确、可靠,并要妥善保管。

放射性物探工作中常使用的标准源,按其形态分为固体、液体与粉末标准源;按其制备元素又分为铀、镭、钍、钴、铯标准源等;按其射线性质又分为 α,β,γ 射线标准源。

3.2.1　固体射线标准源

1. 固体镭 γ 射线标准源

固体镭(Ra)源是一种常用的 γ 射线标准源。通常用镭盐制成,装于玻璃安瓿中,外包 0.5 mm 铂管或用面密度相当于 0.5 mm 铂的其他金属外壳加以保护。标准源中镭含量一般有 0.1 mg 和 1 mg 左右两种。要正确使用固体镭源,首先要了解镭的 γ 常数 $K_γ$。

通常将固体镭源在 1 m 远处的照射量率,称为标准源常数,用 A 表示。对镭含量0.1 mg,1 mg 与 2 mg 固体镭源,其标准源常数 A 分别为 $84×7.17×10^{-14}$ C·kg^{-1}·s^{-1},$840×7.17×10^{-14}$ C·kg^{-1}·s^{-1} 与 $1\,680×7.17×10^{-14}$ C·kg^{-1}·s^{-1}。这三种镭源分别称为 5 号、6 号及 4 号镭源。标准源的含量以及可能的误差范围等,均在标准源使用说明书中详细记载,在启用新的固体镭源时需仔细查对,以准确确定标准源常数 A 值。

2. 铯($_{55}^{137}$Cs) γ 射线源

$_{55}^{137}$Cs γ 射线源只辐射出能量为 0.66 MeV 的 γ 射线,常用来检查仪器工作状况,如检查仪器的工作灵敏度等。Cs 的半衰期为 30 年,长期使用后,它的照射量率将随时间增加而减弱,但在一个不太长的时间内,其照射量率可以认为是一个定值。

3. 镅($^{241}_{95}$Am)源

$^{241}_{95}$Am 是核反应堆中由 $^{238}_{92}$U 生产出来的放射性同位素。镅源可分为 α 射线源(面源)和 γ 射线源(固体源)两种。$^{241}_{95}$Am 的半衰期为 433 年,其放出的 α 粒子能量为 5.482 MeV,5.439 MeV 等,放出的 γ 射线的能量为 0.6 MeV 等。前者常用于检查金硅面垒型 α 辐射仪,后者用作能谱仪自稳装置的参考源和 X 射线荧光仪的激发源等。

3.2.2　液体标准源

常见的液体标准源,有氡射气标准源和钍射气标准源,主要用来标定静电计与射气仪。

氡射气标准源由镭盐溶液制成,保存在特制的玻璃容器中,在溶液中的镭量一般为 10^{-6} ~ 10^{-11} g,标定射气仪的液体标准源的镭量一般为 10^{-8} ~ 10^{-9} g。

钍射气标准源由钍化合物溶液制成,溶液中的钍量一般为 1 ~ 10 mg。

3.2.3　粉末标准源

粉末标准源由铀矿石或钍矿石加工而成,分别称为粉末铀标准源与粉末钍标准源,主要用于室内放射性物理分析。

对粉末铀标准源的要求是:

(1)标准源中铀含量已精确测定,要不含钍(低于 0.005% Th 为好);

(2)标准源的铀镭平衡系数接近于 1,射气系数要尽可能小(小于 10%);

(3)标准源的含量要与被测样品含量接近,密度及有效原子序数要差别不大。工作中,经常要制备一组不同含量级别和物质成分的标准源,以便使用。

粉末钍标准源由不含铀的钍矿石加工制成,有与粉末铀标准源相类似的要求。

3.3　标定模型

3.3.1　γ 总量测量的标定模型

为了以"放射性元素含量"(U_γ)单位表示 γ 测量结果,以及为确定辐射仪的换算系数需要制作饱和矿石标定模型。饱和矿石标定模型有密封与敞开两种。

1．密封模型

用于 γ 测井的矿石密封模型为圆柱状,沿圆柱轴装上套管作为模拟钻孔。圆柱模型直径 D 可根据下式计算

$$D = 2 \times \frac{100}{\rho} + d$$

式中　ρ——模型矿石装填密度(g/cm^3);

　　　　d——模型钻孔直径(cm);

　　　　100(g/cm^2)——γ 射线饱和层厚度的面密度。

圆柱状模型高度 $H = D + 2d$(高度 H 指矿石高度,若模型两端要装填围岩,则模型高度须增加装填围岩的高度)。假定装填密度 $\rho = 1.8$ g/cm^3,$d = 11$ cm,则模型直径 $D = 122.2$ cm,高度 $H = 144.2$ cm。

模型中的矿石,应代表矿区的主要铀矿化类型,铀品位要接近 0.1%U 或接近矿区平均品位,铀镭平衡系数要接近于1,矿石中钍的品位最好低于 0.005%,钾的品位最好低于 5%(或者钍、钾含量已经精确测定)。为了保证模型中的矿石有一定装填密度(最好接近于 2 g/cm^3),矿石粉碎不宜过细,通常最佳颗粒度为 1 ~ 5 mm。

圆柱模型一般用厚 2.5 ~ 3.0 mm 的铁皮制作,模拟套管的铁皮应尽可能薄一些,以 1 ~ 2 mm 为宜,并测定出其有效吸收系数 μ,以便校正。

准确地测量出圆柱模型的容积,并在装填矿石时准确称出矿石重量,以便计算装填密度。

在模型装填过程中,从各个部位(例如从模型 20 cm,40 cm,60 cm,80 cm,100 cm 深处)取出 5 ~ 6 个重约 1 kg 的样品,立即测定其湿度,以便对分析结果进行湿度校正。并将样品分送实验室分析 U,Ra,Th 含量,同时选择 1 ~ 2 个样品进行岩石化学全分析。

用于地面 γ 测量和 γ 取样的饱和矿石标定模型可为圆柱状,也可作成规格为 1 × 1 × 0.6 m^3 的正方体,模型中心不需打孔。用于地面 γ 测量的饱和标定模型,主要是为了用 U$_\gamma$ 单位来表示测量结果。需制作 1 ~ 2 个铀含量不相同且含量较低(如 100 × 10^{-6} U,500 × 10^{-6} U)的矿石饱和模型,此外还需制作一个"零值"模型,一般由不含放射性矿石的石英砂制成。

目前国内外已广泛采用均匀板状混凝土矿石饱和模型,这种模型是一种积木式结构。为消除射气系数的影响,对此类模型要用特殊方法加以密封。

2．敞开模型

对矿石模型规格的要求、制作方法等与密封模型相类似。只是模型不要密封,将矿石装入一个无盖的容器内,这种模型需要考虑射气系数的影响,目前较少采用。

3.3.2 能谱测量的标定模型

γ能谱测量中均以相应放射性元素含量,如 K%、10^{-6} eU,10^{-6} eTh 来表示测量结果。为此必须建立一套饱和标定模型,以标定各种 γ 能谱仪。一套饱和标定模型至少需要五个模型。

1. "零值" 模型

由非矿石英砂制成。

2. 平衡铀模型

由纯铀矿石制成,铀含量 0.1% 左右,不含钍(Th/U < (1/25 ~ 1/30))。

3. 纯钍模型

由不含铀的钍矿石制成,钍含量要比平衡铀模型高 3 ~ 5 倍,不含铀(Th/U > 50)。

4. 钾模型

用钾盐(KCl)制成,钾含量为 5% 左右。

5. 铀钍混合模型

由铀、钍矿石混合加工制成,主要用来检验仪器换算系数测定是否准确。

模型可制成圆柱形或正方体形,高度应达到 γ 射线饱和层厚度(100 g/cm^2)。若装填密度为 1.8 g/cm^3 时,模型高度应不小于 56 cm,当装填密度达到 2 g/cm^3 时,模型高度应不小于 50 cm,模型直径视 γ 能谱仪类型而定。模型的制作方法与要求,大体与 γ 总量标定模型相同。但是,要制作一套饱和标定模型并非易事,而且模型笨重,不易搬运,我国目前仅在石家庄建造了一套饱和标定模型。为适应 γ 能谱测量工作的需要,生产单位可建造一套不饱和小模型,以代替饱和模型来测定与检查仪器的换算系数。使用小模型必须用小模型与饱和模型实测对比的方法准确测定饱和度。所谓饱和度,就是小模型单位铀、钍含量在能谱仪铀道与钍道产生的响应(如计数率)与饱和模型单位铀、钍含量在铀道与钍道产生的响应之比,也即小模型测得的换算系数与饱和模型测得的换算系数之比值。一般要求饱和度至少为 30% ~ 40%(有的单位认为至少为 50% ~ 60%)。小模型直径为 30 ~ 40 cm,高 15 ~ 20 cm(直径为高的两倍左右),模型质量仅数十公斤。制作小模型时,矿石放射性元素含量一般要比饱和模型高出数倍,大约为饱和度的倒数倍,如饱和度为 40%,则含量要高出 2.5 倍,最好做成混凝土固结密封式。

3.3.3　国际原子能机构推荐的饱和标定模型标准参数

国际原子能机构推荐的饱和标定模型的标准参数见表3-2。

表3-2　IAEA推荐的标定模型标准参数

	用　　途	说　　明	最小尺寸	建议的U,Th,K含量
地面测量	γ总量测量	均匀的混凝土模型，上表面与地面齐平	$d=2$ m,$h=0.5$ m	1. 零值 2. 零值 $+50\times10^{-6}$ U 3. 零值 $+500\times10^{-6}$ U
	γ能谱测量	均匀的混凝土模型，上表面与地面齐平	$d=2$ m,$h=0.5$ m	1. 零值 2. 零值 $+5\%$ K 3. 零值 $+20\times10^{-6}$ U 4. 零值 $+40\times10^{-6}$ Th
航空测量	地面标定（测影响系数）	均匀板状混凝土模型，上表面与地面齐平，相距15 m	$d=8$ m,$h=0.5$ m	1. 零值 2. 零值 $+20\times10^{-6}$ U 3. 零值 $+40\times10^{-6}$ Th
	空中标定检查线（确定换算系数）	含量均匀，天然平坦地带，其中心线易于辨认	5×0.5 km	地表含量由地面γ能谱仪实测确定，必须有一定数量的取样分析，分析结果必须外检
测井	普查测井	圆柱形混凝土中心开孔模型，顶面与地面齐平	$d=1.5$ m,$h=1.5$ m,距地面4.5 m深,中心孔下接延伸管	中间 1.5 m 为矿层，上下两侧各1.5 m为零值层(不含放射性物质的石英砂)。
	勘探测井	圆柱形混凝土中心开孔模型，顶面与地面齐平	$d=1.5$ m,$h=1.5$ m,距地面4.5 m深,中心孔下接延伸管	根据需要可采用数层不同铀含量、不同厚度的矿层建成

3.4　安全防护知识

铀、钍矿石是国家的战略物资，开发铀矿资源对国防及经济建设具有重大意义。因此，从事铀矿地质事业是光荣的，但是放射性辐射对人体的危害也是不能忽视的，在工作中必须注意防护。

3.4.1　最大容许剂量和最大容许浓度

国家为了使从事放射性工作人员的身体健康不受影响,规定了最大允许剂量。所谓最大允许剂量,就是在这样的剂量下,人的一生中不会引起身体的显著损伤,它是根据射线对人体伤害的资料和对动物进行试验的结果确定的。根据目前国家规定,最大容许累积剂量为 5 雷姆(rem)/年。按每年最大容许累积剂量为 5 雷姆计算,每天 8 小时的允许照射量大约为 0.03 伦琴(对 γ 射线而言,1 雷姆的允许剂量等于 1.18 伦琴的照射量),照射量率约为 4 000 × 7.17×10^{-14} A/kg。这就是说在 4 000 × 7.17×10^{-14} A/kg 的照射量率照射下,连续工作 8 小时,对人体并无大的伤害。

最大容许浓度是指在该浓度下的放射性物质,进入人体器官或整个机体中产生的剂量均在容许剂量范围之内。按国家规定,坑道或矿井中氡的最大容许浓度为 3.7 Bq/L。

3.4.2　防护的基本原则

根据辐射对人体产生的危害途径,辐射防护的基本原则是:减少体外照射和防止放射性物质进入人体。

1. 减少体外照射

对从事放射性物探的工作人员来说,体外照射主要是 γ 射线。为减少体外照射,在工作条件许可的情况下,可用一定厚度的铅屏予以屏蔽,或者尽量缩短照射时间和增大放射源与工作人员之间的距离。

2. 防止放射性物质进入体内

放射性物质进入体内的途径主要有以下三条:①吸入放射性气体和尘埃,即由吸收器官进入体内;②吞食被放射性物质污染的水或食物,即由消化器官进入体内;③放射性物质由损伤的皮肤伤口,通过血液循环进入体内。

为防止放射物质进入体内必须注意如下几点:

(1)工作地点空气中放射性物质的浓度不能超过最大允许浓度,为此,工作场所要有可靠的通风装置,使空气保持新鲜,工作台、墙壁、地面要求光洁,便于清除污染,实验室中能引起放射性尘埃或气体的操作应在通风橱内进行;

(2)工作时要穿工作服并戴口罩,在坑道、矿井、碎样工作场所工作时要戴防尘口罩,防止氡子体等有害物质进入体内;

(3)在坑道、矿井和碎样工作场所等处严禁吸烟、吃东西和喝水,工作完毕要洗手、洗澡、更衣；

（4）手、脚等有伤口时，不要接触放射性物质，不要进入坑道、矿井，有必要时需包扎严实后再行进入；

（5）从事放射性物质的操作要小心，防止放射性物质散泼。

辐射对人体是有危害的，但只要注意防护，遵守各项规定，辐射对人体的危害是可以减少或避免的。

第4章 放射性测量的基本知识

γ 能谱测量可以在野外分别测定矿石(岩石)中铀(镭)、钍、钾三种放射性元素的含量,因而可以为放射性矿床的普查和勘探工作直接提供更多的地质信息。因此,在讲述各种放射性物探方法之前有必要对 γ 能谱测量的基本知识作些介绍。

4.1 γ 射线的仪器谱

如 1.2 节所述,$_{55}^{137}$Cs 是一个 β 辐射体,它放出两组能量的 β 射线。其中一部分放出能量为 1.17 MeV的 β 粒子变成$_{56}^{137}$Ba;另一部分放出能量为 0.51 MeV 的 β 粒子,此时原子核处于激发态,接着放出能量为 0.661 MeV 的 γ 光子回到基态,变成$_{56}^{137}$Ba,如图 1 – 6 所示。$_{55}^{137}$Cs 只放出一种能量的 γ 射线,我们把它称为单色 γ 射线谱。有的天然放射核素放出多种能量的 γ 射线,我们称它为 γ 射线复杂谱。$_{82}^{214}$Pb(RaB)在作 β 衰变时,就放出 5 种不同能量的 γ 射线,如图4 – 1所示。

$_{55}^{137}$Cs 是能量为 0.661 MeV 的单色 γ 射线谱,因此$_{55}^{137}$Cs 能谱应为单色立线谱,如图 4 – 2(a) 所示,但实际上用仪器测得的$_{55}^{137}$Cs γ 能谱大大复杂化了。若以能量为横坐标,计数率为纵坐标,则$_{55}^{137}$Cs的能谱呈现连续的相当宽的能量分布,在能谱曲线上出现了三个峰值和一个台阶,并且能量

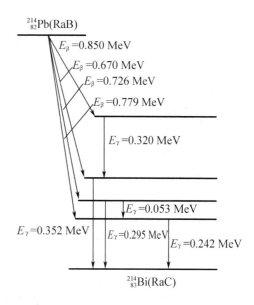

图 4 – 1 $_{82}^{214}$Pb(RaB)的衰变图

为 0.661 MeV 的峰也有一定的分布宽度,如图4 – 2(b)所示。我们把由 γ 能谱仪测得而变得复杂了的 γ 能谱称为 γ 射线的仪器谱。为什么 γ 能谱仪测得的 γ 射线仪器谱与放射源产生的原始 γ 射线谱,在谱的形状、结构和照射量率上都有很大差别呢? 下面我们来讨论这个问题。

野外 γ 能谱测量常用的探测器为碘化钠(铊)晶体〔NaI(Tl)〕和光电倍增管组成的闪烁计数器。NaI(Tl)闪烁 γ 能谱仪把具有一定能量的 γ 光子转变成电脉冲,输出脉冲幅度与入射 γ 光子能量成正比。通过对脉冲幅度的分析,便可测得 γ 光子能量分布。

γ 光子是怎样在 γ 谱仪中形成电脉冲的呢? 当 γ 光子与 NaI(Tl)晶体作用时,与 γ 光子在任何物质中的作用一样将产生三种效应,形成光电子、反冲电子与电子对等次级电子。这些

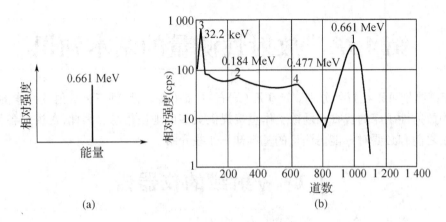

图4－2 $^{137}_{55}$**Cs 的单色谱和 NaI（T1）能谱仪的仪器谱**

(a) $^{137}_{55}$Cs 的单色立线谱；(b) $^{137}_{55}$Cs 的复杂仪器谱

次级电子由于在物质（晶体）中的电离和激发，能量遭受损失，并转化为光能，通过光电倍增管转化成电脉冲。一个单一能量的 γ 射线（如 $^{137}_{55}$Cs 的 0.661 MeV 的 γ 射线），在闪烁体中形成各种不同能量的次级电子，因而获得一串幅度不等的电脉冲。也就是说单一能量的 γ 射线，通过 NaI（T1）γ 能谱仪，得到的是很宽的次级电子能量分布。

当 γ 光子在晶体中发生光电效应时，产生光电子，而 γ 光子能量被全部吸收。光电子的动能 E_e 非常接近于 γ 光子的能量，即 $E_e = h\upsilon - \varepsilon_j \approx h\upsilon$（对 $^{137}_{55}$Cs 源而言 $h\upsilon = 0.661$ MeV）。这是因为电离能 ε_j 与入射 γ 光子能量（$h\upsilon$）相比是微不足道的，这时探测器输出电脉冲最大，并正比于入射光子的能量，如图4－2(b)中的 1 号峰，这个峰称为光电峰（全能峰）。电子线路把探测器输出的电脉冲一个个累计起来，得到某一单位时间的脉冲数（计数率），计数率反映了 γ 光子的照射量率，而脉冲的幅度反映了 γ 光子的能量。当光电子没有损耗完能量而飞离晶体时，也会形成幅度较小的脉冲。

当入射 γ 射线能量为中等时，γ 光子将与晶体产生康－吴散射。此时 γ 光子不仅打出一个反冲电子，且散射出一个能量比入射 γ 光子低的散射光子。散射光子将以相当大的概率发生第二次、第三次乃至多次散射，其能量随之减小，因而产生光电效应的概率随之增大。在这种情况下晶体也将吸收 γ 光子的全部能量，光电子与反冲电子的叠加脉冲幅度等于入射 γ 光子的光电子形成的电脉冲幅度。这种幅度的脉冲数又累计到光电峰中去，因此光电峰又称全能峰，这种现象称为累计效应。

如果入射 γ 光子在 NaI（TI）晶体中发生康－吴散射后，散射 γ 光子飞出晶体，这样将带走一部分能量。这时晶体只吸收了部分能量，探测器输出的电脉冲幅度将会变小，且随散射角 θ 不同而变化。由公式(2－10)可知反冲电子动能为

$$E_e = h\upsilon - h\upsilon' = \cfrac{h\upsilon}{1 + \cfrac{0.51}{h\upsilon(1 - \cos\theta)}}$$

$^{137}_{55}$Cs 的 γ 光子能量 $h\upsilon = 0.661$ MeV。当散射角 $\theta = 180°$ 时,则 $\cos\theta = -1$,此时反冲电子具有最大动能,代入上式,得

$$E_e(\max) = 0.477 \text{ MeV}$$

这就是图 4 - 2(b)中的 4 号峰(台阶),称为"反冲峰"。

当 $\theta = 180°$ 时,反冲电子具有最大动能,而散射光子能量最低。散射角为 $180°$ 的反散射光子,形成如图 4 - 2(b)所示的 2 号峰,称为"反散射峰"。反散射光子的能量可根据能量守恒定律求得,即

$$E_e(\min) = h\upsilon - 0.477 = 0.661 - 0.477 = 0.184 \text{ MeV}$$

由于散射角 θ 在 $0° \sim 180°$ 之间变化,因而反冲电子动能不断变化,故 2 号峰与 4 号峰变化比较平缓。

图 4 - 2(b)中的 3 号峰,是 $^{137}_{56}$Ba 的 K - X 射线。$^{137}_{55}$Cs 的 β 衰变产物是稳定的 $^{137}_{56}$Ba,它生成后仍存在于放射源中。$^{137}_{55}$Cs 的 γ 光子与 $^{137}_{56}$Ba 作用产生光电效应而放出 K - X 射线,能量为 32.2 keV。

当入射 γ 射线能量大于 1.02 MeV 时,γ 光子还可在 NaI(T1)晶体中产生电子对效应,γ 光子转化成一对正、负电子。电子对的动能为

$$E_{对} = h\upsilon - 1.02 \text{ MeV}$$

例如,2 MeV 的 γ 光子,生成电子对的动能是 $2 - 1.02 = 0.98$ MeV,那么对应这个能量的能谱就是电子对峰。$^{137}_{55}$Cs γ 光子能量为 0.661 MeV,小于 1.02 MeV,所以不能在晶体中产生电子对效应。但 ^{24}Na 就不同了,^{24}Na 放出两组能量的 γ 射线,即 $E_1 = 2.754$ MeV,$E_2 = 1.369$ MeV,因而 ^{24}Na γ 光子入射晶体时将产生电子对效应。

正电子很不稳定,在固体中仅能存在 10^{-9} s。当正电子在晶体中由于电离失去其动能之后,将与晶体中的一个电子发生作用,正电子被湮没而辐射出两个能量各为 0.51 MeV 的 γ 光子,这两个 γ 光子仍然可能与晶体作用,产生次级电子而失去全部能量。负电子失去动能后被原子或离子俘获,这时晶体吸收了入射 γ 光子的全部能量,探测器输出的电子脉冲幅度将落在全能峰的位置上。

由于晶体几何尺寸有限,以及在晶体中形成电子对的位置是任意的。因此,正电子淹没而辐射出两个 γ 光子,有一个或两个逃逸出晶体的可能。当有一个 γ 光子逃出晶体时,晶体吸收入射 γ 光子的能量比全能峰的能量要小 0.51 MeV,在 γ 谱线上形成"单逃逸峰"。对能量为 2 MeV 的入射 γ 光子而言,单逃逸峰的能量为 $2 - 0.51 = 1.49$ MeV。如果两个 γ 光子都逃逸出晶体,则在 γ 谱线形成"双逃逸峰",对能量为 2 MeV 的 γ 光子而言,双逃逸峰的能量为 $2 - 1.02 = 0.98$ MeV,也就是"电子对峰"。

图 4 – 3 是 NaI(T1) 谱仪测到的 ^{24}Na 的仪器谱。由图 4 – 3 可见，^{24}Na 的仪器谱有明显的 4 个峰，1，2，3，4 号峰。1 号峰能量最大，是 2.754 MeV 的全能峰，2 号峰是 1.369 MeV 的全能峰，3 号峰是单逃逸峰，能量为 2.754 – 0.51 = 2.244 MeV，4 号峰是双逃逸峰，能量为 2.754 – 1.02 = 1.734 MeV。2 号全能峰前面还有一个突起，是最大反冲电子动能的能谱。

图 4 – 3 中有两条曲线，上面一条是小晶体测到的 γ 谱线，下面一条是大晶体测到的 γ 谱线。比较两条曲线可知，由于大晶体尺寸大，光子消耗在晶体中能量多，飞离晶体能量少，大晶体的累计效应比小晶体强，所以大晶体的全能峰相对照射量率较大，散射射线照射量率相对减小。

综上所述，一个单能量的 γ 射线在探测元件（如 NaI(T1) 晶体）中形成次级电子的能量分布是宽而连续的，而且是比较复杂的，这从图 4 – 2(b) 与图 4 – 3 可清楚地看出。另外，还有一点也需指出，图 4 – 2(b) 中的 1

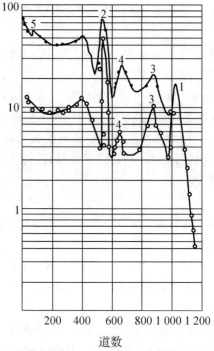

图 4 – 3　$^{24}_{11}$Na 的 NaI(T1) 能谱仪的仪器谱

• —— 3.8×2.6 cm NaI(T1) 晶体；
○ —— 7.7×7.7 cm NaI(T1) 晶体

号峰，是光电效应产生的高峰（能量为 0.661 MeV），通常称为光电峰。实际上光电峰不仅是光电效应产生的，而且还包含了康 – 吴散射时反冲电子所叠加的脉冲幅度，对于能量大于 1.02 MeV 的光电峰还包含有形成电子对效应时，由于正电子湮没产生的次级电子所叠加的脉冲幅度。也就是说，凡是 γ 光子能量都消耗在晶体里形成的脉冲都叠加在光电峰里，因此光电峰称为全能峰更为确切。

需要指出，一般说 γ 光子能量与闪烁谱仪输出脉冲幅度成正比，指的是全能峰的脉冲幅度与 γ 光子能量成正比，全能峰的计数率反映 γ 光子照射量率。

由以上分析可知，影响 γ 射线仪器谱的结构和形状的因素是很多的，如：①与探测器元件的类型与规格有关；②与放射源的种类、大小、相对位置和包装材料有关；③与介质的种类和厚度有关；④与谱仪的性质有关。

4.2 铀、钍放射性矿石的伽玛射线仪器谱

4.2.1 铀、钍矿石的伽玛射线仪器谱

天然放射性核素的 γ 射线谱多是复杂谱,其 γ 射线仪器谱就更为复杂。常见的放射性铀、钍矿石就是具有多组能量的复杂 γ 源,因此用 γ 能谱仪测得的仪器谱也是非常复杂的。

图 4 – 4 和图 4 – 5 分别是用高分辨率的锗(锂)[Ge(Li)]半导体探测器在 800 道脉冲幅度分析器上测得的平衡铀矿石的 γ 射线仪器谱与小块钍矿石的 γ 射线仪器谱。

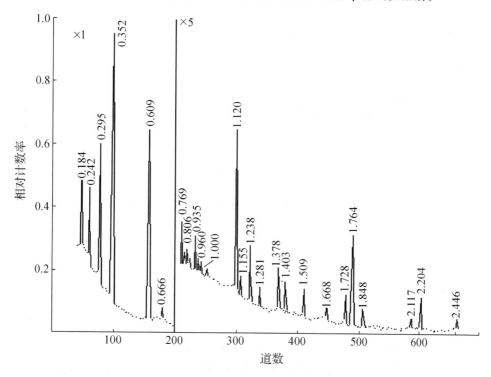

图 4 – 4 用 Ge(Li)半导体探测器测得的平衡铀矿石的 γ 射线仪器谱

峰值处数字为特征峰能量(单位:MeV)

在表 1 – 4 与表 1 – 5 中所列出的主要能量的 γ 射线在图 4 – 4 与图 4 – 5 上大都有较明显的显示。所不同的是钍的仪器谱上出现了 2.11 MeV 和 1.60 MeV 能量的特征峰,而表 1 – 5 中钍系核素并没有这两种能量的原始 γ 射线谱,这是钍的仪器谱中出现单逃逸峰(2.62 – 0.51 = 2.11 MeV)和双逃逸峰(2.62 – 1.02 = 1.60 MeV)的缘故。

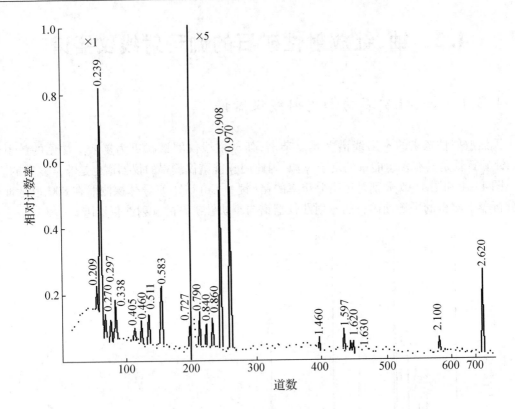

图 4 - 5　用 Ge(Li)半导体探测器测得的钍系元素的 γ 射线能谱

峰值处数字为特征峰能量(单位:MeV)

目前野外 γ 能谱测量中,一般常用 NaI(T1)晶体探测器,其能量分辨率 ε 较之 Ge(Li)半导体探测器要差些。所谓能量分辨率 ε 就是用闪烁探测器测定 $^{137}_{35}$Cs 光电峰(O.661 MeV)时,其峰值半宽度 ΔV 与最大能量 V_0 之比,即

$$\varepsilon = \frac{\Delta V}{V_0} \times 100\% \qquad\qquad (4-1)$$

如图 4 - 6 所示,由式 4 - 1 与图 4 - 6 可见,ε 愈大,曲线越平缓,则分辨率愈低;ε 愈小,曲线越尖,则分辨率愈高。因此我们总是希望 ε 小些,即所测得能量分布曲线窄些。这样就有可能将两种能量相近的谱线分辨开。野外 γ 能谱仪的分辨率一般在 10% ~ 15% 左右。

根据四道 γ 能谱仪在 U,Th,K 矿石模型表面中心测得铀、钍、钾微分谱线,可得如下结论:

(1)康 - 吴散射的散射 γ 射线为连续谱。该连续谱虽然掩盖了很多组分的全能峰,但不论是铀道谱线还是钍道谱线,铀系、钍系、钾在高能区的几个主要 γ 特征峰仍清晰可辨。这几条谱线是:铀系,1.12 MeV,1.38 MeV,1.76 MeV,2.20 MeV;钍系,2.62 MeV 以及单逃逸峰 2.1 MeV、双逃逸峰 1.60 MeV;钾,1.46 MeV。这就为钾、铀、钍道的道中心的选择提供了依据。

（2）铀、钍微分谱在能量为几千电子伏是 8 MeV 的相当宽的范围内连续分布,而钾的微分谱能量分布不超过 1.46 MeV。因此,在 1.0 ~ 1.60 MeV 能谱段内,钾对铀、钍的干扰不容忽视。

（3）对比铀、钍、钾的微分谱线,在不同能谱段内它们相互间的影响是有差别的,或者说,在选定谱段内各谱线与横轴所夹的面积相差很大。这就为野外 γ 能谱测量谱段的选择提供了依据。

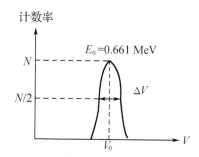

图 4 - 6　计算分辨本领的振幅微分曲线

4.2.2　γ 射线通过物质时谱成分的变化

单色 γ 射线通过物质时谱成分要发生变化。γ 光子与物质作用产生光电效应,形成电子对效应时,因为 γ 光子的能量被全部吸收,产生了光电子和正、负电子,使 γ 射线减弱,但 γ 射线的能谱成分不会发生变化。当发生康 - 吴散射时,散射 γ 光子本身并不消失,只是损失一部分能量。随着吸收物质厚度的增加,散射 γ 光子可再次与物质发生康 - 吴散射而形成更次一级的散射 γ 光子。随着作用次数增多,散射 γ 光子的能量逐渐减小。因此得到了复杂的 γ 谱,其能量在 $0 \sim h\nu_0$（$h\nu_0$ 为入射电子的能量）范围之间。而且随着吸收物质厚度的加厚,散射 γ 光子的比例也随着增加。

图 4 - 7 是点源 $^{51}_{24}\mathrm{Cr}$（单能）通过不同厚度砂介质后谱成分变化的实例。

$^{51}_{24}\mathrm{Cr}$ 源放出能量为 323 keV 的 γ 射线。吸收介质（砂）的密度为 1.6 g/cm³,放射源与探测器的距离（即吸收厚度）为 5 cm,35 cm,70 cm,80 cm。

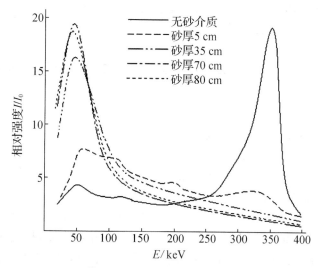

图 4 - 7　$^{51}_{24}\mathrm{Cr}$ 通过不同厚度的砂介质的能谱曲线

由图 4 - 7 可见, 从厚度为 5 cm 砂的能谱曲线上尚能分辨出 323 keV 的全能峰。在 205 keV 处有一个峰,这相当于一次散射 γ 射线,而 70 keV 处的峰则是次级散射 γ 射线造成的。当吸收厚度增大到 35 cm 时,在 50 keV 处形成了相对照射量率很大的 γ 散射峰,而入射 γ 光子的相对照射量率所占比例极小,几乎不能被观测到。至于砂层厚度为 70 cm,80 cm 的能谱曲线,则与厚度为 35 cm 时的曲线基本相似,这就达到了所谓"谱平衡"。达到谱平衡时,不

论入射 γ 光子能量多大，γ 射线仪器谱的形状是一样的，都向低能方向聚集，并在某一能量处出现峰值。不同吸收介质，峰值所对应的能量也有所不同。

复杂 γ 射线谱通过物质时，当吸收物质增到一定厚度后，谱成分也会保持一定组分而达到"谱平衡"，如图 4 - 8 所示。用点状镭源通过水泥吸收屏，当水泥厚度增加到 45 cm 以上后，能谱曲线基本保持不变，入射 γ 光子能量较高的几组 γ 射线，经过多次散射，也都向 100 keV 的方向聚集，谱成分相对不变。

野外 γ 能谱测量中，经常会遇到覆盖层的情况。如航空测量时遇到大面积的覆盖，地面测量时遇到局部浮土的影响等。由此可知，当覆盖层达到一定厚度时，谱成分相对不变，达到谱平衡。可见，γ 能谱找矿与 γ 找矿（γ 总量测量）一样，具有一定的探测深度。

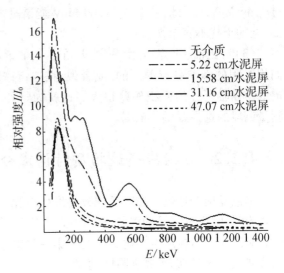

图 4 - 8　点状镭源 γ 射线通过混凝土介质的散射谱

4.3　野外伽玛能谱测量基本原理

4.3.1　伽玛能谱测量的物理基础

铀系、钍系的 γ 射线谱在第 1 章中已有较详细地叙述。铀系的主要 γ 辐射体是 RaB 和 RaC，特别是高能量的 γ 射线几乎大部分是 RaC 放出来的，如 1.76 MeV 就是 RaC 的 γ 特征峰。钍系的 ThB 和 ThC″是主要 γ 辐射体，而高能量的 γ 射线，主要是 ThC″放出来的，如 2.62 MeV 是钍的 γ 特征峰。因此，野外 γ 能谱测量，直接测得的是铀、钍衰变子体的含量，并非铀、钍本身。由于自然界钍系总是处于放射性平衡状态（钍系建立放射性平衡时间只需 58 年），故根据测量结果可直接确定钍含量。铀系则不同，整个系列建立放射性平衡需要 250 万年，而且近地表往往是不平衡的。这样测得的只是镭含量，只有当铀、镭处于放射性平衡时，求出的才是真正的铀含量。

核素$^{40}_{19}$K，当 K 层电子被俘获后，放出能量为 1.46 MeV 的单色 γ 射线。

由前可知，无论是单能的 γ 射线源，还是具有多组能量的复杂 γ 射线源，通过物质后，原始 γ 射线谱都将发生明显的变化，用 γ 谱仪测得的将是一个能量分布很宽的复杂的 γ 射线仪器谱。但在高能区，各种放射性核素的 γ 射线仪器谱仍然保持着其原始 γ 射线谱的特点，且

不同核素的 γ 谱线有着明显的差异。因此,可用 γ 谱仪测量出这些差异来,从而可发现岩石中存在着哪一种放射性核素并确定其含量。这就是野外 γ 能谱测量的物理基础。

根据钾($^{40}_{19}$K)、铀、钍矿石的 γ 谱线特征,我们可以选择某一特定谱段,且在所选定的谱段中,它们能使 γ 谱仪产生的响应(如计数率)是各不相同的。如果采用能量起始阈为 2 MeV 的积分测量,钾($^{40}_{19}$K)的干扰可不予考虑,因$^{40}_{19}$K 到1.46 MeV时它所产生的计数率就接近于零了。RaC($^{214}_{83}$Bi)的 1.76 MeV,1.85 MeV 的强光电峰的影响也将大为减弱。在这种情况下,γ 能谱仪测得的计数率,只包含 2.20 MeV 和 2.45 MeV 在内的 RaC 的贡献与钍系 2.62 MeV 的全能峰和2.11 MeV 的单逃逸峰的贡献。如果将积分能量起始阈提高到 2.45 MeV,则能谱仪所测得的计数率几乎都是 ThC″($^{210}_{81}$Tl)的 2.62 MeV 的谱线所作的贡献。用这种积分甄别法来测定矿石的种类及其含量,称为积分 γ 能谱法。目前使用的铀、钍轻便普查仪器就是利用上述原理来分别测定岩石中铀、钍含量的,而微分 γ 能谱测量,则是根据不同的探测目的,选择一定的窗口中心和窗宽(即道中心和道宽),测定该能量谱段的计数率。通常把主要反映钍含量的能谱段称为"钍道";主要反映镭含量的谱段称作"镭道",当铀镭平衡时也可称为"铀道";把主要反映钾含量的谱段称作"钾道"。根据所测的各道计数率和已知含量的饱和模型上测得的换算系数,就可分别求得岩石或矿石中放射性元素的含量。随着微分 γ 谱仪的技术性能的改进与提高,微分 γ 能谱测量将取代积分 γ 能谱测量。这是因为 γ 射线积分谱的分辨能力较之 γ 射线微分谱要差得多。在低能谱段,钾的全能峰很难分辨出来。只有在高能谱段(>2 MeV),才能区分出钍的高能 γ 射线。整个 γ 射线积分谱具有单调下降的特点,如图 4 –9 所示。

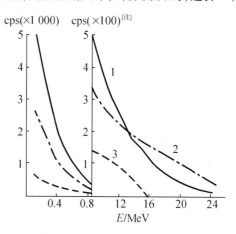

图 4 – 9　γ 射线积分谱

1—平衡铀矿石;2—钍矿石;3—钾;计算率折算到 U、Th 含量为 0.1% ,K 为 100% ;NaI(Tl)晶体直径 70 mm

4.3.2　岩石或土壤中铀(镭)、钍、钾含量的确定

测量岩石或土壤中铀、钍含量时,由于铀钍含量的背景值很低,钾对测量精度会产生不可忽略的影响。如前所述,在各种元素含量接近克拉克值的岩石中,$^{40}_{19}$K 的 γ 射线相对照射量率约占 42% ,平衡钍系占 32% ,平衡铀系及锕系占 25% 。野外 γ 能谱仪除铀道、钍道外,还需要有钾道,以便测定钾的含量。因此,通常采用三道或四道(加总道)γ 谱仪。

––––––––––

[注]cps 为每秒钟的脉冲数,下同。

根椐欲测核素不同谱段的不同计数率,可用解联立方程组的办法求出铀、钍、钾的含量,即

$$\begin{cases} N_1 = a_1 Q_U + b_1 Q_{Th} + c_1 Q_K \\ N_2 = a_2 Q_U + b_2 Q_{Th} + c_2 Q_K \\ N_3 = a_3 Q_U + b_3 Q_{Th} + c_3 Q_K \end{cases} \quad (4-2)$$

式中　N_1, N_2, N_3——钾、铀、钍道的计数率(去掉底数);

　　　Q_U, Q_{Th}, Q_K——被测点铀、钍、钾含量;

　　　$a_i, b_i, c_i (i = 1, 2, 3)$——换算系数,分别表示铀、钍、钾饱和标定模型上测得的单位 U,Th,K 含量在相应道中的计数率,其单位为 cpm/(0.01% U, Th; 1% K) 或 cpm/(10^{-6} U, Th; 1% K)。

解此联立方程组,得

$$Q_U = \frac{\Delta_1}{\Delta}, Q_{Th} = \frac{\Delta_2}{\Delta}, Q_K = \frac{\Delta_3}{\Delta}$$

式中

$$\Delta = \begin{vmatrix} a_1 & b_1 & c_1 \\ a_2 & b_2 & c_2 \\ a_3 & b_3 & c_3 \end{vmatrix}, \Delta_1 = \begin{vmatrix} N_1 & b_1 & c_1 \\ N_2 & b_2 & c_2 \\ N_3 & b_3 & c_3 \end{vmatrix}, \Delta_2 = \begin{vmatrix} a_1 & N_1 & c_1 \\ a_2 & N_2 & c_2 \\ a_3 & N_3 & c_3 \end{vmatrix}, \Delta_3 = \begin{vmatrix} a_1 & b_1 & N_1 \\ a_2 & b_2 & N_2 \\ a_3 & b_3 & N_3 \end{vmatrix}$$

如果钾道的谱段为 1.36 ~ 1.56 MeV,铀道谱段为 1.66 ~ 1.86 MeV,钍道谱段为 2.42 ~ 2.82 MeV,则铀道不存在钾引起的读数,钍道不存在铀和钾引起的读数,在此情况下,式(4-2)可简化为

$$\begin{cases} \text{钾道} \quad N_1 = a_1 Q_U + b_1 Q_{Th} + c_1 Q_K \\ \text{铀道} \quad N_2 = a_2 Q_U + b_2 Q_{Th} \\ \text{钍道} \quad N_3 = b_3 Q_{Th} \end{cases} \quad (4-3a)$$

解式(4-3a)联立方程组得到钾、铀、钍的计算公式分别为

$$\begin{cases} Q_K = (N_1 - a_1 Q_U - b_1 Q_{Th})/c_1 \\ Q_U = (N_2 - b_2 Q_{Th})/a_2 \\ Q_{Th} = N_3/b_3 \end{cases} \quad (4-3b)$$

如果考虑到计数率太低会影响精度,钍道道宽不宜太窄,此时进入钍道的铀引起的读数就不能忽略不计,即 $a_3 \neq 0$,则 4-2 式应为

$$\begin{cases} N_1 = a_1 Q_U + b_1 Q_{Th} + c_1 Q_K \\ N_2 = a_2 Q_U + b_2 Q_{Th} \\ N_3 = a_3 Q_U + b_3 Q_{Th} \end{cases} \quad (4-4)$$

上式也可改写成如下形成

$$\begin{cases} N_1/a_1 = Q_U + \gamma_1 Q_{Th} + \beta_1 Q_K \\ N_2/a_2 = Q_U + \gamma_2 Q_{Th} \\ N_3/a_3 = Q_U + \gamma_3 Q_{Th} \end{cases} \tag{4-5}$$

式中　　$\gamma_1 = \dfrac{b_1}{a_1}, \gamma_2 = \dfrac{b_2}{a_2}, \gamma_3 = \dfrac{b_3}{a_3}$ ——钾道、铀道、钍道中钍的铀当量;

　　　　$\beta_1 = \dfrac{c_1}{a_1}$ ——钾道中钾的铀当量。

由式(4-5)可以看出,当 $\gamma_2 = \gamma_3$ 时,铀钍无解,因为此时解的分母二阶行列式值为零,即 $a_2 b_3 - a_3 b_2 = 0$。当 $\gamma_2 \neq \gamma_3$ 时,方程组有确定的解,且 $C = \gamma_3/\gamma_2$ 愈大,方程组的解愈稳定,C 称为铀、钍的区分系数。要使测定的铀、钍含量精度高,必须使区分系数 C 大,也就是在铀道中,钍的铀当量较小为好(即 γ_2 较小),而钍道中,钍的铀当量较大为好(即 γ_3 较大)。区分系数 C 主要决定于仪器谱段选择和闪烁探测器对射线能量的分辨率。通过简单的代数变换,并解方程组(4-5)可得

$$\begin{cases} Q_K = F_1 (N_1 - R_1 N_2 - R_2 N_3) \\ Q_U = F_2 (N_2 - R_3 N_3) \\ Q_{Th} = F_3 (N_3 - R_4 N_2) \end{cases} \tag{4-6}$$

式中

$$F_1 = \frac{1}{c_1}; F_2 = \frac{b_3}{a_2 b_3 - a_3 b_2}; F_3 = \frac{a_2}{a_2 b_3 - a_3 b_2}; R_1 = \frac{a_1 b_3 - b_1 a_3}{a_2 b_3 - a_3 b_2};$$

$$R_2 = \frac{a_2 b_1 - a_1 b_2}{a_2 b_3 - a_3 b_2}; R_3 = \frac{b_2}{b_3}; R_4 = \frac{a_3}{a_2}$$

R_1, R_2, R_3, R_4 为影响系数,分别表示铀对钾、钍对钾、钍对铀和铀对钍的影响,具体数值与测量条件有关。

F_1, F_2, F_3 为标定系数,分别表示经过影响系数校正后,钾、铀、钍道的单位计数率所对应的 K,U,Th 含量。

以上系数都需事先根据说明书要求具体确定,这样当 γ 能谱仪测得 N_1, N_2, N_3 后,就可按式(4-6)计算出岩石(土壤)中的 K,U,Th 含量。单位由换算系数 a_i, b_i, c_i 决定,假定测定换算系数时,铀、钍含量以 10^{-6} 为单位,则铀、钍含量的单位也为 10^{-6},钾含量的单位为百分含量单位。当铀镭放射性平衡破坏时,且在岩石射气作用较小的情况下,求出的铀含量,实际上是以平衡铀单位表示的镭含量。

假定 $_{19}^{40}K$ 的干扰可以忽略不计,则式(4-2)可简写为

$$\begin{cases} N_1 = a_1 Q_U + b_1 Q_{Th} \\ N_2 = a_2 Q_U + b_2 Q_{Th} \end{cases} \tag{4-7}$$

此时,N_1, N_2 分别表示铀道和钍道去掉底数的计数率,与公式(4-2)中的 N_1, N_2 的意义是不

同的。

铀、钍含量的计算公式为

$$
\begin{cases}
Q_{\mathrm{U}} = \dfrac{N_1 b_2 - N_2 b_1}{a_1 b_2 - a_2 b_1} = N_1 B_2 - N_2 B_1 \\[4mm]
Q_{\mathrm{Th}} = \dfrac{N_2 a_1 - N_1 a_2}{a_1 b_2 - a_2 b_1} = N_2 A_1 - N_1 A_2
\end{cases}
\tag{4-8}
$$

式中　a_1 , b_1 , a_2 , b_2——换算系数,可事先在铀、钍矿石的饱和模型上进行标定。

A_1 , B_1 , A_2 , B_2——影响系数,其中

$$
A_1 = \frac{a_1}{a_1 b_2 - a_2 b_1} ; B_1 = \frac{b_1}{a_1 b_2 - a_2 b_1} ; A_2 = \frac{a_2}{a_1 b_2 - a_2 b_1} ; B_2 = \frac{b_2}{a_1 b_2 - a_2 b_1}
$$

在这种情况下,区分系数 $C = \dfrac{a_1 b_2}{a_2 b_1} = \dfrac{\gamma_2}{\gamma_1}$,其中 $\gamma_1 = \dfrac{b_1}{a_1}, \gamma_2 = \dfrac{b_2}{a_2}$。

4.3.3　测量道谱段的选择

进行微分 γ 能谱测量时,选好各测量道的谱段(道中心和道宽)是提高 γ 能谱测量精度的主要因素之一。只有谱段选择适当,才能确保谱仪有较大的钾、铀、钍区分系数,较高的灵敏度和稳定性,谱段的选择主要有以下原则。

1. 区分系数 C 要大

这是要保证方程组有稳定的解。C 的大小与探测器的分辨率和测量道的谱段选择有关。

在选择谱段时,要使天然放射性核素的全能峰整个峰包括在内,如镭组要考虑的有 1.12 MeV,1.38 MeV,1.76 MeV 全能峰。为使 $^{40}_{19}K$ 的 γ 射线不进入铀道,铀道中心选择在 1.76 MeV 为好。如果钾的影响甚微,铀道中心也可选在包括 1.12 MeV 与 1.38 MeV 的两个全能峰的某个能量位置上。钍系要考虑的是 2.62 MeV 的全能峰,钍道中心就选在 2.62 MeV 能量位置上。$^{40}_{19}K$ 要考虑的是 1.46 MeV 的全能峰,钾道中心选在 1.46 MeV 的能量位置。谱段的道宽取决于晶体〔NaI(T1)〕的能量分辨率 ε,一般道宽应略大于 ε 与峰值能量的乘积。从 U,Th 微分谱线上看,所选谱段的面积差要大。

2. 要有较高的灵敏度

这就是说,对一定含量放射性元素在固定道宽的情况下,计数率应高一些为好,以保证观测结果的足够精度。要提高仪器灵敏度,从 U,Th 谱线上看,所选的 U,Th 谱段的面积要大,但因此相应的 U,Th 谱段的面积差相对减小,也即区分系数 C 要变小,因此选择谱段时要两者兼

顾。既要使得区分系数足够大,又要确保谱仪具有较高灵敏度。实际工作中有时需要较高的区分系数,这就要适当降低灵敏度,有时需要提高灵敏度,就要减小区分系数。

3. 要有较好的稳定性

稳定性指的在一定放射性元素含量和固定道宽情况下,观测值偶然误差的大小。γ 谱仪的稳定性与很多因素有关,其中谱段的两端,即上下甄别阈的选择就是一个很重要的因素。为提高谱仪的稳定性,选择谱段时应把谱段上阈和下阈选在微分谱线变化率较小的平缓部位,以减小由于仪器甄别阈漂移(即谱漂移)带来的误差。

实际工作中往往根据不同地质目的,不同的 γ 谱仪类型,在铀、钍饱和模型上实测 γ 射线微分谱,然后按照上述三条原则较合理地选择最佳谱段。

近几年生产的 γ 能谱仪的道宽和道址(即谱段的位置)都已在出厂前调好,除了能谱仪修理后必须重新调整外,一般情况下使用者无须选择谱段,而且现代能谱仪都有稳谱装置(如 GAD－6),一般情况下不会发生谱漂移现象。

第5章 放射性测量常用仪器及操作

野外地质生产要求放射性仪器不仅使用方便、重量轻,而且在现场能快速测量放射性物质的含量,这就诞生了便携式辐射仪。这些仪器不仅可用于放射性矿产的普查、详查和勘探,还可用于环境辐射剂量测量等其他领域。

本章以近年来常用的 FD-3013 型、FD-3014 型、GAD-6 型 γ 总量测量仪和 γ 能谱测量仪为例,对放射性仪器的原理和使用方法作全面介绍,同时对近年来发展较快的活性炭测氡仪和 X 射线荧光仪等与放射性物探有关的仪器作简单的介绍。

5.1 γ 辐射仪

γ 辐射仪是用于 γ 射线总量测量的轻便型仪器,在地质找矿和环境 γ 辐射监测中得到广泛应用。

5.1.1 FD-3013 型数字式 γ 辐射仪

本仪器由上海电子仪器厂于上世纪 80 年代后期开始生产,近些年仪器外形虽然变化不大,但内部结构变化很大,使仪器性能更稳定,适用温度范围更大,并得到广泛应用。由于仪器外形很像步枪,故俗称"长枪"。

1. 仪器原理和特点

该仪器是典型的便携式轻便仪器,是地质找矿的常用仪器。仪器的结构原理如图5-1所示。

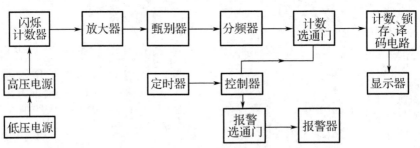

图 5-1 FD-3013 型数字辐射仪结构原理框图

探测器由 NaI(Tl)晶体(φ30 mm × 50 mm)和 GDB – 35 光电倍增管组成,γ 射线经探测器后将光能转化为电信号输出;再经过放大器放大,甄别器选择,将能量小于 40 keV 的低能 γ 射线挡在记录器之外,只对能量大于 40 keV 的较高能量的 γ 射线进行整形、记录及运算(通过后续电子线路来完成);最后通过显示器(液晶显示屏)读出 U 含量(视含量)ppm 值,或每秒钟的计数(cps)。

仪器的灵敏度为 $5s^{-1}$(cps)/10^{-6}(eU)(平衡铀当量),即岩石、土壤中每百万分之一的铀含量能产生每秒钟 5 个计数。分频器实际上是一个除法器,经过微调,钟电路使每 5 cps 输出一次 10^{-6} eU 信号,再通过显示器读出相当于平衡时的铀含量。

显示器为四位液晶显示器,定时器给出选定的测量时间信号。报警器根据设定的计数率信号给出异常报警和电池不足报警。

仪器适应工作温度为 – 10°C ~ + 50°C,耗电为 150 mW,用 2 节一号电池供电,可用 40 小时。

2. 仪器的操作

仪器外形及各个部分的名称如图 5 – 2 所示。

(1)仪器的功能

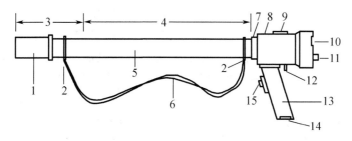

图 5 – 2　FD – 3013 型数字式辐射仪外观图

1—橡胶套;2—背带扣;3—探头;4—印刷电路板;5—探管外壳;6—背带;7—螺帽;8—机壳;9—蜂鸣器;
10—液晶显示屏;11—ppm/cps 转换开关;12—(左)ppm 校准电位器,(右)异常报警声响
阈调节电位器;13—手柄;14—电池盒盖;15—启动开关

①量程　根据 γ 射线强弱和 5% 精度要求,仪器设置了 1 秒、2 秒、4 秒、16 秒、64 秒 5 个测量时间。1 秒为常态工作,作监测用;2 秒、4 秒和 16 秒采用量程自动变换,得到精确测量,每次读数均规一为 ppm 值(以 16 秒为例:当 γ 照射量率较弱时,仪器开机后自动判别测量时间,为 16 秒,仪器在 16 秒内接收到的 γ 射线次数除以 16,即每秒的计数率 cps,再除以 5 即可得到铀含量 ppm 值);64 秒适用于很低的 γ 射线照射量率测量,以 cpm 值显示。

②液晶显示　液晶屏上设有 Σ 字符,表示总量测量。字符 ppm 和 cps 为测量单位。ppm 表示 10^{-6}(铀含量);cpm 表示 64 秒的脉冲数;cps 表示每秒钟的脉冲数。当液晶显示屏以

cps,cpm[注]或 ppm 形式显示测量结果时,测量人员可借助于溢出符号(两个口朝上的梯形黑点)的闪亮次数读出 5 位测量值。通过微调,利用 ppm 符号也可表示微伦/小时(γ)值,但此时必须精确地知道铀镭平衡系数;若不知铀镭平衡系数,仪器又经过标定,可使用 1 $\gamma \approx$ 1 ppm。液晶屏正下方有四个条形符号,显示电池电压。四个亮条表示电池电压在 2.5 V 以上,一个亮条表示电压在 2.0 ~ 2.5 V 之间。亮条消失,表示仪器已无法正常工作,必须停机更换电池。

③声响报警 蜂鸣器用作仪器声响报警装置,给出四种音响信息,读数报警、溢出报警、γ 射线照射量率异常报警及电池失效报警。γ 射线异常报警阈可调。

(2)测量操作

仪器测量前,应进行能量阈校准和 ppm 标定,将在第 6.2 节中讲述。

拆装电池:握住手柄末端电池盒盖,按"open"指示方向拧开电池盒盖,正极朝内装入 2 节一号电池,按"close"方向拧紧电池盒盖。

开关电源:旋转电池盒盖凹槽内的旋钮,当旋钮旋到"on"表示电源已接通;旋到"off"表示电源已关闭。

测量:打开电源后,将 ppm/cps 转换开关(11)置于"ppm"位置。仪器有持续 1 分钟左右的声响,此期间仪器自动把 3 V 的电池电压经直流 – 交流转换、升压、交流 – 直流转换变为800 V高压加在光电倍增管上,故此期间仪器没有读数。声响停止时,仪器就有读数,但此时仪器内部电子线路正在微调(如大电容充电),故此时仪器读数误差较大,不要记录,待 3 ~ 5 分钟后仪器自动稳定(新仪器稳定时间很短,旧仪器稳定时间较长),就可以读数记录了。每个测点数据显示 8 秒钟,8 秒后仪器自动进入监测阶段,此时仪器显示的数字在变化中,这是由于放射性涨落引起的。若 8 秒内未记录仪器读数,可按一下启动开关(15)(即 Start),再次测量、记录。到达一个新的测量点位置,再按一次启动开关(15),进行测量、记录;若仪器一直未关机,处于监测状态,亦可直接记录仪器变化中的某个数作为读数进行记录;若遇到异常,仪器在监测中会自动报警,提醒操作者注意,此时操作者应多读几个数,取其平均值作为记录值记录,还要对异常进行追索和详细地地质描述。

(3)注意事项及仪器维护

①探头前端有防震用橡胶套,在基岩露头上测量时应轻轻放在岩石表面或距表面 1 ~ 2 cm处,避免剧烈撞击,损坏仪器。仪器长途运输时应放在仪器箱内运输,以防剧烈震动。

②仪器长期不用时应去掉电池,以防电池渗液腐蚀电池盒,造成仪器接触不良,并放置在干燥的环境中保存。

③严禁打开仪器铝质套筒,以防被仪器高压击伤。观察仪器内部结构或对仪器进行能量阈校准时,应在教师或有经验的工作人员指导下进行。

④尽量避免在潮湿的空气内打开仪器套筒,防止仪器内 NaI(Tl)晶体受潮分解。在水面

[注] cpm 为每分钟的脉冲数,下同。

测量底数时,应距水面 1～2 cm 处,不允许把仪器探头伸入水中测量。特殊情况下要在水中测量基岩放射性照射量率时,要对仪器铝合金套筒进行渗漏检查,在确信套筒不漏水时才可以伸入水中测量,但必须保证水面不淹过螺帽处;若水很深,则要求排水或采取其他办法测量。

⑤在安装光电倍增管和 NaI(Tl)晶体前,应先用揩镜纸轻轻擦去光阴极和晶体表面的污物,然后在它们表面均匀地涂上一层硅油。一般仪器使用一年后才进行一次复涂硅油的维护工作。

5.1.2　FD-803A 型 γ 射线检测仪简介

本仪器近些年刚刚面世,由重庆地质仪器厂生产,本仪器与 FD-3013 型仪器比较起来,其印刷电路板部分大大缩短,故俗称“手枪”或“盒子炮”。

本仪器工作原理与 FD-3013 型仪器相同。与 FD-3013 型仪器比较,仪器的灵敏度更高,每 ppmeU(平均铀含量)能产生 4 个脉冲/秒(即 4 cps),相当于 0.52γ;NaI(Tl)晶体 φ30 mm×25 mm;γ 射线能量阈为 30 keV,对低能 γ 射线能量范围大;配备充电电池及充电器,具有节能和环保的优点。质量轻(1 kg),体积小,重复性好。仪器可在大部分场合代替 FD-3013 型仪器。

在进行 γ 普查时,FD-3013 辐射仪与 FD-803A 型仪器最好不要混合使用,这是由于这两种仪器的能量阈不同,FD-3013 型辐射仪起始阈为 40 keV,而 FD-803A 型仪器的起始阈为 30 keV,故在相同的点上测量时 FD-803A 型仪器的读数比 FD-3013 型仪器高。如果一定要混合使用,则可以把两种仪器的能量阈调节成相同的起始阈。如果 FD-3013 仪器数量少,可以将它们的能量阈统一调到 30 keV,否则将 FD-803A 起始阈调到 40 keV。能量阈的调整方法将在本章第 4 节讲述。

FD-3013 型和 FD-803 型仪器都可以作建材辐射检测用。

5.1.3　国外同类仪器简介

国外使用的类似仪器很多,如美国的 GR-101A 型 γ 辐射仪,用 250°率表显示读数,读数精确;探测器为 3.8 cm×3.8 cmNaI(Tl)晶体,能量阈为 50 keV。仪器适用于踏勘普查,以寻找异常为目标的野外 γ 测量仪,仪器质量 1.25 kg。改进后的 GR-110 型仪器为四位液晶显示器读数的数字 γ 辐射仪(Geo-Metrics 公司生产),探测器为 13 cm³ 的 NaI(Tl)晶体。该仪器设有两个阈值,分别为 0.08 MeV 和 0.4 MeV,在矿山和高 γ 场中使用 0.4 MeV。又如印度常用的数字式 γ 辐射仪,使用 φ4 cm×5 cmNaI(Tl)晶体,每 10^{-6} eU 产生的脉冲数可在 1～10 之间调节,仪器直接读出平衡铀含量。仪器体积小(8cm×12cm×12cm),使用很方便。

5.2　γ能谱仪

γ能谱仪的种类很多,用途亦很广泛。有用于放射性矿产勘查的轻便四道γ能谱仪和多道γ能谱仪。本节以 FD – 3014 型γ能谱仪和 GAD – 6 型四道γ能谱仪为例,讲述矿产勘查常用γ能谱仪。对轻便多道γ能谱仪和 X 射线荧光仪只作简要介绍。

5.2.1　FD – 3014 型积分γ能谱仪

本仪器为上海电子仪器厂生产,可进行γ总量测量,也可进行γ能谱测量。在作为γ总量测量时,其功能与 FD – 3013 型仪器完全相同。在作为γ能谱仪测量时只能定性地测量出γ射线是由 U 还是 Th 引起的,因此它是最简单的两道γ能谱仪。本仪器主要用于放射性矿产普查。

1. 仪器原理和特点

仪器工作原理如图 5 – 3 所示。

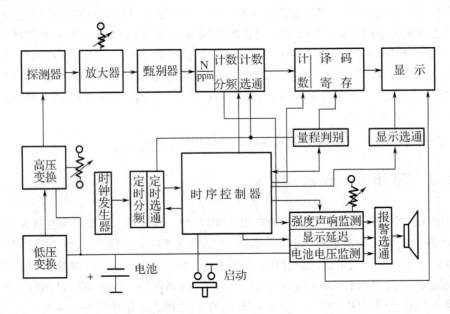

图 5 – 3　FD – 3014 型数字式两用γ辐射仪原理框图

γ射线的能量由探测器转换为电脉冲,经放大、甄别、通过 ppm 转换、计数分频器和计数选通门之后,送到计数器进行计数,计数器所计的脉冲不断地或间断地被转移到译码寄存器中,由显示器显示。测量时分为精测和粗测，精测又分为定精度测量（归一化测量）和定时测量，粗测又分为数字监测和声响检测。上述几种测量均是在时序控制器控制下完成的，时序控制器对各部分的控制分 9 步按序进行，分别为：量程判别、停止计数和复位定时、复零、归一化测量、停止计数和复位定时、显示、复零、监测、转移。其详细情况见有关说明书。

仪器结构与 F – 3013 型仪器相似，其主要差别在甄别器的阈值电压可调，其能量阈分别为：

(1)ΣⅠ，总计数道Ⅰ，阈值 0.04 MeV，与 FD – 3013 型仪器完全相同；

(2)ΣⅡ，总道计数Ⅱ，阈值 0.4 MeV；

(3)U，铀微分道，道址 1.05 ~ 1.90 MeV；

(4)Th，钍微分道，道址 1.90 ~ 2.95 MeV；

(5)CAL，校正道，参考源^{137}Cs 光电峰 0.661 MeV，相对道宽 15%。

仪器各个道的阈值均可调。如果将铀道阈值电压调至 1.65 MeV，测量的是铀（RaC1.76 MeV）和钍（ThC″2.62 MeV）的特征 γ 射线的总计数率；将钍道的阈值电压调至 2.5 MeV，测量的只有钍的特征 γ 射线计数率，两个计数率之差就是铀的特征 γ 射线计数率。这样就可以使用简单的"换挡位"的办法来区分异常是由铀的 γ 射线引起的，还是由钍的 γ 射线引起的。

2. 仪器操作

该仪器外形酷似 FD – 3013 型 γ 辐射仪（参见图 5 – 2）。所不同的是在功能开关（11）位置有两个并排的开关，左边的旋钮只有在校正仪器时才用（即右边开关置于"CAL"挡时）。

仪器的拆装电池、开关电源与 FD – 3013 型仪器完全一样，不再赘述。

测量操作与 FD – 3013 型仪器类似。在功能开关（11）置于"ΣⅠ"时，测量能量大于 40 keV 的所有 γ 射线；置于"ΣⅡ"挡时测量能量大于 0.4 MeV 的所有 γ 射线；置于"U"挡时测量能量介于 1.05 ~ 1.90 MeV 的 γ 射线，测量的 γ 射线主要是铀的高能 γ 射线，但含有钍的高能 γ 射线在铀道的散射射线及钾的 1.46 MeV 的 γ 射线；置于"Th"挡时测量能量介于 1.90 ~ 2.95 MeV的高能 γ 射线，主要是钍的特征 γ 射线和少量宇宙高能 γ 射线。铀道计数和钍道计数之差大致就是铀当量含量。

仪器出厂前，各道阈值已按上述数值调整好。若需精确测量，必须在专业人员指导下调整铀道和钍道的能量阈。该仪器测量的结果精度有限，只能作为参考，不能作为正式的辐射取样而参与储量计算。要进行储量计算，必须使用四道 γ 能谱仪，并且经过严格地标定和铀镭平衡系数、射气系数的测定才能使用。

仪器的注意事项和维护与 FD – 3013 型仪器相同。

3. 国外类似仪器简介

类似 FD – 3014 型仪器的还有加拿大的 UG – 130 型单道积分 γ 能谱仪和 GRS – 400 型积

分 γ 能谱仪,均设有 5 个阈电压位置,但两者的 NaI(Tl) 晶体大小不同。GIS – 5 型积分 γ 能谱仪,使用方形 NaI(Tl) 晶体,总体积 82 cm³,有四个固定电压位置,可以分别测量 γ 射线总计数率和铀、钍、钾含量,阈电压分配见表 5 – 1。

表 5 – 1　GIS – 5 型积分 γ 能谱仪阈电压和测量谱段

阈电压/MeV	0.05	1.38	1.66	2.44
测量 γ 能谱段	0.05 ~ 3.0 MeV	$K_{1.46} + U_{1.76} + Th_{2.62}$	$U_{1.76} + Th_{2.62}$	$Th_{2.62}$

由表 5 – 1 可见,通过简单的减法运算就可以知道钾、铀、钍的大致含量(精确含量必须通过仪器标定和解方程组(4 – 6)才可以确定)。这对于在野外快速测量并分析异常形成原因非常方便。

5.2.2　四道 γ 能谱仪

四道 γ 能谱仪是放射性矿产勘查中常用的 γ 能谱仪之一,仪器用于一次同时测量矿石、土壤中的铀、钍、钾含量。例如有地面四道 γ 能谱仪和钻孔 γ 能谱仪等,这些 γ 能谱仪具有共同的测量原理。

1. 四道 γ 能谱仪的工作原理

为了说明四道 γ 能谱仪的工作原理,首先要从单道 γ 能谱仪分析器说起。

(1)单道 γ 能谱仪分析器

不同能量的 γ 射线入射到探测器后,将产生不同幅度的电脉冲信号,如图 5 – 4 所示。

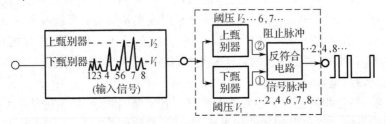

图 5 – 4　单道脉冲幅度分析器工作原理图

该信号经过线性放大器放大以后,输入到单道脉冲幅度分析器。单道脉冲幅度分析器由上下甄别器和反符合电路组成。下甄别器的甄别阈电压为 V_1,则脉冲信号幅度大于 V_1 的 2,4,6,7,8 号脉冲可以通过下甄别器。上甄别器的甄别阈电压为 V_2,则脉冲信号幅度大于 V_2 的 6,7 号脉冲可以同时通过上、下甄别器。通过下甄别器的脉冲称为信号脉冲,通过上甄别器的脉冲称为阻止脉冲,同时输入到反符合电路中。反符合电路实际上是一种门电路,当上、下甄别器同时有脉冲输出(脉冲6,7)进入反符合电路时,由于上甄别器的阻止作用,使反符合电路关闭,没有信号输出。只有下甄别器有输出时,反符合电路开启,有信号输出,脉冲2,4,8 通过。可见只有脉冲幅度在 $V_1 \sim V_2$ 之间的脉冲才能通过。说明 $V_2 - V_1$ 是脉冲2,4,8 的通道,$V_2 - V_1$ 的电压差值称为道宽。如果把 $V_2 - V_1$ 锁定(即道宽固定)同步调动,由低到高逐一读出每道的计数率,可以得到 γ 射线能量谱的分布图。这样由上、下甄别器和反符合电路组成的脉冲幅度分析器,称单道脉冲幅度分析器(图5-4)。由此构成的 γ 射线能谱测量仪,称为单道 γ 能谱仪。

可见单道 γ 能谱仪测量效率低,而且人为误差大。如果把 NaI(Tl) 探测器输出的脉冲经放大后,给四个相邻道址的单道脉冲幅度分析器同时输入,即构成四道 γ 能谱仪。

(2)四道 γ 能谱仪

四道 γ 能谱仪的原理大同小异,如图5-5所示是国产 FD-3022 型四道 γ 能谱仪的结构原理图。

该仪器探测器由 $\varphi 75\ mm \times 75\ mm$ 的 NaI(Tl) 晶体和 GDB-75F 光电倍增管组成。放大器对输入脉冲进行线性放大以后送入四道脉冲幅度分析器。单片微处理器在专用软件的支持下,对四道测量系统进行控制,给出时钟信号和稳谱(用 ^{137}Cs 源)信号,对四个测量道的数据进行运算和处理,扣除本底,归一化计数率,给出铀、钍、钾和总道计数

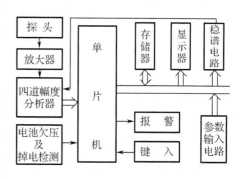

图 5-5　FD-3022 四道 γ 能谱仪结构原理图

率。五位数字显示,仪器测量灵敏度对铀、钍当量含量为 0.1×10^{-6} eU,钾为 0.1% 。

2. GAD-6 四道 γ 能谱仪

本仪器为进口产品,由加拿大先德利公司生产。

(1)仪器的特点和用途

主要特点:有稳谱功能,可以避免由于温度、计数率诸因素变化引起的 γ 射线谱漂移,主要通过探头内置的氧化钍源实现稳谱功能;康普顿散射自动校正功能,主要通过仪器后面板置入剥谱系数的办法实现校正;能够实现归一化计算;配有航测探头和测井探头,能够进行航测和井中能谱测量;灵敏度高。

(2)仪器的操作

仪器前面板如图5-6所示。

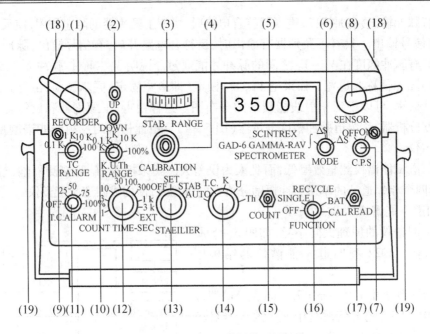

图 5 – 6　GAD – 6 谱仪前面板概貌

1)前面板各按钮的功能如下

①记录器插头(1)　供作图和数字记录用。

②稳峰指示器(2)　将它和校准控制(4)配合使用,确定稳峰位置。

③稳定范围指示器(3)　调节校准控制器,借助稳定范围指示器将稳峰位置放在稳峰器的范围之内。假如指针在表头的刻度范围内,稳峰器便可以有效工作。它也指明谱仪在稳定 γ 谱时,放大器增益的变化。

④校准控制(4)　用它使探头输出的信号符合 GAD – 6 的要求,调节放大器的增益,并把稳峰位置放在稳峰器范围之内。

⑤数字输出(5)　5 位数字显示。

⑥模式开关(6)　用它选择积分测量、微分不剥谱测量或微分剥谱测量。积分测量("∫"挡)时得到能量阈值以上的所有 γ 射线。微分不剥谱测量("Δ $ "挡),计数窗宽之内的 γ 射线。微分剥谱测量("Δ S"挡)时,窗内 γ 计数自动减去康普顿散射。

⑦C.P.S 开关(7)　归一化测量开关。置于"ON"处,输出自动归一为每秒计数值(C. P. S);置于"OFF"处,表示不作归一化测量。只有在 MODE 置于"∫"处或作图和录制数字输出时才将此开关放在"OFF"处。

⑧探头插针(8)　连接输入信号及外接电源时用,有防反插卡口。

⑨总道(T. C.)量程开关(9)　选择测程大小(仪器内部以电压的满额度值表示)。

⑩钾(K)、铀(U),钍(Th)量程开关(10)　选择 K,U,Th 道测程大小(满度值)。

⑪总计数报警开关(11) 用它定量调节声响报警阈值。

⑫计数时间开关(12) 用于选择计数时间,提高测量精度。

⑬稳峰器功能开关(13) OFF:不用稳峰器,总道能量阈为 0.15 MeV。SET:接通稳峰器,和校准控制(4)一起选择放大器的增益。STAB:稳峰器正常运行,此开关置于 SET 和 STAB 位置,总道能量阈为 0.8 MeV,可以消除放在探头中的氧化钍源对计数的影响。

⑭显示开关(14) 在 AUTO 挡,可以连续显示每个道的数值。放在总道(T. C.)、铀(U)、钾(K)和钍(Th)挡,显示所选测量道的结果。

⑮计数按钮(15) 这是一个启停开关,按一下,开始一次计数。

⑯功能开关(16) 用它可以选用单次、循环、电池检验或校准 4 挡。OFF:关机。SIN-GLE:数字显示,音响报警和数字输出表明计数结束。RECYCLE:只有数字或模拟记录时,才用这一挡。BAT:在这一挡,四个道同时完成电池检验和自检功能,但要保证开关(6)在"Δ$"位置。若显示开关置于 AUTO 挡,则依次显示各道计数。放好电池(新电池),总道和其他三道读数分别为:T. C.,10 000 ~ 18 000;K,10 000;U,1000;Th,100。新电池数字在 17 000 ~ 18 000 之间,最低值为 10 000,低于 10 000 时应该更换电池。因此,要在每天工作之前或周期性地对电池电压进行检查。CAL:这个开关和校准控制(4)一起使用,并借助钍样品标定谱仪。

⑰读数按钮(17) 按此按钮,即显示数字。

⑱按扣锁(18) 用它打开 GAD – 6 操作台后面的电池盒,同时按下两边按扣,即可打开电池盒盖。

⑲手柄轮毂(19) 同时向里按一下机箱两侧的手柄轮毂,再旋转手柄,可以调节它的方位,方便操作人员使用。

2)仪器后面板布置

GAD – 6 后面板示于图 5 – 7。打开电池盒盖,移去后面板盖,可以看到各个控制旋钮,各种控制功能如下:

①稳谱探头控制(20) 用它调节各种探头的稳峰位置,也可以用来对已经老化的部件进行校正。

②剥谱比例开关(21) 这里有 9 个可以调节的螺旋式开关,分为三组,用于选择剥谱系数 α,β 和 γ。

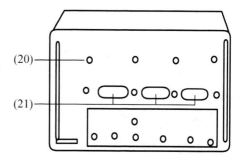

图 5 – 7 GAD – 6 谱仪后面板概貌

3)操作规程

操作 GAD – 6 谱仪应遵循下列步骤:

①放入或更换电池,测量电池电压 同时按一下操作台两边圆形按扣锁(18),即可松开电池盒盖。装入 6 节质量可靠的 1 号电池,读出电池电压。

②连接探头 把探头电缆线接到探头插座(8)。

③连接记录器　如果要记录,将记录器连到记录器插座(1)上。

④模式选择　将 MODE(6)置于"Δ$"或"ΔS",注意,该旋钮置于"ΔS"时要按仪器说明书植入剥谱系数。

⑤C.P.S选择　将 C.P.S开关(7)置于 ON 位置。

⑥能量阈校准　根据能量阈校准程序,每周至少进行一次校准。使用仪器之前,要根据"日常能量阈校准检查"办法,每天早晨或下午校准一次仪器。

⑦选择测程　用 T.C.开关(9)和 K,U,Th(10)开关选择测程;计数率较大时,测程可选择大一些。

⑧计数时间选释　用开关(13)选择计数时间,当放射性照射量率较大时,测量时间要大一些,这样可以提高测量精度,有效压低放射性涨落。

⑨读数报警选择　用旋钮(11)选择满额度的百分数作为报警阈值;作普查时可选择小一些,若在矿区或已知矿体上测量,可以选择大些或置于 OFF 挡。

⑩稳峰功能选择　将旋钮(12)置于 STAB 挡。

⑪显示选择　将旋钮(14)置于 AUTO 挡,若哪一个数字没有记录,则选择 T.C.,K,U 和 Th 分别读数。

⑫功能开关　用旋钮(16)置于 SINGLE 挡。

⑬测量　将待测样品或测点置于探头下端,按一下 COUNT(15),仪器开始测量;当显示屏的红点停止闪烁时,仪器有一声"嘀",表示测量完成。这时按一下 READ(17),显示屏上就依次显示 T.C.,K,U 和 Th 的数据,此数据就是计数率 C.P.S,单位 s^{-1}。

⑭关机　将旋钮(16)置于 OFF 处即可关机。

5)注意事项

①仪器在操作、使用、运输和储存时,防止剧烈震动和处于极限温度。

②仪器内长期不用时应去掉电池,防止电池漏液损坏仪器。防止雨水进入仪器。

③仪器损坏时,要由专业修理人员修理,切勿自行拆卸仪器。

④装好电池后一定要使两边的圆形按扣锁住仪器电池盒(即完全弹起),否则电池盒易脱落摔坏。

⑤仪器暂时不用时应该关机,避免电池损耗。

3.国内外同类仪器简介

国内外四道γ能谱仪种类很多,而且一机多用。例如美国的 GR-410 型四道γ能谱仪,配以不同的探测器和相关设备,可以构成航空γ能谱仪、测井γ能谱仪、汽车γ能谱仪等。表5-2列出了两种美国产的四道γ能谱仪和国产的四道γ能谱仪的部分性能。

表 5 – 2　四道 γ 能谱仪的性能

参数名称	GR – 410	Spctra – 44	NP4 – 2
康 – 吴散射自动校正	无	无	无
自动稳谱功能	有,且功能好	无	有
显示	四位数	四位数	四位数
计数归一化	无	无	有
地面探头(晶体体积/cm^3)	348	348	大晶体
测井探头	有	有	有

5.2.3　轻便多道 γ 能谱仪

多道 γ 能谱仪,可以利用上述四道 γ 能谱仪的方法,将许多相邻的单道脉冲幅度分析器组合在一起,构成多道分析器。如果仪器道数很多,不仅构造复杂,而且很难保证性能稳定。为此多道脉冲幅度分析器采用了与单道脉冲幅度分析器完全不同的原理和电路。

如图 5 – 8 所示,多道脉冲幅度分析器是多道 γ 能谱仪的核心部分。现在的多道脉冲幅度分析器主要由模数转换器(ADC)、地址编码器和存储器构成。探测器将不同能量的 γ 射线转换成与能量成正比的不同幅度的脉冲信号,输入到 ADC(Analog Digital Converter);经内部变换,将输出的脉冲按幅度大小转换成数字表示;并对每个数字编码变换成标记性的地址码(称

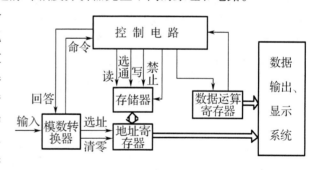

图 5 – 8　多道脉冲幅度分析器原理图

标码)接入一组编有地址的存储器,被分析的不同幅度的脉冲按标码选址进入相应的相邻的存储器中,实现按脉冲幅度分类记录。每个地址存储器为一道,设有一个计数器,每存一次使该道读数加一。多道分析器有 2^n 个地址存储器,并将输入脉冲幅度分成 2^n 个数字编码,即构成 2^n 道脉冲幅度分析器,如图 5 – 8 所示。如取 $n=8$ 即为 256 道;$n=12$,即为 4096 道。

一台完整的多道 γ 能谱仪,还需要有探测器,线性放大器以及数据记录处理器,控制和显示系统等。

1.便携式微机多道 γ 能谱仪

目前这类仪器品种很多,基本结构大同小异。主要由探测器、线性放大器、ADC 模数转换器、变换控制器和单片微机(或笔记本)系统组成,如图 5 – 9 所示。

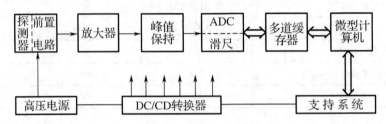

图 5 – 9　轻便多道 γ 能谱仪结构原理图

探测器可以是 NaI(Tl)闪烁探测器,也可以是高能量分辨率的半导体探测器。放大器一般使用低功耗 CMOS 高速线性运算放大器,ADC 多数使用高分辨能力的线性放电工作的 16 位模数转换器。通过接口/控制使微机系统能够读取 ADC 输出的数据,并处理、显示其结果。

一台性能优良的轻便多道 γ 能谱仪,还要增加一些辅助设备。首先在放大器之后要接入甄别器消除噪音信号(图 5 – 9)。其次是探测器采集脉冲信号是为了不漏计,还要对脉冲尖峰适当展宽,又增加了脉冲峰值保持电路。第三,ADC 给出的道宽并不均匀,引起非线性误差较大,因此增设了滑尺电路,保持道宽均匀。

类似以上原理近年来制造的轻便多道 γ 能谱仪,列于表 5 – 3。

表 5 – 3　几种轻便多道 γ 能谱仪(20 世纪 90 年代以后产品)

研制单位	型号名称	出品年代	基本特点
核工业 北京地质研究院	H – 40A 型微机 γ 能谱仪	1992	NaI(Tl),256 道
	HDY – 256 型便携式 γ 能谱仪	1995	
	C2D – 6 型车载多道 γ 能谱仪	1996	
	HD – 2000 型智能 γ 能谱仪	1999	
	H – 90B 型微机 γ 能谱比活率仪	2000	
成都理工大学	CD – 10 型野外 γ 射线全谱仪	1998	NaI(Tl),2048 道
	K2 – G01A 型低本底 γ 能谱仪	2000	
	K2 – G01B 型低本底 γ 能谱仪	2000	
东华理工学院	HF – 91A 型便携式微机多道 γ 能谱仪	1992	NaI(Tl),256 道
	HF – 91C 型便携式微机多道 γ 能谱仪	1993	
重庆地质仪器厂	NP4 – 2 型 γ 射线能谱仪	2005	NaI(Tl),512 道

2. 轻便多道 X 射线荧光仪

原子核受到 γ 射线或 X 射线照射后会吸收其能量,使其处于激发态。这种状态是一种不稳定状态,可自发地跃迁而回到基态,并且把多余的能量以 X 射线的形式释放出来。能量的高低取决于原子核内的能级差,不同的原子核,其能级差不同。故每种元素受到照射时释放不同能量的 X 射线,称为特征 X 射线。因此利用放射源对被测介质进行照射,根据介质释放能量的高低就可判别该射线是由哪种原子核释放的,即判别被测元素,又可根据释放 X 射线的照射量率判别该元素的大致含量。这就是 X 射线荧光仪的基本原理。

原子核外电子跃迁产生的 X 射线,能量都小于 140 keV,其探测原理与 γ 射线基本相似。由于能量低,一般采用薄窗户的薄片状(1 ~ 5 mm 厚)NaI(Tl) 或 CsI(Tl) 闪烁体、正比计数器以及锂漂移型硅半导体探测器或高纯锗半导体探测器。近年来还研制成功,并推出电致冷高能量分辨率的半导体探测器,即 Si – PIN 节半导体探测器和镉锌碲(CZT) 半导体探测器。这两种探测器适合于现场的便携式仪器使用,对小能量的分辨率高。相对而言,Si – PIN 型适合低能量 X 射线能谱测量,CZT 型适合于高能量 X 射线测量。

X 射线是放射源激发产生的。因此,X 射线探测器附带有激发源。便携式 X 射线荧光仪使用的激发源主要是专用的放射性同位素源,如 ^{241}Am(镅) 和 ^{238}Pu(钚) 等。这两种元素都是通过 ^{238}U 核反应堆制造的元素,自然界中还尚未发现这两种元素。

多道 X 射线能谱仪结构和原理与 γ 射线能谱仪基本一致,这里不再赘述。

世界上第一次提出使用放射性同位素激发产生 X 射线荧光的是法国学者(1956 年)。我国 1974 年研制出第一台携带式放射性同位素 X 射线荧光仪。几十年来不断更新,近 10 年来主要使用多道 X 射线能谱仪。如重庆地质仪器厂生产的 HYX – 6 型微机 X 射线荧光仪(2000 年)。2002 年成都理工大学研制出使用 Si – PIN 半导体探测器的多道轻便 X 射线荧光仪,提高了探测灵敏度,一次探测多个元素成为现实,拓宽了应用领域。

5.3　测氡仪和测井仪

5.3.1　测氡仪

以测量氡气的方法间接地寻找放射性矿产或解决其他地质和工程问题(如氡测量用于地震预报)的种类很多,因此测氡仪的种类也很多。解决工程问题的测氡仪与地质找矿用的测氡仪大同小异。这里以常用的 FD – 3017 型测氡仪和最新研制成功的活性炭吸附测氡法使用的仪器为例,讲解测氡仪的简单原理和使用方法。

1. FD – 3017 型 RaA 测氡仪

氡气由地层深处运移至地表附近的土壤层,并在土壤中集聚,为氡气测量提供方便。

(1)仪器的工作原理和特点

FD – 3017 型 RaA 测氡仪是一种新型的瞬时测氡仪器,主要由抽气泵和测量操作台两部分组成。抽气泵除具有抽取地下气体和水样的脱气功能之外,还具有储存收集氡子体的功能。

我们知道,Rn 的第一代衰变子体是 RaA,它的半衰期为 3.05 分钟,粒子的能量为 6.00 MeV,在 Rn 衰变成 RaA 的瞬间,RaA 是带正电的离子,因而易被加负高压的金属片收集。 FD – 3017RaA测氡仪就是利用这一特性,采用在金属片上加负高压电场的方法设计制造的。

在一定的时间内,RaA 被浓集在金属片上,然后将金属片放入操作台探测器盒内,测量 RaA 的 α 放射性产生的电脉冲计数,即 RaA 的 α 粒子的计数。在一定时间内,由于氡浓度越高,衰变成 RaA 的量越多。它们之间存在正比关系,所以由 α 粒子的计数可直接计算氡浓度

$$C_{Rn} = J \times N_{RaA\alpha} \tag{5-1}$$

式中　　C_{Rn}——氡浓度,Bq/L;

　　　　$N_{RaA\alpha}$——RaA 的 α 计数;

　　　　J——换算系数(Bq/L)/脉冲,它与装置的收集效率和探测器的测量效率有关。

如图 5 – 10 所示,探测器采用金硅面垒型半导体器件制成,它具有较高的灵敏度和分辨率。α 粒子进入探测器灵敏层后将产生电子 – 空穴对,在电场作用下,电子、空穴分别向两极运动形成脉冲电流,在负载电阻上产生电压脉冲,经电荷灵敏放大器及主放大器,送入单道脉冲幅度甄别器,以剔除低能噪声和高能的 RaC′的干扰,最后进入计数电路并在液晶屏上显示。

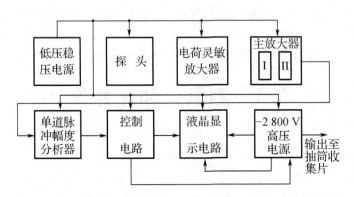

图 5 – 10　FD – 3017 型 RaA 测氡仪原理框图

由上述仪器的基本工作原理和过程可知,测量的对象仅是 RaA,在一定的测量方式下可以消除钍射气和 Rn,RaB,RaC,RaC′的干扰,使探测器不受污染,测量过程简单、迅速,效率高。

（2）野外工作方法

图 5 – 11 是仪器的外观和各部件的名称。

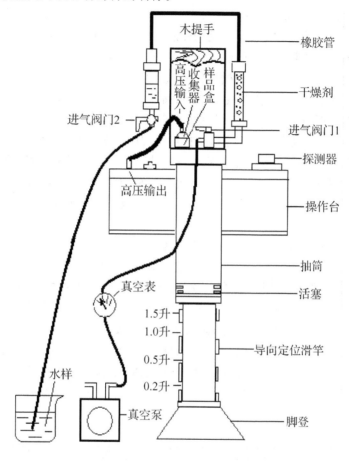

图 5 – 11　FD – 3017 型 RaA 测氡仪外观及测量水氡装置图

1）水氡测量

①检查操作台工作状态（电池电压及校验讯号），检查抽筒、干燥器瓶、水样瓶等是否漏气。

②正确放置积分及甄别阈位置　打开操作台，将两个拨动开关分别放置在"积分"和"测谱"位置（注：本仪器在作积分测量时，除了将"微分 – 积分"开关置在"积分"外，还需将"测谱 – 测量"开关置在"测谱"位置上，否则面板上的阈值电位器的圈值不能反映"积分"阈值），然后将面板上的阈值电位器放在

$$V_积 = V_阈 - 3.3 \text{ 圈}$$

式中　$V_积$——积分测量时相当于 2.0 MeV 甄别阈的阈值电位器圈数；

$V_{阈}$——微分测量的上甄别阈值电位器圈数(出厂时此值已标在仪器上盖的标签上)。

例:$V_{阈} = 4.6$ 圈,则 $V_{积} = 4.6 - 3.3 = 1.3$ 圈,此时将面板上阈值电位器放置在 1.3 圈位置,相当于积分测量的甄别阈能量为 2.0 MeV。

③按图 5-11 连接真空泵、干燥器及水样瓶,真空表可串接在真空泵进气口及阀门 1 的"排"嘴,干燥器与阀门 1"吸"嘴相连,上端与水样瓶上端相连接。

④将抽筒预先拉到"1 升"的定位槽中,并使之固定。

⑤将水样瓶下端的阀门 2 置"关"的位置和阀门 1 置"排"的位置。

⑥开启真空泵电源,将筒内 1 升空腔抽成真空(1 个大气压),然后将阀门 1 置向"吸",使干燥器及水样瓶内剩余气体抽入 1 升抽筒内,再将阀门 1 置向"排",此时筒内气体又被抽成真空,将阀门 1 置"吸",对干燥器及水样瓶进一步抽真空,这样的操作过程重复 3~5 次,然后将阀门 1 置"关"的位置,打开样片盒的门,放进干净的收集样片,再将阀门 1 置"排"的位置,将筒内 1 升空腔正式抽成真空(1 个大气压),并将 1 放回"关"的位置,做好抽水、脱气前的准备。

⑦抽水、脱气　由于在抽真空时已将干燥器和水样瓶空腔抽成真空,因此可利用它的真空负压抽取水样及预脱气。首先将阀门 2 置"抽",使水样抽至所需的体积(如 100 ml 或 200 ml),立即关闭阀门 2,再向上转 60°左右,使瓶内逐步翻泡。由于水样瓶内真空负压的体积有限,翻泡很快减少,随后即慢慢打开阀门 1 置"吸"的位置(注意:不能太快),此时将利用筒内 1 升空腔的真空来完成脱气,水样中的氡气随着气泡一起被抽到筒内,当翻泡完全结束后,即将阀门 1 置"关",并开启高压启动按钮(高压及测量的时间量程均选在 30′挡上)经 30 分加电发出高压报警声响,立即取出收集片,放进测量盒内(注意:收集片光面朝上),经 15 秒后自动开始计数,再经 30 分测量停止,并发出报警声响,记下计数 N',并代入(5-2)式计算氡浓度。

$$C_{Rn水} = \frac{J_{水(30', 30')} \cdot N_{30'}}{e^{-\lambda_{Rn}t_{取水}}} \qquad (5-2)$$

式中　$J_{水(30', 30')}$——当加电 30 分,取片 15 秒,测量 30 分,水样体积为 100 ml,脱气体积为 1 升时,用液体镭源标定的换算系数;

$N_{30'}$——甄别阈值能量为 2.0 MeV 积分测量 30 分钟的 α 脉冲计数;

$e^{-\lambda_{Rn}t_{取水}}$——水样在封闭时间内氡的衰减修正系数。

⑧排水　当水样脱气结束,即将阀门 1 置"关",阀门 2 置"抽",并取下水样瓶上端的橡皮管,此时水样瓶内的水即从阀门 2 自然流出,然后将阀门 2 转向"关",水样瓶上端橡皮管仍按原来接通,为下次排气、抽真空做好准备。

⑨排气、抽真空及下一个样品的抽气、脱气　当第一个样品加电收集完毕后,即可对抽筒内氡及干燥器、水样瓶内剩余气体排放,其方法可重复"⑤,⑥,⑦"的过程。

2)空气氡样品测量

可在空气中直接采集样品,亦可在土壤中用取样器采集土壤样品进行测量,此时仅由抽筒、干燥器及操作台组成系统。在抽取气样前应将干燥器及抽筒内剩余气体排除干净,将阀门1置"吸",提拉抽筒,使新鲜空气经干燥器进入筒内,再由阀门1的"排"嘴排出,重复操作3～5次,然后打开样片盒,放入干净的收集片,便可正式地提拉抽筒,抽取空气样品。直接抽空气时可将干燥器上端的橡皮管上下左右均匀移动采样,抽取空气样品的体积为1.5升,其加电、取片、测量时间分别为30′,15″,30′,采用积分测量,然后将30分钟所测到的计数($N_{30'}$)代入(5－3)式计算空气中的氡浓度,即

$$C_{Rn空} = J_{空(30',30')} \cdot N_{30'}(10^{-10}Ci/L) \qquad (5-3)$$

式中　$J_{空(30',30')}$——当加电30′、取片15″、测量30′、抽气体积1.5升用液体镭源标定时的换算系数;

　　　$N_{30'}$——甄别阈值能量为2.0 MeV积分测量30′的α脉冲计数。

2. HD－2003 型活性炭吸附测氡仪

本仪器是核工业北京地质研究院和北京尼克莱地质科技发展中心共同研制的新型仪器,用来测量被活性炭吸附的氡及子体的γ射线。

(1)仪器的工作原理及特点

本仪器采用先进的微功耗单片机和先进的探测器件,具有灵敏度高、能量响应范围宽、功耗低、稳定性好、操作方便等优点。主要用于铀矿地质找矿,亦可用于放射性环境监测等领域的氡浓度及析出率测量。

活性炭对氡的吸附是线性的物理吸附,在其他条件相同时,单位质量活性炭吸附的氡与被测地点氡的浓度成正比。依据此原理,通过测量氡子体放出的γ射线,进行氡浓度及析出率测量。

仪器的测量时间在1～9 999 s之间任选,测量氡浓度范围为100～100 000 Bq/m³;氡析出率为0.001～1.000 Bq/(m²·s)。测量γ射线的能量阈为50 keV;仪器稳定度≤5%;重复测量误差≤10%;灵敏度≥1.5 计数·s⁻¹·(Bq/L)⁻¹。使用环境温度0 ℃～40 ℃,湿度≤90%(40 ℃)。

本仪器用于测量活性炭吸附的氡子体,该方法的野外生产过程是:挖坑、埋杯(有编号)、等待、取杯,其野外操作与α径迹测量类似,将在第7章详细叙述野外操作,这里仅对室内仪器操作进行简单叙述。

(2)仪器的操作

仪器由探头、操作台、铅室、活性炭吸附采样瓶及活性炭吸附捕集器等组成。其中探头部分包括碘化钠(铊)晶体、光电倍增管和相应电路;操作台由液晶显示屏、打印机及触摸按键等组成。

仪器操作台前面板如图5－12所示。

1）仪器的功能

①液晶显示　采用 128×64 点阵式液晶显示器，提供附有简要说明的菜单式介绍，可进行人机对话，方便操作。

②自检　开机后，仪器首先进行自检，给出仪器电源、系统是否正常，探头有无信号三项提示。如果上述三项皆正常，则开始计数检查整机工作，计数到 2 000 停止。此后，自动进入主程序菜单。在自检中不仅有中文提示，还有相应的声响报警。

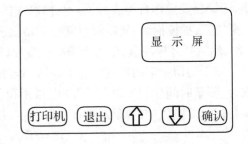

图 5 - 12　HD - 2003 型活性炭测氡仪前面板

③日历　为方便使用，仪器具有实时时钟功能，在液晶屏上显示具体的"年、月、日、时、分、秒"。

④打印　作为备份数据的一种手段，可以打印显示屏上的数据，亦可打印数据存储器内的任何数据。

2）测量操作

将探头放入铅室，通过专用电缆把探头与操作台连接起来，然后接通 220 V 交流电源。

①开机　操作台的电源开关按至"ON"位置，液晶显示"正在自检请稍候，系统正常，电源正常，探头"，若探头有信号，则在"探头"的右侧连续显示计数，直至达到"2000"结束，然后仪器进入主菜单（图 5 - 13）。

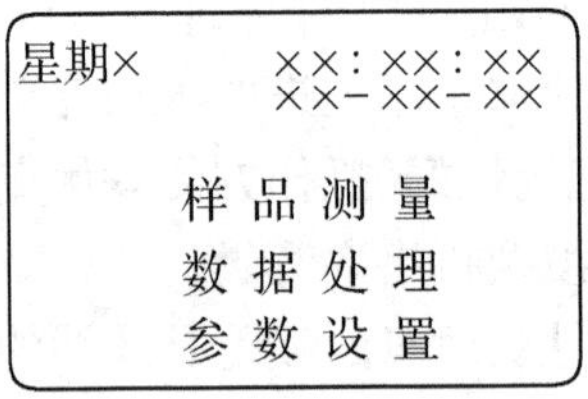

注：若屏幕显示"探头无信号！"，请检查探头与操作台的连接。

图 5 - 13　HD - 2003 型测氡仪主菜单

②系统菜单操作说明　本系统各功能操作全部通过一个主菜单和多级子菜单实现，主菜单包括图 5 - 13 所示的 3 项命令。

样品测量：首先选择"氡浓度"或"氡析出率"测量，再选择"本底测量"或"样品测量"，之后启动整个测量过程，显示倒计时，测量结束显示点号、线号、测量结果等。

数据处理：管理测量数据。包括数据通信（通过数据回放软件将测量数据传送到计算机以便进一步进行处理），数据查询（可按点号、线号进行数据查询），数据删除。

参数设置：对各项参数进行设置。包括：浓度，表示设置氡浓度刻度系数；析出，表示设置氡析出率刻度系数；半径，表示设置捕集器口半径；时钟，表示校对系统时间和日历。

③按键操作说明　"↑"，选择菜单上一项功能或数据 +1；"↓"，选择菜单下一项功能或数据 -1；"退出"，移动光标；"确认"，准备或结束输入。

④数据采集操作步骤　按"↑"或"↓"键选择"参数设置"命令，并按"确认"进行参数设置，设置好参数后按电脑提示进行测量操作。

⑤数据通信操作步骤　按"↑"或"↓"键选择"数据通信"命令,并按"确认"进入系统,按说明书的详细要求进行数据导出,经 USB 接口进入计算机或打印。

5.3.2　测井仪简介

放射性测井可分为 γ 总量测井和 γ 能谱测井。γ 总量测井仪的原理与地表使用的 γ 辐射仪的原理相似,只是将仪器探头(包括 NaI(Tl)晶体、光电倍增管及少量电子线路等)制作成探棒,便于放在井中测量。γ 能谱测井仪的原理与地表 γ 能谱测量仪器原理也是相同的,这里不再赘述。

由于 γ 能谱测井只是在铀钍混合矿床上使用,野外测井大部分使用 γ 总量测井,所以这里只简单介绍 γ 总量测井仪。进行 γ 能谱测井时只需参照有关仪器说明书操作即可。

1. FD－61K 型 γ 测井仪简介

这种测井仪是比较老的测井仪器,但有些单位仍然在使用。仪器可分为探棒和操作台两部分,两者用电缆连接。

测量 γ 射线的能量起始阈与 FD－3013 辐射仪相同;仪器使用 J306 和 J305 计数管测量,表头为电流表(率表),分别使用 7 个测程测量$(0 \sim 100\ 000) \times 7.17 \times 10^{-14}$ A/kg 的 γ 射线,仪器可在 $-20\ ℃ \sim +50\ ℃$ 条件下工作。

探棒在井下只能作"点式"测量。如果遇到矿层需要每 5 cm 测量一个点时,其测量效率是很低的。为了克服这些缺点,现在已经发展了连续测井仪。

2. FD－3019A 型 γ 测井仪简介

这是上海申核电子仪器有限公司生产的新型连续测井仪,仪器的外观如图 5－14 所示。仪器的主要性能有:

①仪器是一种新型的总量 γ 测井仪,主机采用微计算机技术,功能强,使用灵活,可配深孔探棒也可与浅孔探棒连接使用,探头部分集成度高、性能稳定;

②操作台有数据储存、液晶显示、中文菜单,操作方便;

③供电电源为 12 V 充电电池。

图 5－14　FD－3019A 型 γ 测井仪外观

这种仪器不仅操作方便,而且是连续测量,与计算机相连可以直接打印结果或图示结果,还可以将结果导入计算机直接计算铀含量。

5.4 放射性测量仪器的标定

放射性测量仪器在使用之前,首先要对仪器进行统一标定,以统一仪器的能量阈,确定仪器读数与铀、钍、钾含量之间的关系,否则测量结果只能是读数,无法反应地质体中放射性物质的含量。

本节将以 FD – 3013、FD – 3014 辐射仪、GAD – 6 能谱仪和 FD – 3017 测氡仪为例说明这三类常用仪器标定的原理和操作步骤,其他类似仪器的标定与此相似。

5.4.1 FD – 3013 型数字式 γ 辐射仪的标定

1. 基本计算

(1)点源标定辐射仪

标定时使用固体镭(点)源,其伽玛照射量率按下列公式计算

$$I_{标} = \frac{A}{R^2} \qquad R = \sqrt{\frac{A}{I_{标}}} \qquad (5-4)$$

式中　A——标准源的伽玛常数,是镭的常数(k_{Ra})和镭的含量(Q_{Ra})的乘积;

　　　R——探测器中心至标准源中心的距离(以 m 为单位)。

(2)用体源标定辐射仪

标定时使用四方纯铀模型(体源),其伽玛值按下式计算

$$I_H = K_{模} \times q_H = B_H K_{换} q \qquad (5-5)$$

$$q_H = B_H q \qquad (5-6)$$

上两式中　H——探头中心至模型表面的距离;

　　　　　I_H, B_H, Q_H——距离 H 点的照射量率、饱和度和含量;

　　　　　$K_{换}$——饱和模型的含量和伽玛照射量率之间的换算系数;

　　　　　q——模型的 U 含量。

2. 主要步骤

前提条件是采用空中标定法。要求在室外开阔、空旷、平坦、底数较低并平稳的场地上进行,仪器和标准源的离地高度约 2 m。保证标准源中心始终在仪器探管的轴线上。

采用模型标定则尽量减少模型房周围的影响。

待标定的仪器必须结构牢固,工作正常,并经过统一的能量阈值调节。

（1）点源法标定步骤

①如图 5 - 15 所示，架好标定架，去掉仪器探头上的橡胶套，再在仪器探头套上铅套，打开仪器电源，检查仪器的读数报警（电池不足报警、计数率溢出报警、计数信号报出报警）。

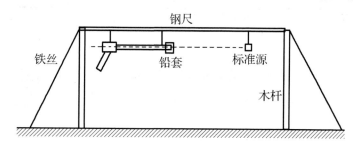

图 5 - 15　FD - 3013 型仪器的点源标定

②使面板上的 ppm/cpm 转换开关置于 ppm 测量位置。

③测定场地本底（包括仪器固定本底及宇宙射线本底）。

把标准源移至"无穷远"处（移动标准源时，仪器读数无变化，即可认为"无穷远"），掀一下启动按钮（start），记下仪器给出的 ppm 读数，每读一次数启动一次按钮，连续读取 20 个数，取其平均值作为本底值。

④按图 5 - 15 所示架好仪器和标准源，标准源与探头之间距离为 1 m，用仪器测量一下（20 次）此处仪器的 γ 值是否与标准源常数相同，此时仪器读数平均值应是"A + 底数"，若不是，则调节 ppm 校准电位器旋转钮，使仪器读数与标准源读数一致。

⑤将 ppm/cpm 转换开关置于 cpm 位置，作 cps 测量，用随身带的手表核对 cpm 测量时间，记下手表给出的时间值 T，作为该仪器的特征时间（一般为 64 秒，1998 年以后的产品为 5 秒）。

⑥按仪器使用的测量地区的 γ 异常值，如 $60 \times 7.17 \times 10^{-14}$ A/kg，按公式（5 - 4）计算 $60 \times 7.17 \times 10^{-14}$ A/kg（包括底数）距标准源的距离，把标准源挂在此距离处，调节仪器报警阈电位器（即 buzz 旋钮），使其报警声为不连续的"嘀嗒"声时，仪器的报警阈即为 $60 \times 7.17 \times 10^{-14}$ A/kg。

（2）模型法标定步骤

①接通仪器电源，检查仪器的读数报警。

②使面板上的 ppm/cpm 转换开关置于 ppm 测量位置。

③将仪器探头置于模型中心，掀一下启动按钮（start），记下仪器给出的 ppm 读数，每读一次数启动一次按钮，连续读取 20 个数，取其平均值。若测得的 ppm 数值与已知饱和模型含量的 ppm 值或已知不饱和模型等价饱和模型含量的 ppm 值不符时，旋转 ppm 校准电位器旋钮，重新测量，直至仪器读数值和已知模型含量值吻合为止。

5.4.2　FD-3014型γ辐射仪的标定

FD-3014型γ辐射仪前面板如图5-16所示。

1. ^{137}Cs峰的校正

在U,Th含量和ΣⅠ,ΣⅡ测量中均需对仪器能量阈进行校正和检查。这些阈值是以^{137}Cs峰为基准校正的,测量^{137}Cs峰的方法如下。

将面板上开关置"ΣⅡ"位置,校正旋钮(实际为放大调节电位器)调至0.2圈,将^{137}Cs源绑于离探管顶端约3.5 cm处。开机后顺时针旋转电位器,同时记住电位器转过的圈数,到仪器读数约为100 ppm时,将开关扳至CAL处,然后顺时针旋转电位器、仪器读数将逐渐增大,然后又逐渐减小。在读数最大值附近,细调电位器转过的角度,找出读数最大值对应的刻度数,即为^{137}Cs峰的峰位位置。

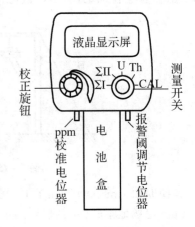

图 5-16　FD-3014型γ仪前面板图

2. ppm标定

将面板上的测量开关置"ΣⅠ"位置,使探管顶端垂直靠近饱和模型的表面中心位置,调节ppm校准电位器,使读数对应模型U含量。如模型为不饱和模型,应使读数对应模型的视含量。

需要使用γ(7.17×10^{-14} C·kg^{-1}·s^{-1})的时候,可用Ra标准源标定仪器。标定点选在$1000 \times 7.17 \times 10^{-14}$ C·kg^{-1}·s^{-1}照射量率点。需要注意的是用Ra源标定时,需要在空旷场地上进行,用防止散射的铅屏套在探头上,这样可以屏蔽场地散射射线的影响。标定调节电位器仍为ppm校准电位器。

经过标定的仪器,将开关扳至U,Th位置,使用手表或秒表测出仪器的测量时间,此时间从手松开按钮时起算至仪器发出读数报警声时为止。记下这个时间供仪器在使用中做工作检查用。

3. 换算系数的测定

由第4.3节可知,用仪器测定铀钍含量必须分别测定换算系数a_1,b_1,a_2,b_2。

将仪器置于测量环境中开机半小时稳定,用^{137}Cs源按^{137}Cs峰校正方法测出^{137}Cs峰的位置,再将仪器探管顶端置于平衡饱和纯铀模型表面中心上,分别将测量开关扳至U,Th位置测出$N_{U(U)}$,$N_{Th(U)}$。根据模型$U_{(U)}$含量,按下列公式求出换算系数为

$$a_1 = N_{U(U)}/U_{(U)} \tag{5-7}$$

$$a_2 = N_{Th(U)}/U_{(U)} \tag{5-8}$$

式中 $U_{(U)}$——铀模型中的铀含量(10^{-6});

$N_{U(U)}$,$N_{Th(U)}$——铀道和钍道在纯铀模型上测得的减去底数的计数(cpm)。

用同样地方法,在纯钍模型上用 U,Th 位置分别测出 $N_{U(Th)}$,$N_{Th(Th)}$,根据模型含量 $Th_{(Th)}$ 按下式求换算系数

$$b_1 = N_{U(Th)}/Th_{(Th)} \tag{5-9}$$

$$b_2 = N_{Th(Th)}/Th_{(Th)} \tag{5-10}$$

式中 $Th_{(Th)}$——钍模型中钍含量(10^{-6});

$N_{U(Th)}$,$N_{Th(Th)}$——铀道和钍道在纯钍模型上测得的减去底数的计数(cpm)。

如果平衡铀模型中含有少量钍,钍模型含有少量的铀时,换算系数应该按下列公式计算

$$a_1 = \frac{Th_{(Th)}N_{U(U)} - Th_{(U)}N_{U(Th)}}{\Delta} \tag{5-11}$$

$$b_1 = \frac{U_{(U)}N_{U(Th)} - U_{(Th)}N_{U(U)}}{\Delta} \tag{5-12}$$

$$a_2 = \frac{Th_{(Th)}N_{Th(U)} - Th_{(U)}N_{Th(Th)}}{\Delta} \tag{5-13}$$

$$b_2 = \frac{U_{(U)}N_{Th(Th)} - U_{(Th)}N_{Th(U)}}{\Delta} \tag{5-14}$$

式中 $U_{(Th)}$——钍模型中铀的含量(ppm);

$Th_{(U)}$——铀模型中钍的含量(ppm);

$\Delta = U_{(U)}Th_{(Th)} - U_{(Th)}Th_{(U)}$。

4. 声响阈标定

本机的声响密度正比于放射性照射量率,当放射性照射量率超过声响阈时,仪器发出报警声。仪器可在$(5 \sim 60) \times 10^{-6}$范围内调节声响阈(视异常情况而定)。方法是:将仪器置于需要标定的照射量率处(如使用 5 号镭源,按公式(5-4)计算),调节"报警阈调节电位器"(即仪器面板右下端的 buzz 电位器),直至蜂鸣器似响非响为止。

5.4.3 GAD-6 型 γ 能谱仪的标定

1. 含量标定

（1）测量原理

γ 能谱仪是用来直接测定岩石或土壤中铀、钍及钾（^{40}K）含量的一种仪器，它与辐射仪不同，标定时不用点源，而要在体源（即模型）上进行。标定就是在模型上测定各种测量道（铀道、钍道、钾道）的计数率，以确定模型中元素的已知含量与各道计数率之间的关系，即换算系数。

（2）校准原理

能谱仪一般在已知含量的密封式饱和铀、钍、钾和零值模型上校准，这些模型均处于放射性平衡状态，同时采用混合模型检查获取的有关换算系数是否准确。由于纯铀、钍、钾和零值模型中含有极少量其他放射性元素，所以，地面能谱仪校准时通常建立方程组。

$$\begin{cases} N_{iU} = a_i Q_U(U) + b_i Q_U(Th) + c_i Q_U(K) + B_i \\ N_{iTh} = a_i Q_{Th}(U) + b_i Q_{Th}(Th) + c_i Q_{Th}(K) + B_i \\ N_{iK} = a_i Q_K(U) + b_i Q_K(Th) + c_i Q_K(K) + B_i \\ N_{iB} = a_i Q_B(U) + b_i Q_B(Th) + c_i Q_B(K) + B_i \end{cases} \qquad (5-15)$$

式中　$i = 1,2,3$——铀、钍、钾测量道；

$N_{iU}, N_{iTh}, N_{iK}, N_{iB}$——铀、钍、钾和零值模型中心点测得的计数率；

$Q_U(U)$——铀模型中铀的当量含量，下标表示模型性质，括号内为元素，$Q_{Th}(U)$，$Q_K(U)$，$Q_U(Th)$，$Q_{Th}(Th)$，$Q_K(Th)$，$Q_U(K)$，$Q_B(U)$ 等意义相同；

a_i, b_i, c_i——仪器各道灵敏度的系数，如 $i=1$ 时，a_1 表示单位铀含量在铀道中产生的计数率，b_1 表示单位钍含量在铀道中产生的计数率，c_1 表示单位钾含量在铀道产生的计数率，其余类同；

B_i——环境和仪器本底的和。

由（5-15）式减去环境因素得

$$\begin{cases} N'_{iU} = a_i Q'_U(U) + b_i Q'_U(Th) + c_i Q'_U(K) \\ N'_{iTh} = a_i Q'_{Th}(U) + b_i Q'_{Th}(Th) + c_i Q'_{Th}(K) \\ N'_{iK} = a_i Q'_K(U) + b_i Q'_K(Th) + c_i Q'_K(K) \end{cases} \qquad (5-16)$$

式中

$$N'_{iU} = N_{iU} - N_{iB}$$

$$Q'_U(U) = Q_U(U) - Q_B(U)$$

$$Q'_U(Th) = Q_U(Th) - Q_B(Th)$$

$$Q'_U(K) = Q_U(K) - Q_B(K)$$

同理 $N'_{iTh}, N'_{ik}, Q'_{Th}(U), \cdots, Q'_K(K)$ 等含义类同。

解(5-16)式方程组,得

$$a_i = \frac{\begin{vmatrix} N'_{iU} & Q'_U(Th) & Q'_U(K) \\ N'_{iTh} & Q'_{Th}(Th) & Q'_{Th}(K) \\ N'_{iK} & Q'_K(Th) & Q'_K(K) \end{vmatrix}}{\Delta} \quad (5-17)$$

$$b_i = \frac{\begin{vmatrix} Q'_U(U) & N'_{iU} & Q'_U(K) \\ Q'_{Th}(U) & N'_{iTh} & Q'_{Th}(K) \\ Q'_K(U) & N'_{iK} & Q'_K(K) \end{vmatrix}}{\Delta} \quad (5-18)$$

$$c_i = \frac{\begin{vmatrix} Q'_U(U) & Q'_U(Th) & N'_{iU} \\ Q'_{Th}(U) & Q'_{Th}(Th) & N'_{iTh} \\ Q'_K(U) & Q'_K(Th) & N'_{i\cdot K} \end{vmatrix}}{\Delta} \quad (5-19)$$

式中

$$\Delta = \begin{vmatrix} Q'_U(U) & Q'_U(Th) & Q'_U(K) \\ Q'_{Th}(U) & Q'_{Th}(Th) & Q'_{Th}(K) \\ Q'_K(U) & Q'_K(Th) & Q'_K(K) \end{vmatrix} \quad (5-20)$$

当 $i=1$ 时,a_1, b_1, c_1 表示铀道系数,分别表示单位铀、钍、钾含量在铀道产生的计数率。

当 $i=2$ 时,a_2, b_2, c_2 表示钍道系数,分别表示单位铀、钍、钾含量在钍道产生的计数率。

当 $i=3$ 时,a_3, b_3, c_3 表示钾道系数,分别表示单位铀、钍、钾含量在钾道产生的计数率。

由于总道采用铀当量含量表示结果,因此,总道的换算系数校准也需要在铀、钍、钾和零值模型上分别测量计数率,建立方程组

$$\begin{cases} N_U = A_1 Q_U(U) + A_2 Q_U(Th) + A_3 Q_U(K) + B \\ N_{Th} = A_1 Q_{Th}(U) + A_2 Q_{Th}(Th) + A_3 Q_{Th}(K) + B \\ N_K = A_1 Q_K(U) + A_2 Q_K(Th) + A_3 Q_K(K) + B \\ N_B = A_1 Q_B(U) + A_2 Q_B(Th) + A_3 Q_B(K) + B \end{cases} \quad (5-21)$$

式中 N_U, N_{Th}, N_K, N_B ——总道在铀、钍、钾、零值模型中心点上的计数率;

A_1, A_2, A_3 ——换算系数,表示单位铀、钍、钾在总道产生的计数率。

解(5-21)式组成的方程组,可得 A_1, A_2, A_3,其解法与 a_i, b_i, c_i 解法相同,不再赘述。

(3)含量运算方程

地面能谱仪对某点测量之后,欲知该点 U,Th,K 元素含量,需建立如下方程组求解或者为

了验证 9 个系数的准确与否,在已知含量的混合模型上测量之后,也需要建立如下方程组求解 3 个元素含量。

$$\begin{cases} N_U = a_1 Q_U + b_1 Q_{Th} + c_1 Q_K \\ N_{Th} = a_2 Q_U + b_2 Q_{Th} + c_2 Q_K \\ N_K = a_3 Q_U + b_3 Q_{Th} + c_3 Q_{Th} \end{cases} \tag{5-22}$$

式中　N_U, N_{Th}, N_K——铀、钍、钾道的计数率(去掉底数);

　　　Q_U, Q_{Th}, Q_K——被测点铀、钍、钾含量。

解(5-22)式方程组,可得铀含量公式

$$Q_U = \frac{\begin{vmatrix} N_U & b_1 & c_1 \\ N_{Th} & b_2 & c_2 \\ N_K & b_3 & c_3 \end{vmatrix}}{H} = R_1 N_U - R_2 N_{Th} - R_3 N_K \tag{5-23}$$

式中　$H = \begin{vmatrix} a_1 & b_1 & c_1 \\ a_2 & b_2 & c_2 \\ a_3 & b_3 & c_3 \end{vmatrix}$;

　　　$R_1 = (b_2 c_3 - b_3 c_2)/H$;

　　　$R_2 = (b_3 c_1 - b_1 c_3)/H$;

　　　$R_3 = (b_1 c_2 - b_2 c_1)/H$;

　　　R_1——铀含量换算系数;

　　　R_2, R_3——钍、钾的散射射线在铀道的影响系数。

同理,钍含量的运算公式如下

$$Q_{Th} = T_2 N_{Th} - T_1 N_U - T_3 N_K \tag{5-24}$$

式中　$T_1 = (a_3 c_2 - a_2 c_3)/H, T_2 = (a_1 c_3 - a_3 c_1)/H, T_3 = (a_2 c_1 - a_1 c_2)/H$;

　　　T_2——钍含量换算系数;

　　　T_1, T_3——铀、钾由于散射在钍道的影响系数。

钾含量运算公式如下

$$Q_K = K_3 N_K - K_1 N_U - K_2 N_{Th} \tag{5-25}$$

式中　$K_1 = (a_2 b_3 - a_3 b_2)/H, K_2 = (a_3 b_1 - a_1 b_3)/H, K_3 = (a_1 b_2 - a_2 b_1)/H$;

　　　K_3——钾含量换算系数;

　　　K_1, K_2——铀、钍由于散射在钾道的影响系数。

总道铀含量运算公式如下

$$Q_\Sigma = N_\Sigma / A_1 \tag{5-26}$$

式中　Q_Σ——总道铀当量含量;

N_Σ——总道铀当量已去掉底数的计数率;

A_1——总道的换算系数。

(4)主要步骤

①接通仪器电源,检查仪器电源、稳峰器工作情况。

②测量时间开关(12)置 100 秒位置;模式开关(6)置"Δ \$"位置;C. P. S 开关(7)置"ON"位置;两个测程开关(9),(10)都放在 1 k 位置;显示开关(14)置"AUTO"位置。

③待 15 分钟左右仪器工作状态稳定后开始测量。将仪器探头分别置于零值、纯 U、纯 Th、纯 K 及 U - Th 混合模型中心,掀一下启动按钮(COUNT),100 秒后,依次记下仪器给出总道(T. C.)、铀(U)、钾(K)和钍(Th)道测量道的结果,连续读取 10 个数,取其平均值。

④计算。把测量结果分别代入公式(5 - 17)~(5 - 21)求出各道的换算系数,把这些系数代入公式(5 - 22)即完成了标定工作。在以后的野外测量中把仪器读数直接代入公式(5 - 22)中即能求出未知含量地段的 U,Th,K 含量。

采用模型标定则尽量减少模型房周围的影响。

待标定的仪器必须结构牢固,工作正常,并经过统一的能量阈值调节。

2. 能量阈值校准程序

为了确保 GAD - 6 精确地记录由探头探测的 γ 射线能量,在 NaI(Tl)晶体中沉积的 γ 射线能量和能谱仪的脉冲高度之间必须保持定标关系。校准的方法是(图 5 - 6):用校准控制(4)改变系统的增益,使钍系谱线中 ^{208}Tl 的 2. 615 MeVγ 峰进入指定的阈窗,这样,代表钾(K)、铀(U)和钍(Th)的能谱峰便落到预置好的钾道、铀道和钍道的分析窗之内。

为了校准地面测量探头,仪器配有圆盘形氧化钍校准样品,对测井探头要用环形校准样品。

校准步骤如下:

①假如用有自稳放射性同位素的探头,功能开关(13)要放到"SET"挡;对于没有放射性同位素源自稳的探头,功能开关(13)要放到"OFF"挡。

②对于没有自稳同位素的探头,其校准方法为 2~15 步;把随探头配备的氧化钍校准样品放到每个探头已规定好的标准位置上,探头手册和仪器测试表都注明了校准源的标准位置。

③把功能开关(16)拨到"BAT",让仪器预热 15 分钟。测井和航测探头应在某一温度下达到稳定。多探测器探头应达到平衡(对给定能量值,所有探测器都应有差别不大的脉冲高度输出)。

④检查电源,确保有足够的电池电压,如果电池电压不足,要更换电池。

⑤设置开关。功能开关(16)置于"CAL"挡,工作方式开关(6)置于"Δ \$"挡,显示开关(14)置于"Th"挡,计数时间开关(12)置于"10 秒"挡,总道(T. C.)报警开关置于"OFF"挡,量程开关不必设置。

⑥校准的目的是把 ^{208}Tl 的 2. 615 MeV 的能谱峰移到指定的阈窗"CAL"。校准时使用配

置给仪器的钍样品,在注明探头类型的仪器测试表内初始(毛)计数项"CAL"栏,给出应该得到的计数值。

置校准控制(4)在0位置,测试一个读数。之后,以0.5格为单位增大(顺时针)校准控制(4)旋钮,每旋到一个新位置,测一次计数。当计数率开始上升时,把校准控制(4)旋钮的旋进单位变为0.2格,逐一记下读数值,直到计数率开始下降。

为了确定峰位,把校准控制(4)退回到峰值之前的位置。选用100秒计数时间,取0.10格单位间隔,旋进校准控制(4),至少取5个点计数(如果时间允许,取0.05格单位间隔,旋进校准控制(4),取10个点读数)。用测得的结果作图,找到峰的准确位置。然后,把校准控制(4)拧到包含峰的位置,锁定校准控制旋钮(4)。

⑦在预置好的校准位置,用100秒时间间隔,测三次计数,求其平均值。记下这些结果以作校准检查及同测试表进行比较。所得到的计数值应和测试表里"CAL"栏注明的数值大致相同,要想让这两个数完全一样是不可能的,正常情况下,它们只能相近似。因为γ辐射是随机事件,从统计上讲,任何一次测量值和其平均值之间只能以正负均方差的精度相符合,即其数值落在"平均值±均方差值"范围内的概率只有68.26%。

⑧把功能开关(16)旋转到"SINGLE",显示开关(14)旋转到"AUTO"。

⑨进行三次100秒测量(对大体积的航测探头,作10秒的测量就足够了),记录K,U,Th道的平均读数。

⑩把上面测量时使用的样品从探头附近拿走。

⑪按照第9步进行三次测量,求出K,U和Th道的平均本底计数值。

⑫从第9步得到的初始(毛)计数减去第11步得到的本底计数。算出K,U和Th道的净计数值。记下净计数值,和测试表净计数栏列出的数值相比较。

⑬像8~12步一样,作总道测量,但计数时间选1秒钟(对测井探头要用100秒)。

⑭若配有铀样品,也可以用它进行上述8~13步的测量。测量结果应和测试表中给出的校准值相符合。只是要用同样的铀样品,且样品相对探头位置也要一样。

⑮到此已完成了对没有自稳的能谱仪的校准。探头中没有放射性同位素自稳源,稳峰功能开关(13)应放在"OFF"挡。

对自稳系统,还应完成以下步骤。

⑯把稳峰功能开关(13)扳到"STAB"挡,显示开关(14)扳到"Th",功能开关(16)扳到"CAL"。

⑰进行3次100秒测量,这一步和上述第9步一样,只是现在工作在自稳方式。

注意:如果探头带了一个自稳源,而想进行非自稳操作,稳峰功能开关(13)应放在"SET"挡。通常不这样使用。

⑱比较自稳工作方式和非自稳工作方式时"CAL"挡测量结果。其差值不应超过最高计数值的2倍均方差。如果是这样,重复8~14步的测量,记录自稳方式下校准结果。至此,我们

已完成了能量校准工作。

⑲如 18 步比较的结果不一致,要打开 GAD－6 的盒盖和后面板,露出稳峰探头控制(20)。每次最大旋进 1/2 圈,重复 16～18 步的测量。重要的是要记下旋进的数字和方向,开始旋进稳峰探头控制(20)时,稳定范围指示器(3)可以指出它的方向。通常,开始勘测时,指针总在度盘的中心附近,如果调节稳峰探头控制(20),此指针在某个方向上会出现偏离,重复 16～18 步测量,直至显示开关(14)在钍道,功能开关(16)在"CAL",自稳测量和非自稳测量数据一致时为止。

一旦校准完毕,稳定范围显示器(3)就会指示稳峰器在其有效范围内的位置,当指针位置变化了且保持在某一刻度,稳峰器可以补偿 γ 谱的漂移。测量工作中,可以反复调节校准控制(4),使稳定范围指示器(3)的指针回到近中心位置,使其有较宽广的变化空间。这就不断地扩大了谱补偿的稳定范围。

3. 日常能量阈校准检查

正式测量之前,每天早晨或下午周期性地进行阈值校准,保证数据的准确性。检查时必须部分地重复能量阈校准程序,并同以前的结果相比较。把氧化钍校准样品放在校准位置,进行计数,比较结果,特别是"CAL"挡读数。如果和以前的结果不一致,必须重新校准,作校准检验,通常用简化了的能量阈校准程序。

带自稳的 GAD－6 谱仪的另一个优点是易于作快速的校准检查,步骤如下:

①除了装在探测晶体之内,用于稳谱的放射性同位素源,拿走探头附近所有的样品。

②将功能开关(16)拨到"BAT"挡,检查电池电压值,如果电压不足,应该更换电池。

③置稳峰功能开关(13)于"SET"挡。

④将校准控制开关(4)由满刻度逆时针拨到 0。

⑤将稳峰器范围指示器(3)置于表头中央,峰指示灯(2)有时闪亮。

⑥顺时针慢慢旋转校准控制(4),不断观察稳峰指示灯(2)。

⑦若校准控制(4)有改善,标有 DOWN 字样的指示灯开始闪亮,继续旋进校准控制旋钮。DOWN 指示灯加快闪亮,进而完全点亮。UP 稳峰指示灯(2)也会由闪亮到完全点亮。当 DOWN 和 UP 稳峰指示灯亮度变得几乎一样时,停止旋进校准控制器(4)。

⑧扳动稳峰功能开关(13)到 STAB。

⑨稳峰指示灯(2)应该保持亮度一致,而稳定范围指针(3)不一定停在指示表头的中心,可能偏向某一侧。

⑩慢慢调节核准控制(4),置稳峰范围指针在中心位置。这样便将稳峰器置于其控制范围的中心,使两侧有均等的调节余量。

⑪置功能开关(16)于 SINGLE 位置;置工作方式开关(6)于"Δ $";置 C. P. S 开关(7)于 OFF;置显示开关(14)于 AUTO;置稳定功能开关(13)于 STAB;置计数时间开关(12)于 100

秒;置 T. C. 报警开关(11)于 OFF;量程开关 9 和 10 不需要预置。

⑫对 K,U 和 Th 道进行 100 秒的本底测量(对航测探头 10 秒就够了)。

⑬测量 T. C. 道本底,只需将计数时间开关(12)置于 1 秒。

⑭把随探头配给的氧化钍样品,放在各类探头特有的标准位置。探头手册或仪器测试表列出标准源应该放置的标准位置。

⑮置功能开关(16)于"CAL";置显示开关(14)于"Th";置计数时间开关(12)于 10 秒。

⑯取 5 次 10 秒读数,在相同计数时间条件下,其值应和仪器测试表列出的过去的校准测量值一致。

⑰假如上述结果一致性不好,取 3 次 100 秒计数,求平均值,它和以前得到的 CAL 挡计数的误差应小于 2 倍均方差。

⑱若第 17 步结果满意,则用氧化钍样品作计数测量,T. C. 取 1 秒计数时间,K,U 和 Th 道取 100 秒计数时间。这时,显示开关置 AUTO 挡,功能开关置 SINGLE 挡。由初始(毛)计数减去本底计数,得到 T. C.,K,U 和 Th 道计数。这些结果应和仪器测试表中给出的净计数值相符。

如果有铀样品,也可按上述办法作校准检查。所有这些结果,都应记入日志,备以后勘探工作中发现问题时核对。

⑲假如第 17 步的结果不理想,应对系统重新校准。

5.4.4　FD - 3017 型测氡仪的标定

1. 标定的基本计算

标定的目的在于确定射气浓度与脉冲数之间的换算关系。为此使用液体镭源进行校准,其校准公式为

$$J_\pm = \frac{\alpha(1 - e^{-\lambda_{Rn}t})k}{V_\pm \times N'_2} \times 3.7 \times 10^{10}(Bq/t)/\text{脉冲} \qquad (5-27)$$

$$J_水 = \frac{\alpha(1 - e^{-\lambda_{Rn}t})k}{V_水 \times N'_3} \times 3.7 \times 10^{10}(Bq/t)/\text{脉冲} \qquad (5-28)$$

式中　$J_\pm$——测量土壤中氡浓度时的换算系数;

　　　$J_水$——测量水中氡浓度时的换算系数;

　　　α——液体镭源中镭的含量($10^{-6} \sim 10^{-7}$g);

　　　λ_{Ra}——氡的衰变常数(2.10×10^{-6} s^{-1});

　　　t——液体镭源的积累时间;

　　　K——脱气效率修正系统(采用 2′—15″—2′时 $K = 1$,3′—15″—3′时,$K = 0.548$);

$V_{\pm}$——抽筒抽气体积为 1.5 L；

$V_{水}$——水样体积为 100 mL；

N'_2——2 分钟时 RaA 的测量计数、脉冲；

N'_3——3 分钟时 RaA 的测量计数，脉冲。

应指出，测量土壤氡与水中氡的方式（即加电取样测量方式），分别推荐为 2′—15″—2′ 和 3′—15″—3′，当需要增加测量灵敏度时，可增长加电和测量时间。此时换算系数需作修正，公式为

$$J_{\pm} = J^{2l}_{校} \times K^{2l}$$

式中　K^{2l}——修正系数（见表 5 - 4）；

　　　$J^{2l}_{校}$——校准时的换算系数。

表 5 - 4　FD - 3017 型 RaA 测氡仪建议参数

	抽(脱)气体积/升	抽(脱)气时间/秒	加高压收集时间/分	取样时间/秒	测量时间/分
土壤	1.5	20 ~ 40	2	15	2
水中	1.0	20 ~ 40	3	15	3

2. 标定设备与装置图

设备有密封三天以上的液体镭源一个，FD - 3017RaA 测氡仪一台，干燥器一个，装置图如图 5 - 17 所示。

3. 校准方法

本仪器对土壤氡和水中氡采用两种不同的时间，所以校准时分别需要确定不同的换算系数 J。

操作步骤：

①首先开启操作台电源，检查电池电压及校验信号，面板上的甄别门旋钮的刻度是否指在本仪器规定的值上，然后将高压时间开关放在 2 分（或 3 分）上，并将高压输出端与抽筒上输入端的电缆连接。

②将阀门拨到排气位置，提拉抽筒，将空气抽入筒内，然后再压下使筒内气体排出，视需要可抽排多次。

③将液体镭源固定在手柄的左侧，并由橡皮管与干燥器、抽筒进气阀门连通。

④放片　打开抽筒上盖的样品盒，放入"干净"的收集卡

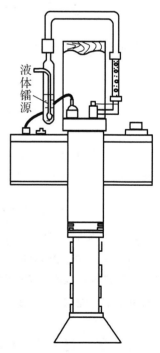

液体镭源

5 - 17　FD - 3017 型 Ra 测氡仪标定装置图

（有记号面向上，光面向下）。

⑤脱气　将阀门转向"吸"。同时打开源瓶封闭夹子，记下时间，即可开始慢慢提拉抽筒，使源瓶内的气泡保持在中间部位，直到抽筒拉到顶部，筒内空腔体积为 1.5 升（水氡标定时，只需拉到 1 升处即可）。整个脱气过程尽可能在 40 秒内完成，气泡结束后，即将阀门放到"关"的位置。

注意在提拉抽筒时，切忌用力过猛，防止气泡溢出事故。另外，在提拉过程中决不能将抽筒往下拉，否则会造成液体源倒流事故。

⑥启动高压收集 RaA，按下高压启动按钮经 2 分（3 分）后，蜂鸣器将自动报警，同时切断高压电源。

⑦取片　在高压报警后，应立即打开样片盒，取出收集片，并放到探测器盒内（切记这个过程应在 15 秒内完成），有记号面向下，光面向上。

⑧测量　再次自动报警后，记下脉冲计数（N_α）。

⑨计算　将测量读数和相应的参数代入公式（5-27）和（5-28），分别求出土壤氡气和水中氡气的换算系数。

5.5　放射性测量仪器"三性"的检查

为保证测量结果准确可靠，必须对仪器进行"三性"检查。"三性"即准确性、稳定性和一致性。

5.5.1　准确性检查

用需要检查的仪器测量已知照射量率为 I_1 的标准源，测量结果为 I_2（已减去自然底数），如两者的相对误差为

$$\frac{I_1 - I_2}{I_1} \times 100\% \leq \pm 10\%$$

则仪器的准确性好，符合要求。

如果在 ±10% 以外，则要查明原因，请专业人员修理，切勿自行拆卸仪器。用于 γ 普查的辐射仪常见故障是仪器的 NaI(Tl) 晶体老化，只要更换同型号的 NaI(Tl) 晶体即可。更换晶体属于重要部件修理，必须重新标定仪器以后才可以使用。

5.5.2　稳定性检查

仪器长时间读数，对于同一个 γ 照射量率、同一测量条件下，读数误差总的范围不超过

±10%,则认为稳定性好。

检查方法:如图 5 - 15 所示,把仪器架在标定架上,让仪器对准标准源,探头距源 1 m,开始时每 5 分钟读一次数,看看仪器读数是否在标准源常数附近(±10%)范围内跳动(要扣除底数,每个读数要记录),称为"初检"。连续初检 3 小时,若稳定性合格,再进行"复检"。复检时每半小时记录一次,这时可以把标准源挂在距源 0.5 m 处,用公式(5 - 4)计算此处的 γ 射线照射量率,看看仪器读数是否在计算值附近摆动,连续观测 10 小时左右,即可看出仪器在不同测程的稳定性。

仪器的稳定性和准确性一般同时检查,而且都在标定架上进行检查。

5.5.3　一致性检查

同一型号的多台仪器在同一测点上测量该点的 γ 射线照射量率(测量条件一致)。

假设有 n 台仪器待检,在未知 γ 照射量率的点上,每台仪器连续读 20 个数,求其平均值 $\bar{I}_i$ ($i = 1,2,3\cdots,n$),用肖维纳法或格拉布斯法(参阅有关数据处理的书籍)确定舍弃明显偏高或偏低的仪器平均值,计算剩余仪器读数平均值的平均值 $\bar{I} = \dfrac{1}{m}\sum_{i=1}^{m}\bar{I}_i$ (m 为剩余仪器的个数)作为标准。再计算每个仪器与此标准的相对误差,即

$$\frac{\bar{I} - \bar{I}_i}{\bar{I}} \times 100\% \leqslant \pm 10\%$$

则认为仪器的一致性好。

对不合格的仪器修理以后才能使用。

仪器的"三性"检查在放射性勘查中非常重要,它关系到地质物探工作的质量问题,不可马虎大意。仪器"三性"检查的资料必须整理完备,以备上级质量检查之用,这些资料要求作为原始资料上交。

第 6 章　地面伽玛测量

地面伽玛测量,是利用携带式辐射仪或伽玛能谱仪测量土壤和矿石的 γ(或 β + γ)射线总照射量率和某一能量范围的射线计数率,寻找放射性异常或放射性增高地段,借以发现放射性矿床。

地面伽玛测量包括 γ 测量、β + γ 测量、孔中 γ 测量和 γ 能谱测量等,它适用于各种地形、地貌和气候条件。方法简单灵活、速度快、效率高。在基岩出露良好和覆盖层不厚的地区,地面伽玛测量尤为有利,它已成为铀矿(或钍矿)普查的首选方法。

由于 γ 射线在固体介质中的穿透能力较弱,在岩石中的穿透能力不到 1 m,故地面 γ 测量的探测深度较浅,加之随着伽玛普查程度的不断提高,出露地表尚未被发现的铀矿床越来越少,因此采取多种方法的综合找矿,以寻找地下隐伏的盲矿体显得越来越重要。

γ 法找矿,不仅用于普查铀、钍矿体,而且在地质填图,寻找与放射性元素有关的其他矿产(如钾盐或石油)等方面也得到广泛应用。

6.1　放射性普查的地质前提

放射性普查所研究的对象是含有天然放射性元素的地质体。因此,在讨论各种找矿方法之前,了解铀、镭、钍、钾等天然放射性元素在岩石、土壤、水和大气中的分布特点及某些地球化学性质是必要的。

6.1.1　放射性元素在自然界的分布

1. 岩石中放射性元素的分布

岩石中放射性元素正常含量在不同类型的岩石中是不同的,各类岩石中放射性元素正常含量可相差几倍到几个数量级。表 6 - 1 是铀、镭、钍、钾等放射性元素在岩浆岩和沉积岩中的正常含量分布表。

由表 6 - 1 可见:

①岩浆岩中 U,Th,K 含量比沉积岩的高;

②岩浆岩中,以酸性岩中放射性元素含量最高,并且随岩浆岩酸性程度的降低,放射性元素含量依次降低;

③即使是酸性岩,不同地区,不同时代岩石中放射性元素含量也不同,如表 6 - 2 华东不同

时代花岗岩中 U 含量有明显差异,花岗岩时代越早,U 含量越低,反之,岩石中 U 含量越高,如雪峰花岗岩 U 含量为 0.45×10^{-6},而燕山晚期为 17×10^{-6},相差几十倍。

表 6-1　常见放射性元素在岩浆岩和沉积岩中的含量

元素	岩浆岩				沉积岩			
	酸性岩	中性岩	基性岩	超基性岩				
	花岗岩、花岗闪长岩、流纹岩	闪长岩、安山岩、正长岩	玄武岩、辉长岩、辉绿岩	纯橄榄岩、橄榄岩、辉岩	页岩、黏土岩	砂岩	石灰岩	石膏、硬石膏、石盐
U/10^{-6}	3.5	1.8	0.5	0.003	3.2	3.0	1.4	0.1
Th/10^{-6}	18.0	7.0	3.0	0.005	11.0	10.0	1.8	0.4
Th/U	5.1	4.0	6.0	1.7	3.4	3.3	1.3	0.4
K/%	3.34	2.31	0.83	0.03	2.28	1.2	0.3	0.1
Ra/10^{-12}	1.2	0.6	0.27	0.1	1.0			
Rn/10^{-20}	7.6	3.9	1.7	0.065	6.5			
Po/10^{-16}	2.6	1.3	0.59	0.022	2.4			

表 6-2　华东地区花岗岩中的铀含量(10^{-6})

时代	雪峰期	加里东期	印支期	燕山早期	燕山晚期
U	0.45	1.82	4.71	6.9	17.0

④沉积岩中,泥质页岩中的 U,Th,K 的含量最高,砂岩中 U 含量变化较大,而且与砂岩成分有关,岩盐、石膏中含量最低。

变质岩中放射性元素的含量及其分布规律还研究得很少。已有资料表明,这类岩石中放射性元素含量与变质前原来岩石中的含量以及以后的变质过程有关,而且依具体地质特点不同,铀含量可以增高或降低。如某地前寒武纪结晶片岩和片麻岩中,铀含量随区域变质程度的增高而降低。石英和硅质板岩中最低(铀低于 10^{-6},钍低于 3×10^{-6}),而石墨云母片岩中含量增高(铀为 $4 \sim 15 \times 10^{-6}$,钍为 7×10^{-6})。

由于不同类型岩石中放射性元素正常含量不同,因而用辐射仪测得的不同岩石的 γ 射线照射量率也就不同,见表 6-3,岩浆岩的正常 γ 照射量率普遍比沉积岩要高,即使是岩浆岩,由于上述原因,不同岩石其 γ 照射量率也不同(表 6-1)。

表 6 – 3　正常岩石的 γ 照射量率

	岩性	正常 γ 照射量率(7.17×10^{-14} A/kg)		岩性	正常 γ 照射量率(7.17×10^{-14} A/kg)
岩浆岩	细粒花岗岩	15 ~ 45	沉积岩	页岩	8 ~ 15
	花岗岩	10 ~ 25		砂岩	2 ~ 15
	闪长岩	8 ~ 15		灰岩	2 ~ 10

变质岩的 γ 照射量率变化范围大,它与变质作用前的岩石中放射性元素含量高低有关,一般介于岩浆岩和沉积岩之间。

研究各类岩石中放射性元素的分布特征及不同类型岩石放射性照射量率的变化规律,有利解决地质问题,如划分地层、岩体,区分侵入期,圈定成矿远景区及指导找矿等。

2. 天然水中放射性元素的含量

水中通常含有铀、镭和氡,个别情况下也含钍、新钍和钾,其含量变化很大,如镭可由 $n \times 10^{-9} \sim n \times 10^{-14}$ g/L,铀从 $n \times 10^{-2} \sim n \times 10^{-8}$ g/L,氡从 $n \times 3.7 \sim n \times 3.7 \times 10^4$ Bq/L,这是由放射性元素的地球化学性质所决定的。一般情况下铀易溶于酸性水中,氡微溶于水,当水流经岩石的破碎带或含有裂隙、空隙的岩石和土壤时,部分易溶放射性元素溶解于水,使水中的放射性元素浓度增高,形成铀水、铀镭水等。在矿体周围的水溶液中形成放射性水异常或增高晕。因此,研究水中放射性元素含量分布特点,开展水化找矿,是铀矿普查中的重要工作方法之一。表 6 – 4 表明,海洋、河流、湖泊比地下水中的放射性元素含量低得多,因此,用辐射仪在水面上测到的 γ 射线照射量率实际上就可以认为是宇宙射线的照射量率和仪器的底数。

表 6 – 4　各种天然水中 Rn,Ra,U 含量

水的类型		Rn/(3.7 Bq/L)	Ra/(g/L)	U/(g/L)
地表水	海洋	0	$(1 \sim 2) \times 10^{-13}$	$(6 \sim 20) \times 10^{-7}$
	河、湖		10^{-12}	8×10^{-6}
地下水	沉积岩	6 ~ 15	$(2 \sim 300) \times 10^{-12}$	$(2 \sim 50) \times 10^{-7}$
	酸性岩浆岩	100	$(2 \sim 4) \times 10^{-12}$	$(4 \sim 7) \times 10^{-7}$

3. 土壤及大气中放射性元素的分布

土壤和大气中也广泛分布着微量的放射性元素,这些元素主要来自三个天然放射性系列中 Rn,Tn,An 射气及其衰变产物。此外,空气中还存在放射性氚(^3_1H)和碳($^{14}_6C$)等。放射性气态元素在土壤和大气中的分布很不均匀,如土壤中 Rn 的浓度比近地表大气中 Rn 的浓度高

1 000 倍左右,陆地上空的 Rn 浓度比海洋上空 Rn 浓度高几十倍。即使土壤中的 Rn 浓度也随着不同地区、不同季节的条件变化而不同,它与岩石中放射性元素的含量、气候条件、温度、压力、风力等等因素有关。Tn 的半衰期短,分布范围比 Rn 小。土壤及大气中 Rn 和 Tn 浓度分布情况见表 6 – 5。

表 6 – 5　土壤及大气中 Rn 和 Tn 的浓度

样品位置	地下土壤空气	近地表陆地大气	近岸海洋大气	远岸海洋大气
Rn/(Ci/L)	$(1 \sim 2) \times 10^{-10}$	1.2×10^{-13}	10^{-14}	10^{-15}
Tn/(Ci/L 当量)	$(2 \sim 10) \times 10^{-10}$	7×10^{-14}	–	–

6.1.2　铀和钍的某些地球化学特点

铀和钍都是重元素,铀的原子序数为 92,原子量为 238;钍的原子序数为 90,原子量为 232。它们的地球化学特点是电价高、离子半径大,铀的化学性质活泼,具有吸附作用。

1. 电价高

在自然界中,铀有四价和六价(U^{+4}, U^{+6})两种价态形式,它们的地球化学性质明显不同。U^{+4} 在内生条件或强还原条件下,常形成 UO_2 型氧化物,即沥青铀矿和晶质铀矿等铀矿物,它们在氧化环境中不稳定,易被氧化成六价化合物。U^{+6} 具有两性,即在酸性条件下呈碱性,在碱性条件下呈酸性。U^{+6} 在地表风化带或氧化介质条件下形成 $(UO_2)^{+2}$ 型离子化合物,常生成黄绿色、橙黄绿色等颜色鲜艳的次生铀矿物,如铜铀云母、钙铀云母等。U^{+6} 在碱性溶液中可使铁氧化成褐铁矿,本身还原成 U^{+4}。钍在自然界中只有四价一种形式,以 Th^{+4} 呈 $(ThO_4)^{-4}$ 等离子形式存在,常生成钍的氧化物,如方钍石、钍石、独居石等钍矿物。钍在氧化带中非常稳定,有时形成钍的砂矿床。

2. 离子半径大

四价铀的离子半径为 1.05×10^{-10} m,六价铀的离子半径为 0.79×10^{-10} m,钍的离子半径为 1.10×10^{-10} m。钍的离子半径和地球化学性质与 U^{+4} 相近,故在自然界中铀和钍经常交替共生,呈等价类质同象形式存在,生成铀钍混合矿物。此外,铀、钍的离子半径又与 Y,Ca,Zr,Hf 等元素的离子半径相近,虽然电价不同,也能形成不等价类质同象的形式。因此铀和钍经常共存在某些副矿物中,如锆石、屑石等的结晶格架中(因此 U – Th – Pb 法同位素年龄测试常常挑选岩浆岩中的锆石进行测试,也有挑选钍石、独居石或磷灰石的)。由于铀和稀土(REE)元素的电子层结构相同,离子半径及某些地球化学性质相近,故在沥青铀矿、晶质铀矿等矿物中常伴生有稀土元素。

3. 化学性质活泼,易与氧化合

在地球化学中,铀属于亲石元素,与氧的化合能力强(所以岩浆岩中铀元素含量高),故自然界中没有自然铀,铀在岩石中以稳定的氧化物形式存在。铀和钍的地球化学性质表明它们不具有亲硫性(或亲铜性),即铀、钍与硫的化合能力弱,所以在自然界中尚未见到铀和钍的硫化物。

4. 吸附作用

大多数铀在氧化带中不稳定,在有利条件下被氧化生成六价的化合物。当有硫化物存在时,硫化物被氧化形成的硫酸会促进铀的氧化,并能溶解六价铀的化合物,形成含铀溶液。溶液中,一部分铀是氧化带中各种次生铀矿物的来源,一部分从氧化带进入胶结带,另一部分还原生成再生铀黑,还有一部分含铀溶液进入地表水系和地下水道,在有利条件下,铀被胶体、黏土、有机物质吸附而富集,再次沉积。铀在沉积岩中的吸附能力,以煤、碳质岩最强,其次是磷块岩、褐铁矿、页岩,而在石灰岩、砂岩中最低,因此在沉积岩中吸附铀的量变化很大。不仅对于不同的岩石,就是同一种岩石,甚至同一层位中变化也是很大的。这与岩石的生成条件、时代、变质程度、结构、成分等有关,同时也与铀在溶液中的存在形式、浓度、盐类溶液的 PH 值和成分有关。

根据铀和钍的地球化学性质,可以了解不同物理、化学、地质条件下岩石中铀和钍的分布规律,为地面 γ 测量成果的解释,异常的评价提供依据。

6.2 地面 γ 测量的比例尺与工作方法

地面伽玛测量的比例尺(即精度),是对找矿工作地区进行地质、物探研究详细程度的一个重要标志。精度不同,观测网密度也不同。γ 测量比例尺的选择,要以地质找矿任务为前提,以工作区所具有的找矿远景,地质地形条件以及工作程度为依据。根据地面 γ 测量比例尺,可将铀矿勘查划分为四个阶段,即预查、普查、详查和勘探四个阶段。

6.2.1 各勘查阶段比例尺与任务

1. 预查

预查是找矿的初级阶段,常用比例尺为 1:10 万 ~ 1:5 万。工作区一般位于地质工作程度很低,或航测不易进行的地区,其任务是研究工作区的区域地质条件和放射性地球物理场特征,寻找有利的含铀层位(地段)、构造、岩性,并确定找矿标志。为进一步开展较高精度地面普查找出远景区。随着可查面积的日益减少与航测的进一步发展,预查并非是每个地区都要进行的必要阶段。

2. 普查

普查是对预查提供的矿化潜力较大地区开展地质工作。普查的一般比例尺为 1:2.5 万 ~ 1:1 万,是铀矿勘查的主要阶段。此阶段的任务主要是:研究工作地区的地质构造特征,寻找异常点(带),并研究其分布规律、矿化特征和成矿条件,为详查选区提供依据。

3. 详查

详查是在普查阶段选出的具有成矿远景的地段,或在矿区(床)外围进行勘查的地质工作。一般比例尺为 1:5000 ~ 1:1000,其任务是对有意义的异常点带进行追索,扩大远景,进而圈定出异常的形态、规模,查明异常的性质与分布规律、赋存的地质条件、矿化特征。为揭露评价提供依据。

4. 勘探

勘探是对已知具有工业价值的矿床或经详查圈出的勘探区,通过加密各种采样工程,其间距足以肯定矿体(层)的连续性,详细查明矿床地质特征,确定矿体的形态、产状、大小、空间位置和矿石质量特征,详细查明矿体开采技术条件,对矿石进行加工选冶性能实验室流程试验或实验室扩大流程试验,必要时应进行半工业试验,为可行性研究或矿山建设设计提供依据,其常用比例尺为 1:1000 以上。

系统的地面 γ 测量一般在普查和详查阶段实施,这是面积性放射性测量首选的工作方法,其一般不严格执行"普查"或"详查"的比例尺。

进行小比例尺的面积性 γ 测量时一般不事先布置观测网,以自由路线测量为主。在确定普查路线时应充分考虑地质地形条件与普查精度。路线布置要灵活,但必须垂直或尽可能垂直于与成矿有利的构造线或岩层走向。

大比例尺 γ 测量时,根据选定的比例尺事先布置好观测网。观测网的基线(根据测区大小、地形条件复杂程度可用单基线、双基线或多基线)用经纬仪或森林罗盘仪测定,测线要垂直于基线(基线应与主要含矿构造方向一致),测线可用罗盘定向,测绳丈量距离,并作好测点的标志。γ 详查除逐点测量外,还应在测线的两侧进行全面控制。

铀矿勘查中对 γ 测量精度及点线距的要求列于表 6 - 6。

表 6 - 6 中的点距一般是指地形图上点与点的水平距离,实际工作中还有一个"记录点距",就是在记录本上反应的点距,此点距在表 6 - 6 的基础上加密一倍。

野外 γ 测量的点距控制一般不太严格,重点地段或异常地段应该加密测量。在覆盖层较厚的地段可以适当放稀,但必须保证平均密度达到表6-6的要求。

表6-6 γ普查和详查比例尺及精度要求

工作阶段	比例尺	线距/m	点距/m	测点数/点/km²
预查	1:10万	1000	200~500	2~5
	1:5万	500	100~200	10~40
普查	1:2.5万	250	50~100	40~160
	1:1万	100	20~50	200~500
详查	1:5 000	50	10~20	1000~2000
	1:2 000	20	5~10	5000~10000
	1:1 000	10	2~5	20000~5000

6.2.2 自然底数、正常底数及异常的确定

1. 自然底数

辐射仪在放射性元素含量增高地段观测到的射线照射量率,实际上由下面几部分组成,即

$$I_{总} = I_{仪器} + I_{宇宙} + I_{岩石} + I_{矿石} = I_{自} + I_{岩} + I_{矿} \tag{6-1}$$

式中 $I_{矿}$——矿体引起的放射性照射量率;

$I_{岩石}$——岩石(或土壤)中正常放射性元素所产生的射线照射量率;

$I_{宇宙}$——宇宙射线的照射量率;

$I_{仪器}$——由于探测器材料不纯(含有放射性物质)或被污染而产生的照射量率,以及由于仪器漏电而产生的读数。辐射仪的自然底数由 $I_{宇宙}$ 和 $I_{仪器}$ 两部分组成,即

$$I_{自} = I_{仪器} + I_{宇宙} \tag{6-2}$$

仪器的自然底数并非一个常数,因为 $I_{宇宙}$ 随地区不同而变化。$I_{仪器}$ 也会因污染程度不同,漏电所产生的读数也不可能一致。故在地面 γ 测量工作中,在一个新的地区,对每一台仪器都要实际测定其自然底数。测定自然底数的方法常用的有水面法与铅屏法两种。

(1)水面法

因为河流、湖泊中水的放射性元素含量很低,往往只有正常岩石中的 1/100~1/1000。所以水面上测得的射线照射量率实际上就是辐射仪的自然底数。这是目前测定辐射仪自然底数的主要方法。

实际经验证明,测定辐射仪的自然底数,并不一定要到大江大河中去测定,只要水面附近没有悬崖陡壁,水又未被放射性污染,只需选取 20 m² 左右,1~1.3 m 深的水面即可。观测时

将探头置于水域中央并使其靠近水面的位置,辐射仪的读数即为自然底数。把仪器手柄以下伸入水中,测得的自然底数更小些,但要确保仪器不漏水才可测量。

（2）铅屏法

在很难找到适合的水面条件下,可用铅屏法测定自然底数。

测量时先在无屏条件下读数,后在带铅屏的条件下读数,则

$$I_{无屏} = I_{岩} + I_{自} \qquad\qquad (6-3)$$

$$I_{有屏} = I_{岩}\, e^{-\mu \cdot d} + I_{自} \qquad\qquad (6-4)$$

根据(6-3)式,有

$$I_{自} = I_{无屏} - I_{岩} \qquad\qquad (6-5)$$

由(6-4)式可知

$$I_{岩}\, e^{-\mu \cdot d} = I_{有屏} - I_{自} \qquad\qquad (6-6)$$

将(6-5)式代入(6-6)式,得

$$I_{岩}\, e^{-\mu \cdot d} = I_{有屏} - (I_{无屏} - I_{岩})$$

$$I_{岩} - I_{岩}\, e^{-\mu \cdot d} = I_{无屏} - I_{有屏}$$

$$I_{岩} = \frac{I_{无屏} - I_{有屏}}{1 - e^{-\mu \cdot d}} \qquad\qquad (6-7)$$

将(6-7)式代入(6-5)式,有

$$I_{自} = I_{无屏} - \frac{I_{无屏} - I_{有屏}}{1 - e^{-\mu \cdot d}} \qquad\qquad (6-8)$$

式中　μ——铅屏的有效衰减系数;

　　　d——铅屏厚度。

铅屏的有效衰减系数 μ 与铅屏的形状和厚度有关。因此,实际工作中,要实际测定其有效衰减系数,测定方法简介如下。

在一个照射量率大于 $200 \times 7.17 \times 10^{-14}$ A/kg 的放射性岩石上,带铅屏和不带铅屏测量 γ 射线照射量率。由于仪器的自然底数远小于岩石的照射量率,故仪器的自然底数可忽略不计。因此有

$$I_{无屏} \approx I_{岩}$$
$$I_{有屏} \approx I_{岩}\, e^{-\mu \cdot d} \qquad\qquad (6-9)$$

即

$$\frac{I_{有屏}}{I_{无屏}} = e^{-\mu \cdot d}$$

两边取自然对数,得

$$\ln \frac{I_{有屏}}{I_{无屏}} = -\mu d$$

故

$$\mu = \frac{-\ln \frac{I_{有屏}}{I_{无屏}}}{d} = \frac{\ln \frac{I_{无屏}}{I_{有屏}}}{d} = \frac{\lg \frac{I_{无屏}}{I_{有屏}}}{0.43 d} \tag{6-10}$$

铅屏厚度以 0.3 ~ 0.6 cm 为宜。根据实测结果,当铅屏厚 0.3 cm 时,$\mu = 3.9$ cm^{-1},当 $d = 0.6$ cm 时,$\mu = 3.1$ cm^{-1}。

2. 正常底数(简称底数)

地壳表面岩石与土壤中正常放射性元素含量所产生的射线照射量率称为底数。正常底数随着地区、岩性(或地层)等因素的不同而不同。

正常底数就是 $I_{岩}$,而我们测得的某点岩石的射线照射量率,则包含着自然底数。因此,要求取某种岩石的正常底数,就必须取同种岩石的若干个测点的射线照射量率的平均值并减去自然底数。

3. 异常

严格地说,异常是指测值 $x \geq \bar{x} + 3s$ 的值($\bar{x}$ 为均值,s 为均方差),其理论依据就是正态分布。工程上常常用 $3\bar{x}$ 作为异常,如某岩性的正常底数为 $30 \times 7.17 \times 10^{-14}$ C·kg^{-1}·s^{-1},则在该岩性上进行放射性测量,$90 \times 7.17 \times 10^{-14}$ C·kg^{-1}·s^{-1} 才算为异常。

6.2.3　地面路线 γ 测量工作方法

(1)地面伽玛测量仪器应达到仪器"三性"要求,即应具有良好的准确性、稳定性、一致性。为了确保仪器的"三性",必须统一仪器的能量起始阈,统一标定仪器,统一测定仪器自然底数,统一仪器的三性检查。此外,工作前后要严格进行仪器工作灵敏度的检查,其误差不能超过 ±10%;仪器更换重要元件后,要对仪器进行必要的调试,重新进行标定。

(2)工作前要将起始点标在地形图上。探测器要靠近地面(离地面 5 ~ 10 cm)摆动,及时检查仪器工作状态,注意温度、湿度变化对测量的影响。工作路线不能是直线,必须沿 S 形方向前进,尽可能扩大探测范围。工作路线要尽量控制基岩出露较好的地段。观测点最好定在基岩(或风化基岩)上,并尽可能平整,使立体角 ω 接近 2π,按点距要求进行测量,逐点进行记录(必须注明测点是定在某种基岩上还是定在浮土上),并及时标在路线图上。当遇到有利成矿地段和底数发生明显变化时,要注意加强追索和加密测点。

(3)充分运用地质规律指导找矿。路线测量时要仔细观察并记录对成矿有关的构造、岩性、矿化和各种找矿标志,并及时标在地形图上。认真分析地形地貌特征,浮土覆盖等情况。如果遇到浮土地段γ照射量率偏高,则应刨坑测量。

(4)发现异常后,对异常应进行较详细的追索,初步了解异常的分布范围,照射量率和异常所处的地质条件,作较详细的文字描述。对有意义的异常点(带)要编绘异常素描图,采集矿石标本,并作出适当的标志,以备检查。异常点的位置、最高照射率、岩层、构造、产状等必须标在地形图上,如发现滚石异常,应追根求源。

(5)路线测量工作结束后,要将终点位置标在地形图上。回到驻地后要检查仪器,整理记录和图件,对当天的工作进行小结,并向班组负责人汇报当天的工作情况。如果地质成果较好,还必须向分队有关地质物探技术人员汇报所获得的成果,同时交验记录本、图纸和标本。

6.2.4 异常点(带)的标准、检查与处理

1. 异常点(带)的标准

凡γ射线照射量率高于围岩底数三倍以上,受一定构造岩性控制,异常性质为铀或铀钍混合者称为异常点。若γ射线照射量率未达到底数三倍以上,但照射量率偏高,高于围岩底数加三倍均方差,受明显地质因素控制,且有一定规模,也可称为异常点。

异常点受同一岩层或构造控制,其连续长度在20 m以上者,称为异常带。

2. 异常点带的检查与处理

(1)发现异常后首先要检查仪器工作状态是否正常。

(2)有意义的异常点带,须布置小范围的γ详测网,测线距一般2~5 m,以控制异常为准。点距0.5 m左右,进一步圈定异常的形态与规模。如图6-1所示,与此同时还要进一步查明异常赋存的地质条件和控制因素。

(3)对所有的异常点(带),要统一编号,逐个进行登记,其中有意义的异常点带,普查分队应组织地质、物探等有关人员到现场进行检查,对具有远景的异常,必须作出初步评价意见,填写异常卡片。

(4)凡属有意义的异常,都应进行异常定性。使用四道γ能谱仪,射气仪确定异常是铀、

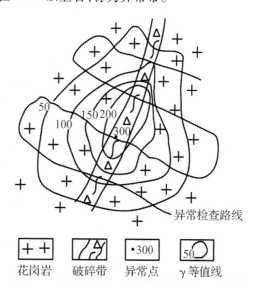

| + + 花岗岩 | 破碎带 | •300 异常点 | 50 γ等值线 |

图6-1 γ异常追索示意图

(数据单位为7.17×10^{-14} A/kg)

钍或铀钍混合异常。在可能的条件下还可采集一些样品,分析铀钍含量与铀镭平衡系数。

　　(5)在对异常进行检查与初步评价的基础上对异常点(带)进行分类排队,并划定值得进一步工作的远景地段,布置 γ 详查、综合找矿与地质测量任务。在此基础上,有重点地布置探槽、剥土、浅井、浅钻等山地工程进行揭露,以得出比较可靠的结论,确定其是否具有工业远景价值,是否有必要进行深部揭露评价工作。

6.2.5　孔内伽玛测量

　　孔内伽玛测量一般用在详查阶段。往往配合射气测量、α 径迹测量、^{210}Po 法找矿等找矿方法使用。孔内伽玛测量是检查与评价射气、径迹、^{210}Po 异常的一个重要手段。

　　孔内 γ 测量因打孔工具不同又可分为浅孔 γ 测量与深孔 γ 测量。浅孔 γ 测量主要用人工打孔,比如径迹测量时用铁锹挖坑,射气测量时用钢钎打孔等,深度由 0.4～1.8 m。使用的仪器主要是 FD - 3013 辐射仪、FD - 3017 射气仪。深孔 γ 测量要用机械打孔,孔深一般数十米。主要用于揭露评价异常点(带)和在具有远景的、被较厚沉积层覆盖的地区。

　　γ 照射量率随深度而增高,或者在深部发现盲矿体是异常具有远景的重要标志。当与一定地质因素有关的异常在深部消失,则说明异常可能属于次生富集类型,没有多大价值。

6.2.6　β + γ 测量

　　铀镭之间的放射性平衡受到破坏,且显著偏铀而又无规律的地区可采用 β + γ 测量。这是因为铀组核素 γ 射线照射量率只占整个铀镭系的 2% 左右,而 β 射线照射量率则占整个铀镭系的 41%,因此采用 β + γ 测量就不会漏掉平衡偏铀的异常。

　　β + γ 测量的工作方法与 γ 测量相似。由于 β 射线穿透能力小,需要把探测器敞开测量,这样容易损坏仪器,受外界干扰辐射的影响大,一般不宜于作大面积普查。目前常用 β 塑料闪烁体为探测器的 β 测量仪,如 FD - 3010 辐射仪。主要用来在平衡偏铀的地区确定(β + γ)/γ 的比值,并大致估算地表铀镭平衡的变化规律。

6.2.7　地面 γ 测量的质量检查

　　质量检查是确保地面 γ 测量工作质量的重要措施之一,然而由于放射性元素分布的不均匀性,加之两次重复测量的几何条件难以一致,因此很难用两次重复观测的精度来表示地面 γ 测量的工作质量。

　　目前衡量地面 γ 测量质量的好坏,还缺乏统一的标准。一般可从两个方面来衡量:其一,以漏掉异常的多少来衡量,如果检查测量发现遗漏异常多(比如说多达 30% 以上),特别是漏掉了具有远景意义的异常(哪怕是一个),则说明质量很差;第二,如果有较大范围的 γ 照射量率增高地段(即 γ 等值图中的 γ 偏高值与 γ 高值)被遗漏,也说明工作质量差。若漏掉的异常少且此类异常没有什么远景价值,又没有遗漏大范围的 γ 照射量率增高地段,则证明工作质量合乎要求。

　　无论地面 γ 普查或详查,检查工作量不应少于测区(或全工作区)总工作量的 10%。检查工作一般在一个测站 (或测区)结束后进行。检查时应贯彻"线面结合,以面为主"的原则,检查的仪器要与基本测量时的仪器类型相同,并经过重新标定。

　　布置检查线时,要根据区域 γ 场的特征,地质构造、岩性、矿化有利地段,或者认为是有疑问的地段、有重点地布置检查线,检查的方法可采取自检、互检和专门检查的方式,以互检为主。

6.3　地面 γ 测量资料的整理与成果的图示

6.3.1　仪器资料的整理

　　地面 γ 测量仪器的可靠程度,直接关系到地面 γ 测量的质量。因此对仪器的标定曲线,灵敏度检查曲线及仪器"三性"检查结果必须认真整理。这里着重介绍灵敏度检查的误差计算与灵敏度检查曲线的绘制。

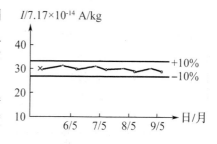

图 6 - 2　仪器工作灵敏度检查曲线
∘晚;·早;×校正

　　在进行地面伽玛测量时,工作前后要严格检查仪器的工作灵敏度,与标定时在工作标准源上测得的灵敏度进行比较并作好记录,相对误差不能超过 ±10%。

　　根据日常的观测记录,可计算相对误差与绘制工作灵敏度检查曲线,如图 6 - 2 所示。

　　误差计算公式如下

$$S = \frac{I_{标} - I_Z}{I_{标}} \times 100\% \qquad (6-11)$$

式中　$I_{标}$——标定仪器后在工作标准源上测得的 γ 照射量率;

　　　I_Z——第 Z 次早晚在工作标准源上测得的 γ 照射量率。

6.3.2　γ测量资料的整理

1. 正常底数的确定

目的在于了解工作区内各类岩石的正常放射性元素含量值或正常 γ 值及其分布规律,作为确定异常和圈定各种等值图的标准。

正常底数应按不同岩性分别进行统计(浮土要分开进行统计)。每类岩石的统计点数不应太少,也不宜太多,以 200～300 个观测点为好。选取观测点时要随机选取,又要均匀地分布在该岩石出露的整个区域内。参与统计正常底数的观测值应去掉明显的异常值。

对一批观测数据进行底数统计之前,应对该批观测数据进行分布式的检验。当观测数据服从正态分布时,可采用以下方法确定正常底数。

(1)将观测数据的算术平均值作为正常底数。设有 n 个观测值 $x_1,x_2\cdots,x_n$,算术平均值

$$\bar{x} = \frac{x_1 + x_2 + x_3 + \cdots + x_n}{n} = \frac{1}{n}\sum_{i=1}^{n}x_i$$

(2)将观测数据(不少于 200 个点)作成放射性元素含量(或 γ 照射量率)的变化曲线,并以此来确定正常底数。如图 6-3 所示,其峰值所对应的横坐标 $36 \times 7.17 \times 10^{-14}$ A/kg 即为正常底数。

(3)累积频率展直线法。一般在正态概率纸上绘制累积频率展直线。通过累积频率为 50% 的纵坐标值与展直线的交点,再通过此交点向 x 轴作垂线,其垂足对应的数值即为所求的正常底数值。通过累积频率为 84.1% 和 15.9% 的纵坐标点与直线的交点向 x 轴作垂线,其垂足所对应的数值即为 $\bar{x} \pm s$,如图 6-4 所示。

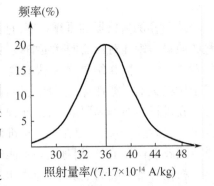

图 6-3　γ 射线照射量率曲线图示

当观测数据服从对数正态分布时,则应以几何平均数作为正常底数,即

$$\bar{x}_g = \sqrt[n]{x_1 \cdot x_2 \cdots\cdots x_n} \tag{6-12}$$

计算时两边取对数,即

$$\lg\bar{x}_g = \frac{1}{n}\sum_{i=1}^{n}\lg x_i \tag{6-13}$$

如果用作图法求取正常底数,则应在正态概率格纸上绘制累积频率展直线(将观测数据取对数后在正态概率格纸上作累积频率展直线),如图 6-4 所示。只是此时求出的是对数平均值和对数均方差,再将此对数值求反对数即可求出几何平均数(即正常底数)与几何标

准差。

2. 成果的图示

地面 γ 普查成果还必须用图件来表示，它是进行推断解释的重要依据。图件的编制应做到准确、直观、清晰，能较好地反映区域 γ 场的特征、地质规律与矿化特点。编制的图件主要有以下几种。

（1）伽玛测量实际材料图

该图是很重要的原始资料。一般在与 γ 测量同等精度的地形图上编制。图上应标明找矿路线和编号，测点位置及照射量率；检查线的位置、编号，测定位置及照射量率；异常点（带）的位置、编号、照射量率、地质体产状及铀钍性质等，如图 6 – 5 所示。

（2）地质物探综合成果图

这是进行综合评价与推断解释的重要图件，图件要综合地质、物探的主要成果。图上应能反映工作区的区域地质特征，标明工作程度与预测的成矿远景区，标出具有代表性的各类异常（如伽玛、径迹、水化异常等），并注明异常的照射量率、编号、性质，揭露点的代号、主要山地工程及其代号。

（3）γ 等值图

用来表示路线 γ 普查与 γ 详查的成果。路线 γ 普查的 γ 等值图，以实际材料图为底图勾绘等值线；γ 详查则在厘米纸上按测网标出 γ 照射量率值并勾绘等值线，等值线的间距可根据具体情况适当选取，以能清晰地表示异常及其走向为原则。勾绘等值线时，主要根据 γ 照射量率值，同时也应充分考虑地质特征，如主要含矿构造

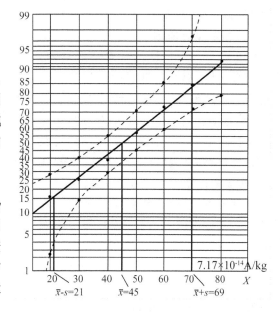

图 6 – 4　某花岗岩地区 γ 普查累积频率展直线图示

（虚线为累积频率上、下限曲线）

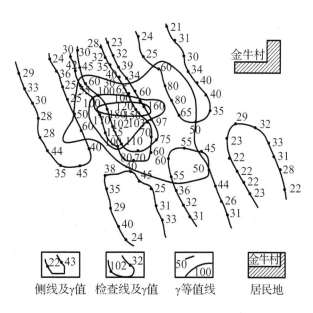

图 6 – 5　γ 路线测量实际材料图及等值线图

图中数字单位均为 7.17 × 10^{-14} A/kg

走向等,如图 6 - 5 所示。

（4）相对 γ 等值图

如果在一个工作区内有多个地质体,存在多种岩性,那么各种岩性的正常底数可能会有较大差异,在这种情况下用 γ 等值图（按绝对值连接）将有可能使得某些弱异常反映不出来。于是人们在各种岩性不同正常底数（$\bar{x}$）及不同标准差（s）的基础上,按场强的等级（$\bar{x} + s, \bar{x} + 2s, \bar{x} + 3s$）来勾绘等值图,这就是相对 γ 等值图。它能比较清晰地反映各种类型的弱异常,如图 6 - 6 所示。

图 6 - 6 中把不同岩性（如白垩系和燕山期花岗岩）相同"级别"（如同为 $\bar{x} + s$）的 γ 值圈在一起,这就是相对等值图。

（5）伽玛铀当量含量等值图

它与 γ 等值图相似,以简化的区域地

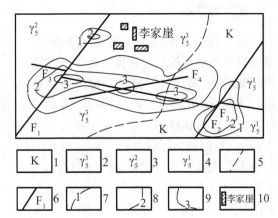

图 6 - 6　甘肃某地区放射性普查 γ 相对等值图

1—白垩系紫红色砂砾岩;2—燕山晚期中细粒黑云母花岗岩;
3—燕山早期细粒花岗岩;4—印支期似斑状花岗岩;
5—地质界线;6—断层及编号;7—等值线 $\bar{x} + s$;
8—等值线 $\bar{x} + 2s$;9—等值线 $\bar{x} + 3s$;10—村庄

质图为底图,详查资料在厘米纸上绘制。当量铀含量的间距可选择 10×10^{-6} eU,20×10^{-6} eU,50×10^{-6} eU,100×10^{-6} eU,500×10^{-6} eU 等。

此外还可根据工作区的具体情况和需要,编制 γ 照射量率曲线平面剖面图,γ 照射量率曲线地质联合剖面图,变异系数等值图等。

6.4　地面伽玛能谱测量

地面 γ 能谱测量,是用便携式 γ 能谱仪（如 FD - 3022,GAD - 6）按一定比例尺在测点上直接测定岩石（土壤）和矿石中铀（镭）、钍、钾的含量。这种找矿方法除了可以直接寻找铀、钍矿床外,也可用于寻找与放射性元素共生的金属与非金属矿床。此外,由于它能提供岩石中铀、钍、钾含量的资料,从而有助于研究某些地质问题,如岩浆岩与沉积岩的接触关系,岩浆岩的演化过程,铀矿化特点及矿床成因等。

γ 能谱测量一般用于大面积 γ 总量测量所发现的异常点（带）上,对异常进行进一步地解剖。随着轻便并有自稳谱功能的新型 γ 能谱仪的使用,γ 能谱测量越来越广泛地应用于 γ 详查和异常评价。

6.4.1　地面 γ 能谱仪的常用道址

（1）钾的 γ 射线谱特征峰是 1.46 MeV，故钾道中心选择在 1.46 MeV，如 GAD - 6 钾道的道址为 1.38 ~ 1.56 MeV 之间。

（2）钍的 γ 射线谱，主要特征峰是 2.62 MeV。若谱段选在 2.42 ~ 2.82 MeV，测得的 γ 照射量率几乎全是钍的 γ 射线照射量率，不包含钾的成分，铀射线谱的影响也很小。

（3）铀的主要特征峰是 1.76 MeV 和 1.12 MeV。在分别以它们为中心的且具一定道宽情况下测得的计数率，虽然是铀和钍两种 γ 射线谱组分的共同贡献，但钍的影响不算大，主要取决于铀的 γ 射线谱的组分。由于在测定岩石放射性元素的正常底数时，为 3% ~ 5% K，在 1.00 ~ 1.30 MeV 谱段上的当量铀含量为 $30 ~ 50 \times 10^{-6}$ eU，因此，为了不使钾的 γ 射线进入铀道，一般铀道中心不采用 1.12 MeV 的特征峰，而采用 1.76 MeV 的特征峰。

根据选择谱段与确定道宽的原则，一般谱段与道宽选择为（不同分辨率的仪器略有差别）：

①钾道　1.36 ~ 1.56 MeV（道宽为 0.2 MeV）；
②铀道　1.66 ~ 1.86 MeV（道宽为 0.2 MeV）；
③钍道　2.42 ~ 2.82 MeV（道宽为 0.4 MeV）。

6.4.2　地面 γ 能谱测量工作方法及成果的图示

地面 γ 能谱测量的野外工作方法与 γ 总量测量工作方法相似，只是地面 γ 能谱测量需要按测网定点、定时（计数时间一般为 1 分钟）计数，地面 γ 能谱测量有两道（铀道和钍道，如 FD - 3014）、三道（增加钾道）或四道（再增加总计数道）计数测量。

地面 γ 能谱测量的成果图示，与地面 γ 测量类似。根据找矿与地质研究的需要，可编制铀、钍、钾等值图，平面剖面图、综合成果图及铀钍比值、铀钾比值、钍钾比值图等。

第7章 氡气测量

7.1 氡的瞬时测量方法

在铀系中^{222}Rn及其子体^{218}Po,^{214}Po和^{210}Po都是强α辐射体,占铀系α辐射体能量的57.1%,是测氡方法的主要辐射体。测量α射线的方法有:瞬时测氡法、径迹蚀刻法、α聚集器方法、钋–210法以及半导体α仪测量方法和液体闪烁测量方法等。α和γ射线兼用的方法有活性炭吸附器测量法。

测量土壤中氡和测量空气中氡,由于目的要求不同,在技术方法上也有所不同。

7.1.1 瞬时土壤氡测量方法

瞬时氡测量方法,又叫常规氡测量方法。区别于20世纪70年代发展起来的多种累积测氡方法。这是一种最早用于土壤氡测量的方法,早期用的是电离室静电计(如CT–11、FD–103等)。1985年出厂的FD–3017型测氡仪(图5–11),是通过测量^{222}Rn衰变产生的^{218}Po(RaA)来测氡的浓度,可用于测量土壤、水的氡的浓度,其特点是探测器不受氡子体的污染,也不受钍射气的干扰。适于现场快速获得测量结果,探测灵敏度高,操作简便。FD–3017是目前地质找矿,测量土壤氡的主要仪器(也有使用FD–3016型仪器的)。

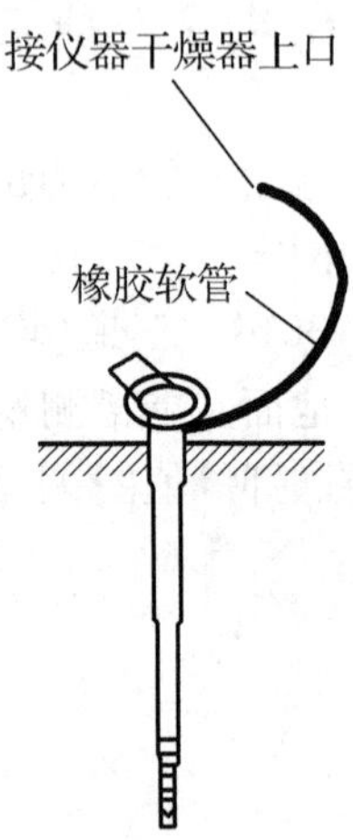

土壤氡测量常用的是浅孔测量,一般土壤层厚度不超过5 m时,取样孔深80 cm左右。如土壤层较厚(10 m以内),可作深孔测量,孔深可达2 m或更深一些。还有一种叫氡气测井,孔深数米或10 m左右。

如果使用FD–3017型仪器只测^{222}Rn,则野外氡气测量的程序是:①先用铁锤和六棱钢钎,在测点处土壤层打孔,然后取出钢钎,插入取样器,周围用土壤封紧以免进入空气;②用橡皮管连接取样器和仪器(图7–1),放入探测片,打开仪器,抽取地下气样,等待一定时间,使氡在带负高压的探测片上沉积;③将探测片取出,放入测量仪的探测器室进行测量,该仪器使用的是金硅面垒半导体探测器,测量^{218}Po的α射线(6.002 MeV)的计数率,也可以调节阈值测量其他能量的α射线。

在野外工作期间,为了了解仪器的工作稳定性,早、晚用α源进行检查测量。

接仪器干燥器上口

橡胶软管

图7–1 FD–3017的取样器

土壤氡气测量数据处理主要包括:计算每个测点的土壤氡浓度,绘制等浓度图或剖面图等。

1. 氡浓度计算

如每个测点的计数为 ^{218}Po 的计数,则氡浓度为

$$N_{Rn} = n_{Rn} \cdot J_{RaA} \tag{7-1}$$

式中　n_{Rn}——测氡仪的标定系数或称刻度系数;

　　　J_{RaA}——探测片上沉积的 RaA(^{218}Po)的计数率。

2. 计算 Rn 和 Tn 的浓度

当抽取土壤中 Rn,Tn 混合气体进入探测器室(闪烁室或电离室)后,根据 Rn 和 Tn 的半衰期不同,在两个间隔时间 t_1 和 t_2 读数分别计算 Rn + Tn 的总浓度得 N_{t1} 和 N_{t2},则 Rn,Tn 浓度计算如下

$$\begin{cases} N_{t_1} = N_{Rn}P_{t_1} + N_{Tn}e^{-\lambda_{Tn}t_1} \\ N_{t_2} = N_{Rn}P_{t_2} + N_{Tn}e^{-\lambda_{Tn}t_2} \end{cases} \tag{7-2}$$

式中　N_{t_1}, N_{t_2}——根据 t_1 和 t_2 测量时间的读数计算出的总浓度;

　　　N_{Rn}, N_{Tn}——Rn 和 Tn 的浓度;

　　　P_{t_1}, P_{t_2}——抽气停止后,Rn 子体在 t_1, t_2 时间的增长率;

　　　$e^{-\lambda_{Tn}t_1}, e^{-\lambda_{Tn}t_2}$——Tn 在 t_1, t_2 时间的衰减率。

解(7-2)式,得

$$N_{Rn} = \frac{N_{t_1}e^{-\lambda_{Tn}t_2} - N_{t_2}e^{-\lambda_{Tn}t_1}}{P_{t_1}e^{-\lambda_{Tn}t_2} - P_{t_2}e^{-\lambda_{Tn}t_1}} \tag{7-3}$$

$$N_{Tn} = \frac{N_{t_1}P_{t_2} - N_{t_2}P_{t_1}}{P_{t_2}e^{-\lambda_{Tn}t_1} - P_{t_1}e^{-\lambda_{Tn}t_2}} \tag{7-4}$$

若 $t_2 - t_1 = t$,代入(7-3)式,得

$$N_{Rn} = \frac{N_{t_1}e^{-\lambda_{Tn}t} - N_{t_2}}{P_{t_1}e^{-\lambda_{Tn}t} - P_{t_2}} \tag{7-5}$$

抽进探测器室的 Rn,Tn 混合气体,由于 Rn 半衰期长($T = 3.825$ d),Tn 的半衰期短($T = 55.6$ s),Rn 的子体积累使仪器读数增长,P_{t_1}, P_{t_2} 可以在 Rn 增长曲线(或表 7-1)中查出。Tn 衰减很快,所以 Tn 的 $e^{-\lambda_{Tn}t_1}, e^{-\lambda_{Tn}t_2}$ 衰减率也可在表 7-1 中查到。

表 7 − 1　闪烁室内 Rn, Tn 随时间的变化

时间	10 s	20 s	1 min	2 min	3 min	4 min	5 min	10 min	15 min	20 min	
Rn 子体增长率	1.0	1.08	1.21	1.40	1.53	1.64	1.75	2.0	2.12	2.16	
时间	0 s	10 s	20 s	30 s	40 s	50 s	60 s	90 s	2 min	3 min	4 min
Tn 的衰减率	1.0	0.88	0.78	0.68	0.64	0.53	0.46	0.32	0.22	0.10	0.047

表 7 − 1 是 Rn, Tn 在闪烁探测室(器)中的增长与衰减规律,图 7 − 2 为电离室(测氡仪)内 Rn 子体的增长规律,3 小时后达到平衡。

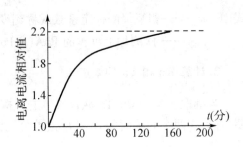

图 7 − 2　电离室 Rn 子体的增长率

7.1.2　水中氡测量方法

天然水中放射性元素主要来源于地壳,不同岩性地区地下水中氡含量差别很大(表 7 − 2),携带有找矿信息。测量地下水中氡的浓度,追索地下水的来源或流经渠道,可能找到地下氡源(铀矿床)。

表 7 − 2　不同类型地下水氡浓度(3.7 Bq/L)

水型	自然环境	最大值	最小值	平均值
沉积岩地下水	水交替强烈带	50	1	15
	水交替迟缓带	20	1	6
酸性岩浆岩地下水	水交替强烈带	400	10	100
	水交替迟缓带	400	8	100
铀矿床地下水	水交替强烈带	$> 5 \times 10^4$	50	1 000
	水交替迟缓带	3000	50	500

测量水中氡浓度,主要是取水样,装入扩散器(图 7 − 3),利用循环法进行测量,也可以用 α 径迹法进行测量。

为了找矿,取水样虽然要考虑测线测点,但要以取井水、地下水为主。地表水也要重视山前溪流,大江、大湖取少量样品即可。取样瓶要预先洗净编号,取样时要详细地记录测点位置和地质情况,水样一般取 200 mL 左右。取样可以立即进行测量,也可放置 3 h 后进行测量。

测量时将水样装入扩散器(100 ~ 150 mL)。接入测量仪的循环系统(图 7 − 3),与标定测量方法一样进行测量,水中氡浓度按下式进行计算

$$N_{\text{Rn}} = \frac{k_{\text{水}}\, n_3 \cdot V_{\text{总}}}{V_{\text{水}} \cdot e^{-\lambda_{\text{Rn}}t}}\ \text{Bq/L} \qquad (7 − 6)$$

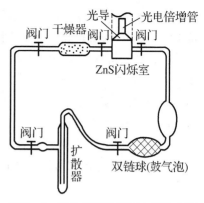

图 7 - 3　液体循环法测量水氡示意图

式中　$k_水$——仪器的标定系数，$Bq \cdot L^{-1} \cdot (cpm)^{-1}$；

　　　　n_3——放置 3 h 后测量的计数率平均值，cpm；

　　　　$V_总$——循环系统总体积，L；

　　　　$V_水$——水样器的体积；

　　　　$e^{-\lambda_{Rn}t}$——氡的衰变率。

也可以用 FD - 3017 仪器到现场，用一个脱气装置进行氡气测量。

7.2　氡的累积测量方法

7.2.1　固体径迹探测器方法

固体径迹探测器（SSNTD）技术，是 20 世纪 60 年代初发展起来的。一片透明的云母片或聚酯塑料片，被带电粒子照射之后，化学键被打断，形成的辐射损伤，这种损伤很小，称为"潜迹"。这种潜迹很容易被化学试剂侵蚀，扩大成为径迹，用普通光学显微镜可以读出单位面积上径迹数。径迹数量越密集代表 α 射线越强，岩石中的放射性元素就越多。这就是径迹探测器的基本原理。

对天然放射性核素来讲，径迹探测器是性能优良的粒子探测器（Alpha Track Detectors，ATD）。探测氡及其子体放出的 α 粒子，这是一种累积探测方法，其优点是收集时间长，均一化了自然环境的影响，有效地提高了探测灵敏度。

我国常用的 α 径迹探测器（ATD），主要是聚碳酸酯片和硝酸纤维、醋酸纤维以及丁酸醋酸纤维片，或美国引进的 CR - 39 探测器。

1. 测量土壤氡的操作程序

根据需要布置好测线和测点。

（1）将 α 径迹探测片切成一定形状，一般取 0.8 cm × 1.5 cm，将探测片固定在探杯（T - 702 型）内的支架上，并在径迹片和杯上统一编号。

（2）在测点挖探坑，如图 7 - 4 所示。一般深度 40 cm，将探杯倒扣坑中，用土将探杯压紧，再盖上填土，在地表插上标志。

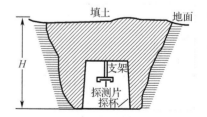

图 7 - 4　径迹测量探坑埋杯示意图

（3）埋杯采样时间，一般为 20 天左右。

（4）化学蚀刻液的配制与蚀刻。各种探测器之间有一定差别：①对硝酸纤维用 6 ~ 7 mol/L

的 NaOH 或 KOH,在恒温 50 ℃左右浸泡 30 分钟即可;②对醋酸纤维,需要在上述化学蚀刻液中按 100 ml 加 1~3 g KMnO$_4$ 的比例制成蚀刻液,蚀刻时保持 60 ℃恒温,浸泡 30 分钟;③对聚碳酸酯,需要先将纯的 KOH 用蒸馏水配制成 5.7 mol/L 的溶液,再取 KOH(5.7 mol/L)与 C$_2$H$_5$OH(乙醇)按体积比 1:2 制成化学蚀刻液,将聚碳酸酯片放入,保持 60 ℃恒温,30 分钟后取出,用清水冲洗晾干;④CR-39 片,蚀刻液用 KOH 制成 6.5 mol/L;保持恒温 70 ℃,放置 10 小时后取出,用清水冲洗晾干。

(5)用一般光学显微镜观察探测器上径迹密度,或用径迹扫描仪计数径迹密度。

(6)平均氡浓度 N_{Rn},可用下式计算

$$N_{Rn} = \frac{n_{Rn}}{t \cdot k_s} \qquad\qquad (7-7)$$

式中　n_{Rn}——探测片上每 cm^2 净计数;

　　　　t——布放探测器时间;

　　　　k_s——刻度系数。

2. 测量空气中氡浓度的方法和程序

α 径迹探测器(ATD)在环境氡测量中占有重要地位。目前应用的是聚丙烯二甘醇碳酸脂(CR-39)。应用时将其固定在测量杯中,杯口加封滤膜,氡扩散透过滤膜进入杯中,氡及其新生的子体在 CR-39 片上形成潜径迹。

国内外常用径迹探测器(ATD)列于表 7-3。

ATD 用于环境氡测量的最大特点是可以进行环境水平氡浓度的累积测量,直接得到场所氡的平均照射量,从而避免了由于时间、季节、气象因素变化带来的影响。该方法稳定、重现性好,不需要电源,体积小,便于布放和邮寄。从近年联合国原子能辐射效应科学委员会(UN-SCEAR)报告发表的室内氡浓度调查结果可见,ATD 的应用率逐年增加,已成为环境氡测量的主要手段之一。

表 7-3　国内外常用 ATD 主要技术参数

探测器类型	研究机构	探杯尺寸		滤膜	径迹片材料
		φ/cm	H/cm		
KfK	德国	68	46.5	玻璃纤维	PC 聚碳酸脂
LD	美国 Landauer 公司	35	23	普通滤纸	CR-39
RSSI	美国 Radiation Safety Service Inc	70	60	纤维滤膜	CR-39
CRS	中国上海放射性医疗研究所	35	23	2#滤膜	国产 CR-39
LIH	中国卫生部工程卫生研究所	45	50	定性滤纸	CR-39
EIRM	日本名古屋大学	140	90	硝酸纤维	CN 硝酸纤维片

　　ATD 氡浓度测量程序:选一个塑料制成的采样盒,直径
60 mm,高 30 mm(图 7-5),内面底部放置三个采样片,用
不干胶固定住。采样盒口用滤膜封住,放在采样位置。如
果进行室内氡测量,采样器应悬挂在天花板上,距天花板不
得小于 20 cm,周围 20 cm 之内不得有其它物体。

　　根据测量结果和仪器的刻度系数,可以根据(7-1)式
计算平均氡浓度。

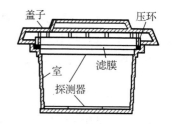

图 7-5　测量空气氡浓度的采样盒

7.2.2　α 聚集器方法

　　氡(^{222}Rn)衰变的子体^{218}Po(RaA)等均为 α 辐射体,半衰期为 3.05 分。将此 α 辐射体沉
积在一个金属(或塑料)薄片上,再用 α 测量仪测量薄片上 α 粒子的活度。实验证明,α 活度
与土壤(或空气)中^{222}Rn 浓度成正比。此薄片称为 α 聚集器。

　　α 聚集器方法是 α 卡法、α 膜法、管法等多种收集 α 辐射体探测器的总称。

1. α 卡测量方法

　　20 世纪 70 年代加拿大卡尔顿大学 J. W. 卡特和 K. 比尔受到 1913 年卢瑟福(用金属片收
集辐射体)发现氡所用方法的启示,研制成功 α 卡探测方法。

　　α 卡的材质可以是金属片(银片、铜片或铝片),也可以是塑料片,探测片可以重复使用。
卡片面积一般取为 3.8 cm×4.5 cm,常用的测量仪有 CD-1,CD-2 型 α 卡测量仪和 FD-
3012 型 α 卡仪,以及其他 α 测量仪。

　　目前 α 卡测量方法主要用于土壤氡测量,其采样方法的操作程序与 α 径迹相似。先将 α
卡片预先放置在专门使用的 T-702 型探杯内的支架上固定好,并在卡片与探杯上编号。在
测点处挖坑、埋卡,坑深 20 cm;将杯倒置坑中,上面用塑料膜封盖,如图 7-4 所示;再用土壤
压紧,3 小时后取出,测量 α 卡上沉积^{218}Po 的 α 粒子活度。如果采样累积时间达 10 小时以上,
则卡上沉积的还有^{214}Po 等子体。

　　在自然条件下,Rn 及其子体很快与空气中水汽等颗粒物结合成气溶胶。为了提高探测效
率,提出了带电 α 卡测量方法,即在埋卡的同时,给金属 α 卡片上接上负 300 V 电压。该方法
使用一段时间之后,感到很不方便,于是进一步提出了静电 α 卡测量方法,即用乙烯塑料薄片
通过摩擦带负电,或使用一种简便的充电设备,在埋杯之前,先使卡片充电达 -600 ~ -800 V
静电。实验证明带电 α 卡和静电 α 卡,相对于不带电的 α 卡,可提高探测灵度 2.5 倍左右,对
于探测氡的弱异常是很有用的。

　　如果 Rn 和 Tn 两者并存,则 α 卡上收集的是两者共有的子体沉积物。取出卡片后立即测
量得到的 α 粒子活度,是两者子代产物的总和。放置 4~5 h 之后 Rn 的子代产物基本衰变殆

尽,这时测量 α 粒子活度,主要是 Tn 的子代产物造成的。因为 Tn 的子体^{212}Pb($t = 10.6$ h)和 ^{212}Bi($t = 60.6$ min)具有较长的半衰期。用 Tn 的 α 粒子活度可以修正 Tn 及子体对测氡的影响,一般取两次测量的差值作为^{222}Rn 的活度。

2. α 膜测量方法

为了提高探测灵敏度,而加大探测片的面积。经过试验研究,采用比 α 卡面积大 25 倍的 16 cm × 8 cm 的透明塑料膜代替 α 卡,放入特制的圆柱形探杯周围,埋入采样坑中,3 小时或 10 小时后取出,反转放入 RM – 1003 型射气仪的闪烁探测室,进行 α 粒子活度测量,计数率比一般 α 卡增大 10 倍。

3. α 管测量方法

此方法与 α 膜方法类似,目的在于加大采样探测卡的面积。不同的是,需要特制一种形状特殊的采样装置,如图 7 – 6 所示,为一根上粗下细,形似漏斗的钢制采样器。在采样器上部收集室内装上收集膜(与 α 膜相同)。下面类似测氡取样器,有许多小的通气孔。

采样时,在测点上,先用钢钎打一个深 70 ~ 80 cm 的孔,插入特制采样器;周围压紧泥土,以免进入空气。累积采样 10 ~ 12 小时,取出后用 RM – 1003 射气仪测量 α 粒子活度。

这个方法的优点不仅是加大了 α 收集器的面积,而且加大了采样深度,对探测深部氡源比较有利;其缺点是装置笨重,使用不便。

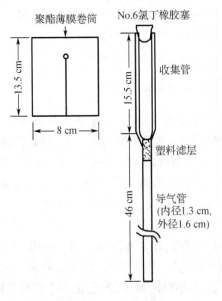

图 7 – 6　α 管测氡装置

4. ^{218}Po 法

^{218}Po 法也是一种 α 卡测量方法,或者说是一种带静电 α 膜方法。这种方法是将内装 α 膜的探杯埋入测点之前,用充电器使 α 膜充电达 – 1000 V 静电;埋入坑中 5 ~ 8 分钟即取出,测量 α 粒子活度。

由于收集时间短,膜上沉积的只是^{218}Po,所以叫^{218}Po 法,这种方法工作效率较高。

7.2.3　钋 –210 测量方法

作为氡的探测方法,美国海军部下属机构的格雷等人于 1978 年报道了他们的研究成果,

测量精度达 3.7×10^{-3} Bq。

钋 -210 在三个放射性系列中有 7 个同位素,作为探测方法指的是 $_{84}^{210}$Po(RaF),半衰期为 138.4 天。

与 ^{218}Po 不同, ^{210}Po 为氡的长时间的累积体,而且在所有放射性核素中 ^{210}Po 最易形成胶体,极易吸附在尘埃、沉淀物的表面。一旦形成,基本上不再离开岩层、裂隙、破碎带以及这些地质构造上方的土壤中。因此, ^{210}Po 的量直接反应了 ^{222}Rn 的平均值,成为确定地下铀矿和裂隙断层、破碎带的重要方法。

具体操作程序如下:

①根据测网,在每点 20 ~ 40 cm 深处取土样 50 g;

②取土样 4 g,置于 100 mL 烧杯中;加入 0.5 g 抗坏血酸(即维生素 C)和一片直径 $\varphi = $ 16 mm 的铜片;再加入 20 ml、3 mol/L 盐酸溶液;放入恒温摇床振荡箱,在 40 ℃下振荡 3 小时,或在 60 ℃下振荡 2.5 小时,在这期间铜片上的铜与钋发生置换反应,钋沉积在铜片的表面,然后取出铜片,洗净晾干;

③用 α 辐射仪,测量铜片 α 粒子活度,一般测量 10 分钟,有时为了消除 ^{218}Po 的影响,将铜片放置 30 分钟后,等 ^{218}Po 衰变完后进行测量,可以消除 ^{218}Po 的影响。

如果需要测量水中的 ^{210}Po,一般都要经过浓缩处理。浓缩时取水样 5 L 经蒸发、浓缩,然后进行上述操作。

7.2.4　活性炭吸附器(ROAC)测氡方法

20 世纪 60 年代初,瑞典用活性炭吸附氡,测量子体 $_{83}^{214}$Bi 的 β 射线(最大能量 3.28 MeV),寻找铀矿。1977 年美国用活性炭法找铀矿,测量的是 $_{83}^{214}$Bi 0.609 MeV 能量峰的 γ 射线的净峰面积,以此计算氡的浓度。

我国于 20 世纪 70 年代末开展了活性炭吸附氡寻找铀矿工作。

活性炭微细的孔隙丰富,比表面积大(700 ~ 1 600 m^2/g),是氡的强吸附剂,它吸附氡的能力在很大容量范围内与氡浓度呈线性关系。

这种方法的室内仪器操作已在第 5 章讲过。

1. 测量土壤氡的操作程序

取直径 3 cm 左右的塑料瓶(编号),先装活性炭 4 ~ 5 cm 厚;上面装干燥剂至瓶口,既可去湿也可以去除 Tn 的影响;用纱布封口,扎紧,装入探杯内,埋于采样坑中(图 7 - 4),一般以 4 ~ 7 天为宜,使 Rn 与子体达到平衡。取出后,在实验室铅室内,进行 γ 射线总量测量。使用 HD - 2003 活性炭测氡仪测量氡子体的 γ 射线总量,还可以用高分辨半导体探测器的多道 γ 能谱仪选择适当的单能量峰进行测量,一般可选 0.609 MeV($_{83}^{214}$Bi)或 0.352 MeV($_{82}^{214}$Pb)。计算净峰面积,用来计算氡的平均浓度。

2. 测量空气氡的操作程序

把活性炭装置放在待测位置,空气中氡扩散进入活性炭盒被吸附,同时衰变产生的新子体也沉积在活性炭盒内。用多道 γ 能谱仪测量活性炭内氡子体产生的 γ 射线单能峰或能量峰群的净峰面积,可以算出空气中氡的浓度。操作程序如下:

①将选用的活性炭放入烘箱,在 120 ℃下烘烤 5～6 小时,取出后放入磨口瓶中密封保存待用;

②准备好采样盒,一般为塑料或金属制成,直径 6～10 cm,高 3～5 cm,内装 25～200 g 烘烤后的活性炭,专用的采样盒为直径 8 cm,高 2.4 cm,内装 50 g 活性炭,上有圆形金属过滤器,过滤器孔径 56 μm,活性炭上面覆盖滤膜,称量总质量;

③样品盒放置在采样点,放在距地面 50 cm 以上的架子上,面朝上放置,其上 20 cm 范围内不得有其他物品,放置 2～7 天,收回时,立即封好,防止氡再沉积;

④放置 3 小时后测量,此时,再称重量与前者相比,计算水的含量;

⑤将活性炭盒放入铅室,用半导体探测器的多道 γ 能谱仪,测量单能峰(0.609 MeV 或 0.352 MeV)或峰群,计算净峰面积,用下式计算空气中平均氡浓度。

$$N_{Rn} = \frac{A_p \cdot n_\gamma}{k_w t_1^{-b} \cdot e^{-\lambda_{Rn} t_2}} \qquad (7-8)$$

式中　A_p——采样 1 小时的响应系数,即仪器刻度系数,$Bq \cdot m^{-3}/cpm$;

　　　n_γ——特征能量峰的净计数,cpm;

　　　k_w——水分校正因子(实验求得);

　　　t_1——采样时间,h;

　　　b——累积指数(实验求得,一般为 0.48);

　　　t_2——采样终止到测量开始时间,h。

根据活性炭强吸附氡的性质,湖南第六研究所提出活性炭滤纸测氡方法。即用活性炭(90% 含量)制成滤纸(20 mg/cm^2 厚),用该活性炭滤纸作为滤膜,抽取氡气样,然后测量上面 α 粒子的计数率,用下式计算空气中氡的浓度

$$N_{Rn} = \frac{n_\alpha - n_底}{k_p \cdot F_T} \qquad (7-9)$$

式中　N_{Rn}——空气中氡的平均浓度,$Bq \cdot m^{-3}$;

　　　n_α——活性炭滤纸上 α 粒子计数率,cpm;

　　　$n_底$——本底计数率,cpm;

　　　k_p——标定常数,$cpm/Bq \cdot m^{-3}$;

　　　F_T——温度校正系数。

7.2.5 驻极体探测器

驻极体氡探测器(Electric Passive Radon monitor),目前较多用于环境氡测量。美国 Rad Elec 公司出品的驻极体探测器有 E – PERM 和 Ra – Dome 两种。E – PERM 是由一个体积为 50～1 000 mL 的离子盒和一个片状驻极体组成。当氡气通过盒壁上的滤膜孔进入盒内,氡的衰变产生带电子体在盒内电场作用下,被带反向电荷的驻极体片吸附,而改变其电压,改变的电压值与氡浓度成正比。可用读数仪在现场读数,也可以在累积测量中间读数,而不影响累积测量。

E – PERM 所用的驻极体片有两种:一种是 0.152 cm 厚 PTEE 聚氟乙烯(ST);一种是 0.012 7 cm 厚的 FEP 聚氟乙烯(LT)。前者探测灵敏度高,可用于短时间累积测氡,与各种体积离子盒配合形成多种型号的探测器(表7 – 4)。

表7 – 4 驻极体探测器的主要参数

类型	离子盒体积/cm^3	刻度系数/ $Bq \cdot m^3 \cdot d \cdot V^{-1}$	探测下限/(Bq/m^3)	探测时间/d
HST	960	12.3	12	1
SST	210	2.27	14	3
SLT	210		10	10
LST	50	0.328	22	15
LLT	50	0.200	14	30
Ra – Dome	68		14	90

探测场所平均氡浓度按下式计算

$$C_{Rn} = \frac{V_1 - V_2}{t} \cdot C_F - B_G \qquad (7 - 10)$$

式中　V_1,V_2——驻极体片上起始电压和终止电压值,V;

　　　t——累积测量时间,天;

　　　C_F——刻度系数,$Bq \cdot m^{-3} \cdot d \cdot V^{-1}$;

　　　B_G——天然 γ 辐射本底的当量氡浓度,$Bq \cdot m^{-3}$。

驻极体探测器的测量误差

$$S = (E_1^2 + E_2^2 + E_3^2)^{1/2}$$

式中　E_1,E_2——探测器的参数误差和读数误差;

　　　E_3——与 B_G 有关的误差。

驻极体探测器使用方便,在达到临界电压之前,可以反复使用。主要缺点是对 γ 射线灵敏,造成测量本底,还需要进行海拔高度校正。

Ra - Dome 由两个离子盒组成,可以同时测量氡和 γ 射线。从两者的差值,读出氡的计数值。

7.3 裂变径迹测量方法

1939 年 Hahn 和 Strassmann 发现在中子照射下铀的裂变性质。1959 年 E C Silk 和 R S Barnes 发现铀的核裂变碎片轰击白云母留下损伤痕迹(10 nm 以下)。1962 年 P B Price 等用化学试剂浸泡有损伤痕迹的白云母,则痕迹增大(几个微米)。可用普通显微镜计数,即使"潜迹"变为"径迹",随之白云母成为铀裂变径迹探测器。这一原理在固体物理学、考古学、地质年代学以及环境科学等领域得到广泛应用。

裂变径迹是一种直接寻找铀矿,及与铀异常有关的其他矿产的方法。

铀的两个同位素中,$^{238}_{92}$U 仅在快中子作用下产生裂变。$^{232}_{90}$Th 在大于 1.3 MeV 中子作用下产生裂变。各种能量中子都能使$^{235}_{92}$U 产生裂变,裂变后一般形成两个碎片。其裂变过程为

$$^{235}_{92}U + n \rightarrow ^{139}_{54}Xe + ^{95}_{38}Sr + 2n$$

在裂变过程中放出 2 个中子(热中子)和 200 MeV 左右的巨大能量。其中 160 MeV 左右转变为碎片的动能,以很大速度与周围物质发生碰撞(其射程约为 100 μm),将其能量传递给物质,使物质产生辐射损伤,留下潜迹。

能量为 0.025 3 eV 的热中子使$^{235}_{92}$U 产生裂变的截面为 582×10^{-28} m^2,因此在裂变径迹测量中选择反应堆热中子照射。

7.3.1 铀含量计算

铀的裂变径迹密度决定于$^{235}_{92}$U 的含量,与照射中子能量以及裂变截面有关,可用下面公式表示为

$$C_U = \frac{N_T \cdot A_U}{M \cdot N_A \cdot Q \cdot \Phi_0 \cdot \sigma_f \cdot \varepsilon} \times 100\% \qquad (7-11)$$

式中 C_U——待测样品中铀含量,%;

N_T——探测片上裂变径迹密度,n/cm^2;

A_U——$^{235}_{92}$U 的摩尔质量,g·mol^{-1};

M——探测片所截样品质量,g;

N_A——阿伏加德罗常数,6.022×10^{23} mol^{-1};

Q——$^{235}_{92}$U 的丰度,0.714%;

Φ_0——反应堆积分中子通量,n·cm^{-2}·s^{-1};

σ_f——$^{235}_{92}$U 对热中子的裂变反应截面,cm^2;

ε——探测器(片)对碎片的探测效率,%。

实际工作中常用相对测量方法,即用标准样品与待测样品同等制样进行中子照射,径迹计数,样品中待测铀含量为

$$C_U = \frac{T_样}{T_标} C_{U标} \tag{7-12}$$

式中 $C_U, C_{U标}$——样品和标准样品中铀含量,g/L;

$T_样, T_标$——样品和标准样品的径迹密度,n/mm^2。

如果样品和标准质量不同应作质量校正。

7.3.2 探测器(片)与样品制备

由于铀的裂变碎片属于粒子,可用的探测器种类很多。常用裂变径迹探测器列于表 7-5 中,不同探测器蚀刻条件也不相同。由于裂变碎片对探测器的入射角(θ)不同,影响径迹的辨认,探测效率 $\varepsilon = 1 - \sin\theta$。

表 7-5 某些常用裂变径迹探测器及其蚀刻条件

探测器	蚀刻剂	蚀刻温度	蚀刻时间	探测效率/%
聚碳酸脂膜	6.5 molNaOH(或 KOH)	50 ℃	30~120 min	96
聚酯薄膜	6.25 molNaOH(或 KOH)	70 ℃	8 min	67
聚乙烯薄膜	10Gk$_2$Cr$_2$O$_7$;35 mL30% H$_2$O$_2$	85 ℃	30 min	
聚酰胺薄膜	25% 的 KMnO$_4$	100 ℃	1.5 h	
聚氯乙烯膜	KMnO$_4$ 溶液	85 ℃	2.5 h	
硝酸纤维素	6.25 molNaOH(或 KOH)	50 ℃	30 min	
醋酸纤维素	6.25 molNaOH(或 KOH)	60 ℃	30 min	
尼龙薄膜	适量的 KMnO$_4$ 溶于水	25 ℃	20 min	
白云母片	48% 的 HF	25 ℃	20~40 min	93

采集土壤(岩石)样品一般粉碎到 160 目。再溶解样品提取铀元素制成含铀溶液。探测器制成 2~3 cm^2,以含铀溶液 2~5 μL 滴在探测器上,烘干制成样片。由于表面张力作用,铀容易聚在液滴边缘,因此要加分散剂。另一种方法是将探测片放在溶液中浸泡一定时间,使铀沉淀在上面,铀分布比较均匀,叫"浸片制样法"。标准样品也同样制作。

反应堆热中子照射,一般控制中子积分通量 $10^{15} \sim 10^{16}$ n·cm^{-2}·s^{-1}。从反应堆取出,冷

却 7~10 天,进行蚀刻、观测。

7.3.3 应用实例

（1）变质岩铀矿床。某区断裂发育,矿化主要产于含炭砂岩、角岩化炭质泥岩,矿体受断裂控制,地表覆盖较厚,埋藏较深。地面 γ 测量无异常出现,^{210}Po 为弱异常出现,但在断裂处未见异常。铀裂变径迹异常明显（图 7-7）,通过钻孔见到了铀矿体。

（2）成都市区河水中铀的裂变径迹测量（邱元德等,1984）。成都市原府河、沙河、南河贯穿市区。在 40 个点采集水样,取 25 μL 滴于聚碳酸酯膜,用红外灯烘干,第二批样品用"浸片法"（浸泡 1 小时）。

结果显示三条河流中铀平均含量为 $n \times 10^{-4}$ mg/L,远低于国家规定值 10^{-2} mg/L。

裂变径迹测铀灵敏度较高可达 10^{-7} mg/L。

（3）切尔诺贝利核电站事故之后,某地区土壤和植物中含有铀和钚。根据两者放出粒子能量不同,采用在探测器与样品之间加一层薄膜的方法,通过反应堆照射分别测量钚的含量。

用这个方法测量了土壤和植物中的铀和钚的含量。

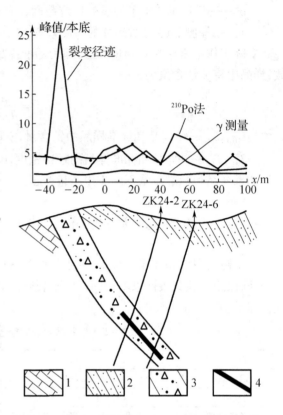

图 7-7 某铀矿 24 号勘探线地质物探综合剖面图
1—灰岩;2—粉砂岩;3—构造带;4—铀矿体

7.4 氡气测量在寻找铀矿中的应用

在地面 γ 测量中,由于放射层的自吸收作用和地表覆盖层的阻挡作用,使得 γ 射线不能穿过较厚的阻挡层。因此,在具有成矿远景又覆盖较厚的地区开展氡气测量具有重要意义。

由第 1 章可知,氡是惰性气体,不易发生化学变化,为其迁移提供了理论基础。由于气温、气压的变化等原因,使矿层中衰变产生的氡气很容易发生扩散迁移。氡气在孔隙度较大的土壤、岩石中具有很强的迁移能力,特别是在断层带中的迁移能力更强。据研究,氡气可以从地下 150 m 迁移至地表,所以说氡气测量是寻找深部铀矿体的重要方法。

　　氡气测量除了应用于寻找铀矿之外,还可以用于防治自然灾害、环境保护等方面,氡气测量的应用领域非常广泛。

　　氡气测量在放射性勘查中主要用于以下 3 个地段:①成矿有利,但覆盖较厚的地段;②对断裂带较发育而地面 γ 异常较弱的地段进行追索;③已知矿点(床)外围扩展找矿的地段。

　　氡气测量的结果可以绘制成氡等浓度图,氡浓度剖面图,Rn,Tn 浓度比值等值图等。对于 α 径迹、α 聚集器、活性炭吸附等测量结果,也作类似图件整理。

7.4.1　土壤氡异常的评价

　　无论是瞬时测氡或是累积测量,寻找矿致异常是我们的目的。第一步是根据图件资料,找出高于正常平均值(三倍均方差)的氡气异常地段;第二步是确定该异常是否与放射性矿床有关,或确定异常的其他成因。

　　土壤氡影响因素很多,但主要受两个方面的影响:第一种因素是气象条件,如气压、气温变化、刮风、下雨等都会影响氡异常的变化;第二种因素是地质环境的影响,如断裂、风化、侵蚀、地下水升降等因素都影响氡浓度。可见确定氡异常的成因并不简单。

　　根据基本理论和工作经验,一般有下列几条处理原则:

　　①矿致异常的特点是随深度增加 Rn 异常增大,为此,必须进行不同深度的采样测量;

　　②在异常点处,埋入取气器,进行连续抽气测氡,如多次抽气,读数基本不变,说明地下氡源充足,有可能为放射性矿床异常或较大的构造异常;

　　③进行本地区地质分析,了解有无成矿的地质因素与异常相对应;

　　④如上述三条都是有利于成矿,则应打浅孔进行 γ 测井;

　　⑤如果是 Rn,Tn 混合异常,可以通过 Rn/Tn 浓度比值作图,在测量剖面上 Rn/Tn 比值的最高处为铀异常地段。

7.4.2　氡异常与找矿实例

1. 花岗岩中的铀矿

　　甘肃天水某地铀矿受 NW 向帚状断裂带和 NE 向断裂带联合控制。矿点附近 γ 射线照射量率测量发现大量的高值点(最高 $1\,000 \times 7.17 \times 10^{-14}$ A/kg),但高值点之间互不连续,中间夹杂大量的 $30 \times 7.17 \times 10^{-14}$ A/kg 左右的低值。经 α 径迹测量后亦有异常反应,再经 FD - 3017RaA 测氡仪测量,该异常基本连为一片(如图 7 - 8 所示)。经地表槽探揭露(TC - 1),在 F_1 破碎二长花岗岩中见到厚度为 0.4 m、品位为 0.124% 的铀矿体;在 γ 测量和氡气测量及径迹测量异常较低地段仅见到了零星的铀矿化(属于表外矿体)。经 ZK302 揭露,在物探异常集中部位下方见到了铀矿体,该矿体品位不高(0.098%),但厚度较大(视厚度1.25 m)。由此可见,该物探异常属于矿致异常。异常与矿体对应良好,氡异常能够反应深部铀矿体的存在。

2. 层间氧化带砂岩铀矿

这种类型的铀矿床一般形成于干旱地区的古河床,矿床产出于两个隔水层之间,因此这类矿床一般品位较低,但易于原地浸出,开采成本很低。近年来是世界各国都在积极寻找的矿床类型。

我国北方的新疆、青海、甘肃、内蒙古等地都具有形成这类矿床的地质条件,新疆某地铀矿就是其中的例子。

该铀矿化产于中下侏罗统水西沟群($J_{1-2}sh$)陆相含煤建造中,其含矿主要岩石类型有:砂岩型、煤岩型和泥岩型,如图 7-9 所示。铀矿产于层间氧化还原过渡带。地表 γ 射线异常微

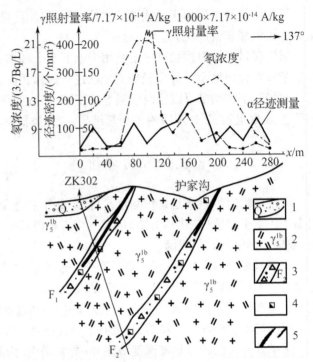

图 7-8　甘肃天水某地花岗岩铀矿地质物探综合剖面图
(据核工业二〇七工程指挥部,1977 年)
1—第四系冲、洪积物;2—燕山期第二次浸入的二长花岗岩;
3—断裂带及编号;4—褐铁矿化;5—铀矿体

弱,但氡气异常明显。后经钻探证实,该铀矿为典型的层间氧化带砂岩型铀矿,主要矿体位于含钙砂岩中(ZK129 所见矿体位于泥岩中);在上白垩统(K_2)与中下侏罗统水西沟群($J_{1-2}sh$)不整合面上下形成矿化;矿体形态为似层状或板状;矿体一般埋深 200 m 左右,铀品位 0.01%~0.056%。再次显示氡气测量具有"攻深找盲"作用。

3. 碳硅泥岩型铀矿

新疆、甘肃等地多处铀矿床都是干旱地区水成铀矿的典型例子,但这些铀矿都或多或少与煤系地层或煤层有直接的成因联系。这充分说明炭质对铀具有很强的吸附能力。

胶体的 SiO_2 和泥质岩石中的黏土矿物对离子状态的铀也具有很强的吸附能力,因此炭质、泥质和硅质岩石中易于形成铀矿床,即炭硅泥岩型铀矿床。不仅如此,炭质、泥质和硅质对金也具有一定的吸附能力,因此金和铀可以在同一个矿床中出现(形成金-铀矿床),但金和铀又存在"同带异位"现象(姜启明,2008 年),其中甘肃某地的金铀矿床就是典型的例子。

该金铀矿床的外围有许多铀矿点,其中的水泉沟矿点具备炭硅泥岩型铀矿的地质条件。

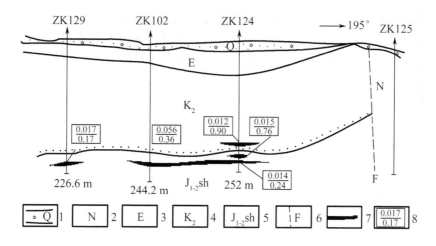

图 7 - 9　新疆某地层间氧化带砂岩型铀矿Ⅶ号勘探线剖面图

（据核地质二〇三研究所古抗衡等，1996 年）

1—第四系沉积物；2—新近系粉砂质泥岩或泥质粉砂岩；3—古近系砂岩、砂砾岩；4—上白垩统泥岩、含钙砂岩；5—中下
侏罗统水西沟群钙质砾岩（上层）、泥岩（下层）；6—推测断层；7—铀矿体；8—见矿段品位（上，%）和厚度（下，m）

水泉沟金铀矿点在上世纪 70 年代铀矿普查中，显示有弱的 γ 异常，但在随后开展的氡气测量中，在断裂带上方发现很高的氡气异常，最高氡异常 200 × 3.7 Bq/L；据此在该异常点附近进行了深部揭露，其揭露结果如图 7 - 10 所示。揭露中发现铀矿体品位 0.03%，厚度 1 m。

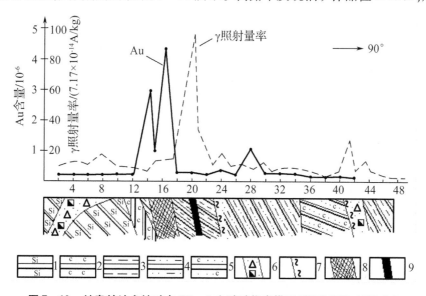

图 7 - 10　甘肃某地金铀矿点 PD - 1 左壁矿化素描图（据姜启明，1992 年）

1—硅质板岩；2—炭质板岩；3—泥质板岩；4—泥质粉砂质板岩；5—含炭粉砂质板岩；
6—褐铁矿化构造角砾岩；7—构造泥；8—金矿体；9—铀矿体

　　上世纪90年代在该地区进行金矿普查时又在该铀矿点发现了金矿体,从而提升了该矿点的经济价值。由图7-10可见,金矿体与铀矿体相距仅有2 m,金矿体平均品位2×10^{-6},厚度3 m;这两种矿体都位于两个断层的夹持部位,而且两个断层之间的小断层很多,致使其间的岩层产状变化很大,这些都是构造运动的结果。

第8章　伽玛测井

γ测井是放射性矿产勘查的一种钻井地球物理方法。它是用测井辐射仪沿井孔测量岩石和矿石的天然γ射线照射量率,并根据γ场分布来确定所穿过矿层的放射性元素铀、钍、钾的含量、位置和厚度。γ测井还可以用来划分γ照射量率不同的岩层界线。

γ测井的突出优点是:由于γ射线有较强的穿透能力,因此,γ测井的测量结果能够代表井壁四周50~60 cm范围内的放射性元素含量情况,比岩芯取样更具有代表性,这在岩矿芯采取率低或矿化不均匀的情况下更为突出。γ测井为铀矿地质开展无岩芯钻探提供了可能。γ测井可应用于铀矿普查、勘探和开采的各阶段,γ测井结果已作为储量计算中主要资料之一。

目前用于钻孔γ测量方法有两种:一种是测量岩石和矿石的总γ射线照射量率,习惯称为γ测井,主要应用于铀矿普查和勘探;另一种是测量岩石和矿石的某几个能谱段的γ射线照射量率,即称为γ能谱测井。多应用于铀钍矿床或钾盐以及其他与放射性元素密切相关的矿床的普查和勘探。

本章重点介绍γ测井的工作方法和资料整理。

8.1　伽玛测井的理论基础

γ测井是沿钻孔进行地层或矿层γ场分布测量。这里首先介绍沿钻孔轴线γ场分布的理论研究。

设钻孔垂直穿过放射层(矿层)厚度为H,放射层物质分布均匀,计算沿钻孔轴线上γ场的分布。孔内无套管和水,仅为空气。假定矿层密度ρ_1与围岩密度ρ_2相等,对γ射线的吸收系数也相等(图8-1),即$\rho_1 = \rho_2 = \rho$,$\mu_1 = \mu_2 = \mu$,钻孔半径为r_0。下面分三段计算γ场的分布。

8.1.1　钻孔内矿层中心γ射线照射量率计算

坐标原点取在矿层中心,自矿层分为上下两个部分。在上半部分取小体积元dV,如图8-1所示。dV中放射性物质质量元dm,在O点引起的γ射线照射量率等于

$$dI = K\frac{dm}{r^2}e^{-\mu(r-ON)} \tag{8-1}$$

式中　dI——γ射线照射量率微分;

　　　K——与矿层铀含量C和密度ρ有关的系数;

　　　$dm = C \cdot \rho \cdot dV$——放射层的质量元;

$\mathrm{d}V = r^2 \cdot \sin\theta\mathrm{d}\theta\mathrm{d}\varphi\mathrm{d}r$——放射层的体积元及球坐标转换，其中 θ 为立体角，φ 为平面角；

$ON = r_0/\sin\theta$——γ 射线在钻孔内穿过的距离。

对于上半部分矿层，积分限取值为 θ 从 $\theta_1 \rightarrow \pi/2$，其中 $\theta_1 = \arctan\dfrac{r_0}{H/2}$；$\varphi$ 从 $0 \rightarrow 2\pi$；r 从 $r_1 \rightarrow r_2$，其中 $r_1 = r_0/\sin\theta$，$r_2 = \dfrac{H/2}{\cos\theta} = \dfrac{H}{2\cos\theta}$。

考虑到上下两半部分矿层对称相等，因此对式(8-1)积分，乘2，得矿层中心 γ 射线照射量率，即

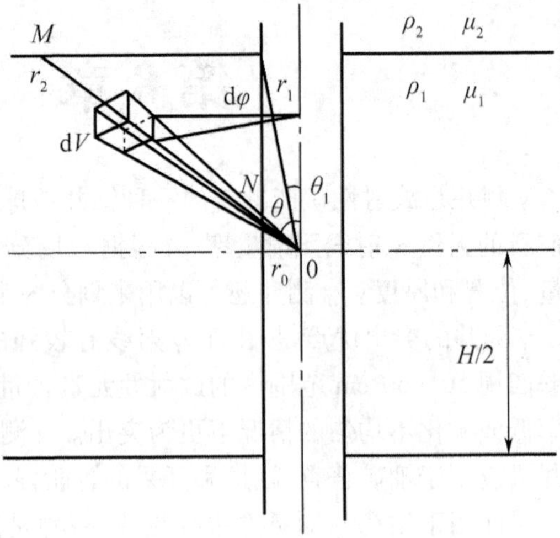

$$I = 2kC\rho\int_0^{2\pi}\mathrm{d}\varphi\int_{r_1}^{r_2}\int_{\theta_1}^{\pi/2}\mathrm{e}^{-\mu\cdot(r-r_0/\sin\theta)}\cdot\sin\theta\mathrm{d}\theta\mathrm{d}r$$

$$= \frac{4\pi kC\rho}{\mu}\Big[\int_{\arctan\frac{r_0}{H/2}}^{\pi/2}\sin\theta\mathrm{d}\theta - \int_{\arctan\frac{r_0}{H/2}}^{\pi/2}\mathrm{e}^{-\mu\left(\frac{H/2}{\cos\theta}-\frac{r_0}{\sin\theta}\right)}\cdot\sin\theta\mathrm{d}\theta\Big] \tag{8-2}$$

式中　k——与放射层有关的系数。

式(8-2)就是放射矿层厚度为 H 时，其中心点的最大 γ 射线照射量率 $I_{\max}$ 值，其中方括号前面的系数部分就是 K 值，而方括号内的积分是与矿层厚度 H 和观察点位置 Z 有关的函数。

8.1.2　矿层之外钻孔轴线上 γ 场的分布

为计算方便，将矿层分成两部分，如图 8-2 所示。自 P 点通过 B 点作直线 PBA 绕钻孔轴旋转，内面的锥形体积为 V_2，外面的为 V_1；P 点的 γ 射线照射量率 I 是两部分作用的总和，即

$$I = I_1 + I_2$$

对体积 V_1 取体积元 $\mathrm{d}V$，内含放射性物质 $\mathrm{d}m$，在 P 点产生的 γ 射线照射量率微分为

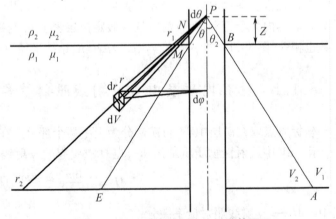

图 8-1　钻孔中心点 γ 场计算图示

图 8-2　钻孔轴线矿层外 γ 场计算图示

$$dI_1 = k\frac{dm}{r_2}e^{-\mu(r-NP)}$$

对上述微分求取积分即可求得 I_1 的表达式。

同样对 V_2 在 P 点产生的 γ 射线照射量率求积分,得

$$I_2 = kC\rho\iiint\limits_{V_2}e^{-\mu(r-r_0/\sin\theta)}\cdot\sin\theta d\theta d\varphi dr$$

对 I_1 和 I_2 进行合并,并通过较复杂的积分运算,得

$$I = \frac{2\pi kC\rho}{\mu}\Big[\int_{\arctan\frac{r_0}{Z+H}}^{\pi/2}\sin\theta d\theta - \int_{\arctan\frac{r_0}{Z+H}}^{\pi/2}e^{-\mu\left(\frac{Z+H}{\cos\theta}-\frac{r_0}{\sin\theta}\right)}\sin\theta d\theta\Big]$$

$$- \frac{2\pi kC\rho}{\mu}\Big[\int_{\arctan\frac{r_0}{Z}}^{\pi/2}\sin\theta d\theta - \int_{\arctan\frac{r_0}{Z}}^{\pi/2}e^{-\mu\left(\frac{Z+H}{\cos\theta}-\frac{r_0}{\sin\theta}\right)}\sin\theta d\theta\Big] \qquad (8-3)$$

将(8-3)式与(8-2)式对比,可以看出(8-3)式中第一个括号的式子在数学上等于厚度为 $2(Z+H)$ 矿层中心 P 点 γ 射线照射量率的 $1/2$;第二个括号的式子等于厚度为 $2Z$ 的矿层中心 P 点 γ 射线照射量率的 $1/2$。所以式(8-3)可以写成

$$I = \frac{I_{\max}[2(Z+H)] - I_{\max}(2Z)}{2} \qquad (8-4)$$

8.1.3　矿层边界范围内钻孔轴线上 γ 场分布

放射性矿层边界以内沿钻孔轴线分布的 γ 射线照射量率的计算,如图 8-3 所示。可以用前面所述的方法进行计算,也可以用作图法借助于(8-2)式和(8-3)式的方法进行计算。

以下是求图 8-3 中矿层内钻孔轴线上任意点 P 的 γ 射线照射量率。

用作图法把 P 点看作辐射层中心。第一步把矿层厚度看成 $2\left(\frac{H}{2}+Z\right)$,使 P 点居于矿层中心,得到最大值 $I_{\max}\left[2\left(\frac{H}{2}+Z\right)\right]$。第二步把多计算进来的矿层厚度减

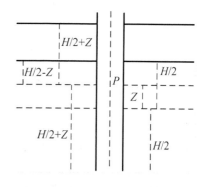

图 8-3　钻孔轴线矿层内 γ 场计算图示

去,由图 8-3 可见,取矿层厚度为 $2\left(\frac{H}{2}-Z\right)$,使 P 点居于矿层中心。于是参照(8-4)式的形式,可得矿层内钻孔轴线上 P 点的 γ 射线照射量率的表达式为

$$I = \frac{I_{max}\left[2\left(\dfrac{H}{2}+Z\right)\right] - I_{max}\left[2\left(\dfrac{H}{2}-Z\right)\right]}{2} \tag{8-5}$$

如果 P 点正好位于矿层边界上,对(8-4)式来说,因坐标原点在边界,这是 $Z=0$,可得 P 点 γ 射线照射量率等于最大值的一半,即 $I = \frac{1}{2}I_{max}(H)$。对于(8-5)式(坐标原点在矿层中心),则令 $Z = H/2$,可得到同样的结论。利用(8-2)式和(8-4)式、(8-5)式可以计算钻孔轴线 γ 场的分布。

也可以利用模型实验测量出 $I_{max} = f(H)$ 的关系曲线。由于辐射层的矿石密度不同,成分不同,对 γ 场的吸收系数不同,测得的 $I_{max} = f(H)$ 曲线不同。即使使用式(8-2)进行理论计算,采用不同的 μ、ρ,结果也是不同的,如图 8-4(a)所示。如果把测得的 I_{max} 值用饱和层厚度(即 γ 射线不能穿透的最小厚度)中心值 I_{∞} 作归一化,而矿层厚度 H 用面密度表示,则 $I_{max}/I_{\infty} = f(H \cdot \rho)$ 的关系曲线为统一曲线,如图 8-4(b)所示。

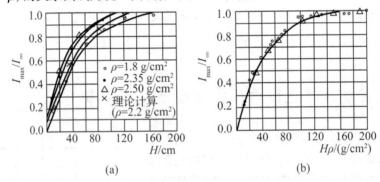

图 8-4 I_{max}/I_{∞} 随矿层厚度变化曲线

(a) $I_{max}/I_{\infty}f(H)$ 曲线;(b) $I_{max}/I_{\infty} = f(H \cdot \rho)$ 曲线

8.1.4 倾斜矿层钻孔轴线上 γ 场的分布

钻孔与矿层面不垂直,成交角 α,如图 8-5(a)所示。虚线为假设的正交钻孔,完全可以近似地用前面计算的正交钻孔的 $I = f(Z)\gamma$ 场曲线换算出矿层面与钻孔不垂直情况下的钻孔 γ 射线照射量率曲线 $I = f(Z')$。

忽略钻孔影响,并假设矿层伸展较大,则认为 P' 与 P 点(图 8-5(a))接收矿层的 γ 射线照射量率相等。因为 $PC = P'C'$,所以 P' 与 P 点的照射量率相等,即 $I = I'$。

坐标原点在矿层中心,Z' 与 Z 的关系是

$$Z' = Z/\sin\alpha$$

　　根据这样的对应关系,可以利用正交钻孔 γ 场的分布,换算出非正交钻孔轴线上 γ 射线照射量率的分布曲线,如图 8 - 5(b)所示。用 $\alpha = 90°$ 的曲线,换算出 $\alpha = 30°$ 的曲线。在 $\alpha = 90°$ 的曲线上,根据 $Z_1, Z_2, Z_3 \cdots$ 求出对应的 $Z_1', Z_2', Z_3' \cdots$,得到 1,2,3…点,连接这些点即为 $\alpha = 30°$ 斜交钻孔轴线上的 γ 射线照射量率曲线。

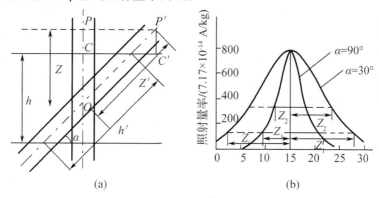

图 8 - 5　钻孔与矿层面不垂直时 γ 场的换算关系

(a)钻孔轴线与矿层关系示意图;(b)正交与非正交 γ 场的分布

8.2　伽玛测井的野外工作方法

　　按照工作顺序,要先在现场进行测井操作(使用 FD - 61K 或 FD - 3019 测井仪),然后才在室内整理测井资料(包括确定矿层边界、在各种条件下计算平均铀含量等),本节先简要叙述测井的野外工作方法。

　　γ 测井工作方法在 γ 测井规范中有详细说明,为了避免重复,本节仅就主要方面作概述。

8.2.1　工作前仪器和设备的准备

　　对于较老的仪器和电缆,需要进行电缆标记。在到井场之前用钢卷尺仔细标定,并用不同记号标明距离(如每 1 m 扎 1 个小结、每 10 m 扎 2 个小结、50 m 扎 1 个大结、100 m 扎 2 个大结),误差要求每 100 m 不超过 10 cm。

　　近年新生产的 γ 测井仪都是连续提升测井仪,其测量深度和数据记录都是自动进行的,无须标记电缆。

　　下面简单介绍仪器使用中要注意的几个问题。

1. 仪器的标定

　　标定时注意以下几点:①标定场地要远离建筑物 3 ~ 4 m,以防止外界干扰;②用点源标定时,标准源与探测器之间的距离不应小于 0.30 m;③标定前后底数的相对误差不应超过 10%,标定曲线的非线性误差不得大于 10%;④如果仪器更换重要元件都要重新标定仪器。

2. 电缆绝缘和探管密封

测井绞车集流环间以及与外壳的绝缘电阻应大于 10 MΩ(使用一种专门测量高电阻的摇表测量绝缘性),电池各极间与外壳的绝缘电阻也应大于 10 MΩ,测井电缆与电缆外皮之间的绝缘应大于 2 MΩ。若电缆漏电,其位置可以采用三点法查找,亦可直接更换电缆。对于使用时间较长的电缆,还要进行浸泡试验,就是将电缆放在水中浸泡 24 小时,再次测量电缆的绝缘性能。只有再次试验合格的电缆才能投入生产。

探管密封看来是很简单的问题,却关系到整个测井工作的成败和仪器使用寿命的大问题,必须在深孔中试验探管封闭和承压性能。目前广泛采用"O"形密封圈防水,这是一种使用简便,效果好的探管防水器件,一般用手扭紧后再用管钳拧紧。

实践证明,探管顶端需要焊接一个环形铁钩(与探管外壳相连),将测井电缆系于铁钩上可以防止探管自重导致接触点脱焊。由于钻孔内一般有泥浆等井液,钻孔孔底压力很大,为了防水,必须对探管进行严密的包扎,方法是:先将丝扣处和探管上端与电缆接触的缝隙等处可能渗水的地方用避孕套扎紧,外加高压防水胶带(橡胶高压胶布)包裹。把绑在铁环上多余的电缆整理好与探管头处一起包扎,最外层使用耐磨的黑胶布包扎。所有包扎必须牢靠,保证包扎表面光滑,防止探管上升时被井壁挂住。

8.2.2　冲孔和井场准备

测井人员当接到测井通知后,应立即在固定地点,固定几何条件下检查仪器的稳定性(即灵敏度)。根据岩矿芯编录结果,确定孔内矿层埋深的大致部位,在钻机用清水冲孔完毕前赶到井场(一般要求冲孔 1~2 小时),向钻孔施工人员了解井中情况,如井喷、井坍、套管、暗楔、掉块堵漏的具体位置,以及岩矿芯采取率等。并迅速在起钻前再次检查仪器、绞车和辅助设备,作好测井准备。

8.2.3　进行测井

1. 现场操作

起钻后,马上安装好井口滑轮,固定绞车,确定深度标记和标尺起标点,如图 8-6 所示。测井深度为

$$h_{真} = h_{标} + h_1 - R_m$$

式中　$h_{标}$——按电缆标记计算的深度;

　　　　h_1——第一标记到计数管中心距离;

　　　　R_m——井口至机台标志高(即起标点 O)的距离。

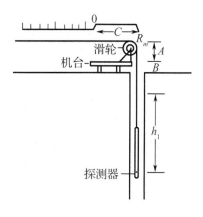

$R_m = A + B + C$,其中 C 为 O 点到井口滑轮的距离;B 为井口滑轮高度;A 为机台板高度(钻机高度减去机高计算点至机台板的距离)。

　　为了计算方便,在井场布置起标点时,尽可能使得 $h_1 - R_m = 0$(或者差值为整数),这样在起标点 O 处电缆读数(或者再加上 $h_1 - R_m$ 的差值整数)即为测点的真深度。

　　下放探管速度不大于 1 km/h,注意观察仪器读数,并记下大致的异常段位置。

图 8 - 6　测井真深度计算示意图

　　探管放到井底后应立即上提 0.5 ~ 1.00 m,以防岩粉埋住探管。上升速度为 80 ~ 100 m/h,旧式仪器一般采用点测法,围岩点距 1 m,异常段点距为 10 cm(必要时可加密到 5 cm),直到穿过异常场不少于 50 cm。点测结果全部记录在 γ 测井记录本上。新式仪器为连续测量、自动记录(记录在记录器中,使用时可以导出)。整个测井资料必须在机场获得,如有疑点,当场检查,不得把问题带回室内。

2. 资料整理和解释

野外工作完成后,还应在室内做如下工作:

①检查钻孔实际资料登记是否齐全,如工作地区剖面号、孔号、测量性质(中间测井、终孔测井)、测量日期、仪器型号、标定日期、灵敏度变化、工作者、孔深计算是否正确,孔径变化,套管深度和厚度、水位、泥浆密度是否填写清楚等;

②绘制 γ 测井曲线,一般深度比例尺采用 1∶20 或 1∶50,照射量率比例尺采用 1∶10,1∶20,1∶50,1∶100 等,其异常曲线高度不得超过 15 cm,并要求单个矿层异常面积不小于 5 cm²,如果是自动记录自动成图的新式仪器,上述第①~②步可以省略;

③按规定确定矿层边界,用求积仪求取面积,两次测定误差不大于 ±1 ~ 2%(求积仪要定期检查);

④检查测井和重复测井是否符合规范要求,及时向有关部门发出测井结果。

γ 测井工作结束后,应该提交如下资料:①测井原始记录本(包括基本测量、检查测量);②电缆标记检查记录本,仪器校正本(附灵敏度变化曲线);③铀镭平衡系数、射气系数登记本与取样平面图;④测井曲线综合柱状图;⑤异常定量解释结果登记表;⑥γ 测井的内检、外检对比图表。

8.3　　伽玛测井资料的定量解释

8.3.1　确定矿层厚度

在讲述确定矿层厚度方法前,先引述与其有关的相遇角和梯度系数两个概念。

相遇角 α:是指钻探工程切穿矿体时,钻孔与矿层面的交角(图 8 – 5(a))。可用下式计算相遇角

$$\sin\alpha = \cos\theta\cos\beta - \sin\theta\sin\beta\cos\varphi \qquad (8-6)$$

式中　θ——钻孔倾角;

　　　β——矿体的倾角;

　　　φ——钻孔方位角与岩层倾向之差。

梯度系数 g:是衡量矿层边界与围岩接触面是否清楚或表征矿层内铀含量分布是否均匀的一种系数,有时也称其为均匀系数。梯度系数可根据异常曲线翼部的陡缓来确定,如图 8 – 7 所示。

在异常曲线翼部选择直线段 I_1I_2,延长 I_1I_2 并与深度轴相交于 A,从 I_2 向深度轴引垂线,交于 B 点,如果 AB 线段的长度乘以相遇角 α 的正弦,即 $AB \cdot \sin\alpha \leqslant 25$ cm,说明异常曲线翼部的梯度较陡,矿层与围岩的接触界面清楚。若其乘积大于 25 cm,说明曲线的梯度缓,矿化不均匀,矿层与围岩的接触面不清楚。

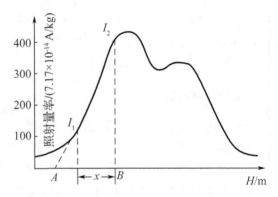

图 8 – 7　计算梯度系数的图示

梯度系数还可用下列经验公式计算而得

$$g = \frac{I_2 - I_1}{I_2 \cdot x \cdot \sin\alpha} \qquad (8-7)$$

式中　I_1,I_2——异常曲线翼部直线段两端的 γ 照射量率(应减去围岩 γ 照射量率);

　　　x——I_1,I_2 两点在异常曲线横轴上的投影间距(cm)。

用公式(8 – 7)计算的 g 值大小与钻孔直径,探测器类型和计数器型号等因素有关,因此必须根据计算的 g 值,去查对相应条件下的理论 g 值,才能判别矿层与围岩的接触界面是否清楚。为了便于应用,现把常用测井仪,在不同孔径大小下的理论 g 值列于表 8 – 1 中。

现在讲述确定矿层厚度的方法。从 8.1 节可知,沿井轴测得的伽玛异常分布曲线,其曲线

形态和幅度,与矿层厚度及其放射性元素含量有关。因此,利用 γ 测井曲线可以确定矿层的位置和厚度。确定厚度的方法,常用的有三种,二分之一最大照射量率法($\frac{1}{2}I_{max}$),五分之四最大照射量率法($\frac{4}{5}I_{max}$)和给定照射量率法($I_{给}$),现分别介绍如下。

表 8 - 1　常用测井仪理论梯度系数(cm^{-1})表

孔径/mm	边界清楚	边界不清楚
40 ~ 70	0.05 ~ 0.07	<0.05
70 ~ 130	0.04 ~ 0.06	<0.04

1. $\frac{1}{2}I_{max}$ 法

由本章 8.1 节可知,当矿层中心距测点之间的距离 z 为矿层厚度 h 的一半,即 $z = \frac{1}{2}h$ 时,其 γ 射线的照射量率 $I_{边}$ 用下式表示

$$I_{边} = \frac{1}{2}I_{max}(2h) \tag{8 - 8}$$

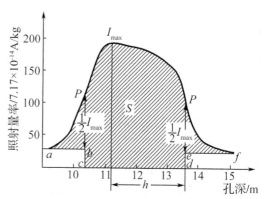

可见厚度为 h 的矿层,其边界上的 γ 射线照射量率等于厚度为 $2h$ 的矿层中心照射量率的一半。如图 8 - 8 所示,当 $h \to \infty$ 时(饱和厚度),矿层中心点的照射量率为

$$I_{max}(2h) = I_{max}(h) = I_\infty$$

故

$$I_{边} = \frac{1}{2}I_{max}(h) \tag{8 - 9}$$

实验证明,当矿层厚度 $h > 50 \sim 60$ cm(或 $\rho \cdot h \geqslant 120$ g/cm²)时。矿层中心点的 γ 照射量率不随厚度 h 的增加而增高,即 $I_{max} = I_\infty$。实

图 8 - 8　$\frac{1}{2}I_{max}$ 法确定矿层厚度示意图

际工作表明,当 $\rho \cdot h > 100$ g/cm² 时,即可近似地认为 $I_{max} = I_\infty$,其误差约为 5%。

因此,用 $\frac{1}{2}I_{max}$ 法只需在 γ 测井曲线上找到去除底数后的 I_{max} 之半的地方,即为矿层边界。

$\frac{1}{2}I_{max}$ 法只要在矿体和围岩密度一致的任何测井条件下(有、无铁套管,有水或无水),矿体边界清楚,矿化均匀时,均可应用。

2. $\frac{4}{5}I_{max}$ 法

当矿层厚度 $h \leqslant 40$ cm,即 $\rho \cdot h \leqslant 100$ g/cm² 时,用 $\frac{1}{2}I_{max}$ 法确定矿层边界会人为地扩大矿层厚度,所以不宜采用,可用 $\frac{4}{5}I_{max}$ 法确定矿化均匀的薄矿层边界。

如图 8-9 所示,γ 测井曲线的 $\frac{4}{5}I_{max}$ 处的峰值宽度(z)与矿层宽度直接有关。由理论计算和模型实验,预先确定两者的关系,作出 $z = f(H)$ 的关系曲线,如图 8-10 所示。

实际应用时,先在 γ 测井异常曲线上,取 $\frac{4}{5}I_{max}$ 确定异常宽度 z(图 8-9),在 $z = f(H)$ 曲线图上查到矿层厚度 H,以极大值为中心,对称标在图上,即为矿体边界。比如在图 8-9 中,异常的 $\frac{4}{5}I_{max}$ 宽为 30 cm,假设钻孔直径为 120 mm,查 Z 量板(图 8-9) z = 30 cm 与 d = 120 mm 的交点,得 H = 42 cm。再在图 8-9 中以异常最大值为中心,向两边各划 21 cm,这就是矿层边界。

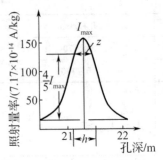

图 8-9 $\frac{4}{5}I_{max}$ **法确定矿层厚度示意图**

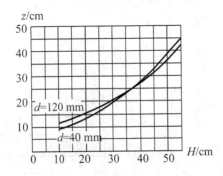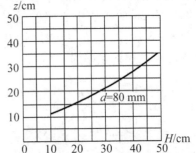

图 8-10 $\frac{4}{5}I_{max}$ **法确定矿层厚度使用的 Z 量板(d 为钻孔直径)**

对于薄矿层而言,只有铀品位很高且矿层与围岩界限清楚时才可以单独圈定矿体,这是因为如果品位较低,那么厚度在 40 cm 以下时就远远达不到最低可采厚度。最低可采厚度属于矿体的工业指标之一,一般矿体的最低可采厚度都在 70～80 cm。除非是特富矿体,否则这样薄的单层矿体一般不计算储量或资源量,也就不用确定矿体边界了。"薄而富"的矿体一般要用"米·%"来衡量。

实际工作证明$\frac{4}{5}I_{max}$法确定矿层厚度存在不足,主要是在应用圆滑曲线法绘制的异常曲线上。由于各人绘图技巧不同,往往会出现同一异常峰部 z 值宽窄不一的情况,直接影响确定矿层厚度 H 的一致性。目前有些生产单位用量板法代替$\frac{4}{5}I_{max}$法确定薄矿层厚度,即在异常极大值的 1/2 处量取异常的 z 宽,用制作$\frac{4}{5}I_{max}Z$ 量板的办法制作 $Z_{1/2} = f(H)$ 量板(也称 $Z_{1/2}$ 量板),其使用方法与 Z 量板相同。表 8 – 2 是钻孔直径为 130 mm 时的 $Z_{1/2}$ 量板,表中未列的数据可以通过线性内插获得。

表 8 – 2　$Z_{1/2}$量板表(钻孔直径 $d = 130$ mm)

z 值/cm	21	23	25	28	31	34	43	59
矿层厚度 H/cm	5.6	10.2	15.3	21	26	31	41.6	58

由表 8 – 2 可知,矿层厚度小于 z 值,对这样薄的矿体,只有铀含量很高时(即异常的峰很高)才使用。随着反褶积分层解释法和迭代法等计算机方法的应用,$Z_{1/2}$ 量板已经很少有人使用了。

3. 给定含量法

有些矿层中的金属含量分布极不均匀,常常是矿层中心含量高,向矿层两边含量逐渐变贫,导致测量曲线二翼肥胖,梯度平缓。这是矿层边界不清楚引起的,要用给定含量法确定矿层边界。

给定含量法的实质是根据铀矿床的地质条件,开采和冶炼条件等因素确定边界品位 $Q_{给}$。一般用最低工业品位 0.05%、表外矿体(即暂时无法大规模开采的矿体)最低品位 0.03%,分别计算出给定照射量率 $I_{给}$,然后在测井异常曲线上以 $I_{给}$ 照射量率处作为矿层边界。$I_{给}$ 值的计算公式如下

$$I_{给} = A \cdot Q_{给} C(1 - \eta)(1 - n_{水})(1 - n_{铁})100 \qquad (8 - 10)$$

式中　$n_{水}, n_{铁}$——水和铁套管吸收 γ 射线的校正系数;

　　　$C(1 - \eta)$——矿石有效平衡系数;

　　　A——γ 测井换算系数。

上式计算的 $I_{给}$ 值包括了围岩底数 γ 照射量率。这一点与$\frac{1}{2}I_{max}$法和$\frac{4}{5}I_{max}$确定矿层边界是不同的。给定含量法一般都用 0.03% 作为矿体的边界品位。

例 8 – 1　某矿床测得一条矿化不均匀的 γ 测井异常曲线。孔内有直径为 127 mm 的铁套管,套管厚度为 4.5 mm,套管内充满清水,其校正系数分别在相应量板上查得 $n_{水} = 0.18$,

$n_{铁} = 0.15$，若有效平衡系数为 1，测井换算系数 $A = 107 \times 7.17 \times 10^{-14}$ A/kg/0.01%U，要确定铀含量为 0.03% 时的矿层边界，试用给定含量法确定矿层边界。

解：根据式（8-10）直接计算

$$I_{给} = 107 \times 0.03 \times (1 - 0.18) \times (1 - 0.15) \times 100 = 224(7.17 \times 10^{-14} \text{ A/kg})$$

此照射量率就是铀含量为 0.03% 的矿层边界点，如图 8-11 所示。

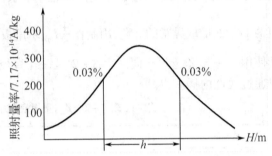

图 8-11　给定含量法计算 γ 强度确定矿体边界示意图

实践证明，用给定含量法确定矿层边界，对于富矿层所确定的厚度偏大；反之，对贫矿层所确定的厚度偏小。但因其方法简单仍然被广泛应用。

除了以上三种常用方法外，当矿层界限附近异常的极大值不明显，或围岩底数照射量率不稳定，但异常翼部某一段直线内（三个测点以上）的梯度较陡，可用 $\frac{1}{2} I_{\max}$ 法确定矿体的边界。

4. 确定矿层群厚度的方法

矿层群是指放射性元素含量不同的几个矿层的组合。矿层群的异常实际上是各单个矿体异常照射量率的叠加。

在矿层群某一点的 γ 射线照射量率是由组成矿层群各单个矿层在该点所引起的 γ 射线照射量率的总和。如图 8-12 所示，A 点的照射量率 I_A 等于第一、二、三层分别在 A 点所引起的有效 γ 射线照射量率的总和，即 $I_A = I_1 + I_2 + I_3$。距该点 60 cm 以外的其他矿层在 A 点引起的照射量率可不予考虑。

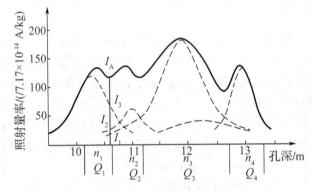

图 8-12　由矿层群的 γ 射线确定矿层厚度的方法示意图

矿层群解释厚度一般根据边部峰的性质按铀含量品级要求和上述解释矿层的方法确定矿层群厚度。若矿层之间的夹石厚度大于 70 cm 时应将其单独划出来。

当有特别高品位矿层时，应单独划出。特高品位的确定与矿床的品位均匀程度有关，一般规定特高品位下限为平均品位的 6～8 倍。矿床的均匀程度用品位变化系数来衡量，即

$$C_V = \frac{s_c}{\bar{c}} \qquad\qquad (8-11)$$

式中　C_V——矿床品位变化系数；

　　　s_c——参加储量计算的矿床所有矿石品位的均方差；

　　　$\bar{c}$——参加储量计算的矿床所有矿石的算术平均品位。

当 $C_V > 160\%$ 时,视为品位分布不均匀矿床,特高品位下限的倍数取 8;当 $100\% < C_V < 160\%$ 时,视为品位分布较均匀矿床,特高品位下限的倍数取 7;当 $C_V < 100\%$ 时,视为品位分布均匀矿床,特高品位下限的倍数取 6。

对要求不太严格的矿点或矿床储量初步估算时,特高品位下限系数可以采用 10 倍。矿石品位分布越不均匀,特高品位下限的倍数也越高。

比如某铀矿床平均品位为 0.2% ,而 $C_V = 90\%$,则该矿床特高品位的下限是 $6 \times 0.2\% = 1.2\%$ 。就是说矿层群中某单层矿体品位超过 1.2% 时,这个品位就被视为特高品位。对于特高品位必须进行处理(除非是可以单独圈出的高品位矿体),否则很容易将矿层群的平均品位抬高。如果采用面积法求取矿层群的平均品位,则特高品位造成的影响可以减少到最低。

特高品位的处理方法有一套严格的规定,请参阅相关书籍。

要指出的是,上述诸方法的解释厚度是矿体的视厚度(即矿层沿钻孔壁出露的厚度)。计算矿体真厚度 $h_{真}$ 时必须知道施工钻孔方位角、钻孔倾角(或顶角)、矿体倾向、矿体倾角、勘探线方位等参数。其计算公式相当复杂,请参阅有关书籍。

8.3.2　根据测井曲线确定矿石中铀含量

自 20 世纪中期以来,除了平均含量法之外,世界各国提出的分层解释计算铀含量的方法很多,如迭代法、逆矩阵法、反褶积法、反褶积差值迭代法、数字信号法等。目前应用最多的是反褶积分层解释法,该方法计算简便,容易实现自动化;其次是迭代法,在世界上应用也比较多。逆矩阵法和其他分层解释计算方法也在改进和发展之中。平均含量法也在向自动解释方向发展。本节将介绍计算机分层解释法和平均含量法。

1.计算机分层解释法

这种解释方法主要包括反褶积分层解释法和迭代法,这两种方法研究已很成熟,应用广泛。

(1)反褶积分层解释法

这种方法是 20 世纪 70 年代加拿大学者 J G Conaway 提出来的,80 年代初引入我国。

反褶积分层解释法要用到高等数学中的多重积分、傅立叶正变换和傅立叶逆变换及工程数学中的复变函数等知识,其数学推导很复杂。这里只介绍它的基本公式和应用实例。

在高等数学中,任何一条曲线都可以通过数学拟合和数学变换(傅立叶阶数)来模拟。反褶积分层解释法就是通过反褶积运算获得曲线与实际曲线对比而求得矿体的厚度和品位的。图8-13是多层矿体形成的γ照射量率曲线图。

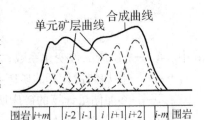

经过严格的数学推导,反褶积分层解释的公式是

$$q(z) = \frac{1}{k_0}I(z) - \frac{1}{k_0 a^2 \Delta z^2}[\,I(Z + \Delta z) - 2I(z) + I(z - \Delta z)\,]$$

$$(8-12)$$

图8-13　分层解释与形态系数示意图

式中　　$q(z)$——测井曲线上任意点 z 的铀含量;

k_0——测井放射性元素的换算系数;

a——特征参数,是决定矿层和围岩对 γ 射线吸收形成的钻孔轴上薄单元矿层 γ 射线照射量率分布的参数;

Δz——采样间距,即计算机自动从曲线上采样的间距,可用分层的层厚表示(图8-13);

$I(z)$——采样点的 γ 照射量率;

$I(z + \Delta z)$——采样间距临近的 γ 照射量率。

式(8-12)使用时一般采用三点式反褶积计算。只要将 k_0, a 值测量准确,代入公式(8-12),把公式(8-12)编制成软件后与测井仪联机,通过计算机自动解释出结果,为测井解释带来极大的方便。

图8-14是某铀矿 ZK831 钻孔 γ 总量测井曲线通过反褶积解释结果。

由图8-14可见,分层厚度为 1 m,反褶积分层解释所得的曲线与 γ 测井曲线非常相似。解释的当量含量最高值(约 0.27% eU)比测井曲线略高,但误差很小。

(2)迭代法

迭代法分层解释法是 20 世纪 60 年代美国 J H Scott 提出来的,并编写了计算机程序(GAMLOG),也有很多国家使用。迭代法又分为差值迭代法和比值迭代法。

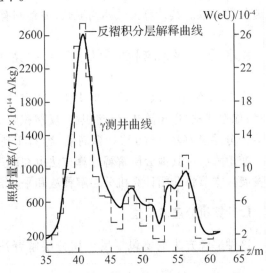

图8-14　某铀矿床 ZK831γ 测井曲线分层解释结果

γ 测井曲线的分层解释,就是将一个放射性元素含量分布不均匀的矿层细分为若干个薄

矿层,而每个薄矿层可以认为是含量分布均匀的矿层,如图 8 - 14 所示。含量不均匀矿层测井曲线是含量均匀薄矿层正态分布测井曲线的叠加。

钻孔轴线上对应于第 i 个单元薄矿层中心位置的 γ 射线照射量率,应当是该单元(i)上下数个相距不等的单元层($i\pm1,i\pm2,i\pm3,\cdots$)产生的 γ 射线照射量率的叠加。这些单元层距 i 层距离不同、含量不同,因此贡献的照射量率各不相同,也就是各单元层的权数不同。这个权数影响曲线形状,所以称为形态系数。各层的形态系数记作 α_k($k=0,\pm1,\pm2,\pm3,\cdots,\pm m$)。离 i 层越远,α_k 值越小,随 k 增大而减小。一般从 $-m$ 到 m,取值为 3 ~ 9,则 i 层中心照射量率为

$$I_i = k\sum_{j=-m}^{m}\alpha_{|j|}\cdot q_{i-j} = k_0 B(h)\sum_{j=-m_1}^{m_2}\alpha_{|j|}\cdot q_{i-k}$$

$$\begin{cases} i = 1,2,3,\cdots,n \\ m_1 = \max(m,1-i) \\ m_2 = \min(m,n-i) \end{cases} \qquad (8-13)$$

式中　k——单元层铀含量计算的换算系数;

　　　k_0——饱和厚度矿层铀含量换算系数;

　　　$B(h)$——单元矿层(厚度 h)中心照射量率之比;

　　　q_{i-k}——第 $i-k$ 个单元层的放射性元素含量;

　　　m——对 i 层 γ 射线照射量率有影响的上下单元层数,称为算子半长度;

　　　$\alpha_{|j|}$——形态系数,因为薄矿层 γ 射线影响范围不大,所以薄矿层厚度取 $\pm\infty$。

公式(8 - 13)是分层解释 γ 射线照射量率(I_i)与单元层铀含量的基本公式。

进行迭代法计算,首先对提供解释计算的 γ 测井数值(曲线)逐一减去本底($I_本$),然后按划分的单元层,参照 $I_{i测}/k_0 = q_i$,给定各单元的初始含量,代入下列公式

$$B(h) = \frac{I_{\max}(\theta)}{I_\infty(\infty)} \qquad (8-14)$$

式中　$I_{\max}(\theta)$——钻孔与矿层相遇角为 θ 时的最大 γ 射线照射量率;

　　　$I_\infty(\infty) = k_0 q_0$——矿层中心点 γ 射线照射量率。

计算得到 I_i 值和 $I_{i测}$ 值比较,判断给予各单元层的初始含量 q_i 正确与否。可以分各单元层进行比较,也可整个曲线作比较。如果两者相差在设定的范围内,则迭代完成。给定的初始含量值($I_本/k_0$),就是矿层分层解释的各单元的含量值。如果两者相差超出误差范围,则应重新调整初始单元层含量,代入公式(8 - 13)再计算。直到满足要求,完成迭代法解释。

差值迭代法和比值迭代法,对各单元层重新修订初始含量的算法是有区别的。

①差值迭代法

对初始含量修订值(q'_i)采用下列方法

$$q'_i = q_i + \frac{I_{i测} - I_{i计}}{k_0} \tag{8-15}$$

式中 $I_{i测}$——第 i 点的实测 γ 射线照射量率；

$I_{i计}$——第 i 点的计算 γ 射线照射量率。

可见,如果第一次给定的初始含量偏低,则 $I_{i计}$ 偏低,修订相为正,初始含量应调高。

②比值迭代法

对初始含量修订值(q'_i)采用比值相乘的方法。如果第一次给定的初始含量偏低,则比值大于1。

$$q'_i = q_i \frac{I_{i测}}{I_{i计}} \tag{8-16}$$

迭代法(8-13)式中形态系数计算是比较复杂的,与特征参数 a 有类似之处。它的影响因素很多,可以根据近似地质脉冲函数得到形态系数的近似值为

$$a_k = \frac{1}{2}(1 + e^{-ah/2})e^{-|k|ph}, k = \pm 1, \pm 2, \pm 3, \cdots \tag{8-17}$$

式中 h——矿层厚度。

所有这些迭代法计算都是计算机自动进行的,不需要太多的人为干预。

2. 平均含量法

平均含量法就是根据测井曲线,计算某一段矿体的平均含量,而不是要把矿层分成若干个小层进行计算,所以平均含量法适用于多层矿体叠加之后作为一层矿体而求其含量的方法。平均含量法尚未实现自动计算,大部分是点测式测井曲线(区别于连续测井曲线)的手动式计算。

根据测井曲线确定铀含量的方法有两种:

①根据测井曲线面积 S 确定铀含量;

②根据异常极大值 I_{max} 确定铀含量。

其中第一种方法应用最广,分别讨论如下。

(1)根据 γ 测井曲线面积 S 确定铀含量

γ 测井曲线所围的面积与矿层中铀含量有关,如图 8-15 所示。显然,测井曲线面积为

$$S = \int_{-\infty}^{+\infty} I_z dz \tag{8-18}$$

公式(8-18)要由直角坐标系转化为球坐标系。经过数学推导,可得

$$S = I_\infty \cdot h \tag{8-19}$$

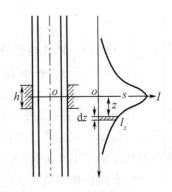

图 8-15 测井曲线面积与含量关系图

$$Q = \frac{S}{A \cdot h \cdot 100} \qquad (8-20)$$

式中　I_∞——厚矿层无水亦无铁套管时矿体中心点的 γ 照射量率,单位 7.17×10^{-14} A/kg;

　　　Q——平衡矿石中的铀含量,以百分含量或 10^{-6} eU 表示;

　　　A——换算系数,单位是 7.17×10^{-14} A/kg/0.01% 平衡铀;

　　　h——矿层厚度,单位 m;

　　　S——矿层所引起的全部面积(7.17×10^{-14} A/kg·m)。

　　这是根据 γ 测井曲线确定铀含量的基本公式。

　　在测井曲线解释图纸上用求积仪求得的面积 B 常以 cm² 为单位,因此,面积值必须乘以测井深度比例尺 m 和 γ 照射量率比例尺 n,即

$$S = B \cdot m \cdot n [7.17 \times 10^{-14} \text{ A}/(\text{kg} \cdot \text{cm})] \qquad (8-21)$$

　　以上讨论的是密度均匀一致的单个矿体的异常面积,对密度均匀一致的矿层群同样适用。当组成矿层群的单个矿体密度不同时,则该矿层群的含量平均值应取密度的加权平均值。

$$\overline{Q} = \frac{\sum (S_i \cdot \rho_i)}{A \cdot \sum (h_i \cdot \rho_i)} \qquad (8-22)$$

式中　S_i——矿层群中第 i 个矿层上的 γ 异常曲线面积;

　　　ρ_i——第 i 个矿层群中的矿石密度;

　　　h_i——第 i 个矿层的厚度。

　　当钻孔中含矿段有井液(水或泥浆)或铁套管存在,平衡系数 $C \neq 1$ 时则计算 Q 要考虑修正。公式(8-20)可写成

$$Q = \frac{B \cdot m \cdot n}{A \cdot h \cdot (1 - n_{水})(1 - n_{Fe}) C (1 - \eta)} \qquad (8-23)$$

式中　$n_{Fe}, n_{水}$——铁套管和水对 γ 射线的吸收系数;

　　　η——矿层射气系数。

　　例 8-2　已知某钻孔 γ 测井曲线如图 8-16 所示。根据密封模型实测数据,换算系数 $A = 105 \times 7.17 \times 10^{-14}$ (A/kg)/0.01% U,使用求积仪求得矿层面积 $S = 1\,960 \times 7.17 \times 10^{-14}$ (A/kg·m)(已经过比例尺换算);已知矿层部位钻孔内充满清水,$n_{水} = 0.12$;钻孔内有铁套管,$n_{Fe} =$

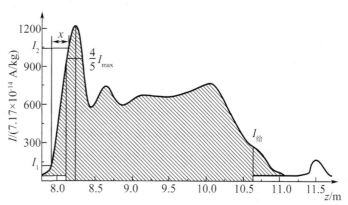

图 8-16　使用不同方法确定矿体边界并计算矿体群的方法

0.15；射气系数 $\eta = 0.05$；铀镭平衡系数 $C = 1.20$；假定矿层与钻孔轴线垂直（即相遇角 $\alpha = 90°$），钻孔直径为 120 mm，试根据测井曲线求取矿层厚度，并求取矿层的平均品位。

解：①确定矿层的上边界

观察图 8 – 16 可知，先按图 8 – 7 所示计算梯度系数，作图（图 8 – 16），得

$x = 0.22$ m，$I_2 = 1\,040 \times 7.17 \times 10^{-14}$ A/kg，$I_1 = 115 \times 7.17 \times 10^{-14}$ A/kg，

底数 $= 40 \times 7.17 \times 10^{-14}$ A/kg

代入公式（8 – 7），得

$$g = \frac{I_2 - I_1}{I_2 \cdot x \cdot \sin\alpha} = \frac{1\,000 - 75}{1\,000 \times 22 \times 1} = 0.042$$

根据表 8 – 1 判断矿层与围岩界限清楚；此处属于薄而富的矿体，根据确定矿层的基本原则，该矿体的上边界应该采用 $\frac{4}{5} I_{max}$ 确定；在底数附近划平行于横轴的线（约 $40 \times 7.17 \times 10^{-14}$ A/kg），异常峰值为 $1\,200 \times 7.17 \times 10^{-14}$ A/kg，则异常边界的 γ 照射量率为

$$(1\,200 - 40) \times 0.8 + 40 = 968(7.17 \times 10^{-14} \text{ A/kg})$$

在曲线左边上升段上按比例尺寻找 $968 \times 7.17 \times 10^{-14}$ A/kg 处，由此处向横轴引平行线，量得异常宽度为 0.22 m，在图 8 – 10 中查 $z = 0.22$ m，$d = 120$ mm，得到矿体厚度为 18 cm，以最高异常（8.25 m 处）为中心，向左边 0.09 m 处即为矿体的上边界，则矿体上边界在 8.16 m 处，如图 8 – 16 所示。

8.25 m 处的峰值右边与厚矿层相连，可以视为矿层内部的界限点，由于我们使用平均含量法，所以内部的点可以不再求矿体边界线。

②确定矿层的下边界

观察图的右边，在 11.0～11.4 m 处 γ 照射量率接近于底数，表明此处为夹石，故最右边 11.5 m 处的异常就应该舍弃（品位低且厚度小），可以视为"干扰"。通过观察可见：右侧异常降低缓慢，在 1 m 内才降到底数附近，$100\cos\alpha = 100$ cm > 25 cm，表明矿体与围岩之间为渐变过渡关系，所以右侧边界应该使用给定含量（0.03%）法计算。

已知 $Q_{给} = 0.03\%$，$A = 105 \times 7.17 \times 10^{-14}$（A/kg）/0.01% U，$C = 1.20$，$\eta = 0.05$，$n_{水} = 0.12$，$n_{铁} = 0.15$，代入公式（8 – 10），得

$$I_{给} = A \cdot Q_{给} \, C(1 - \eta)(1 - n_{水})(1 - n_{铁})100$$
$$= 105 \times 0.03 \times 1.2 \times 0.95 \times 0.88 \times 0.85 \times 100$$
$$= 269 \times (7.17 \times 10^{-14} \text{ A/kg})$$

在右边曲线上寻找 $269 \times 7.17 \times 10^{-14}$ A/kg 处向横轴引垂线，垂足为 10.64 m，这就是矿体群的下边界。

③求矿层厚度 h

矿层厚度为矿层下边界与上边界的坐标差，即 $h = 10.64 - 8.16 = 2.48$ m，这就是该矿层

群的厚度。

④求矿层群的平均品位

把 $S = B \cdot m \cdot n = 1\,960 \times 7.17 \times 10^{-14}$ A/kg·m，$A = 105 \times 7.17 \times 10^{-14}$ A/kg /0.01% U，$n_{水} = 0.12$，$n_{铁} = 0.15$，$\eta = 0.05$，$C = 1.20$，$h = 2.48$ m 代入公式(8-23)，得

$$
\begin{aligned}
Q &= \frac{B \cdot m \cdot n}{A \cdot h \cdot (1 - n_{水})(1 - n_{铁}) C(1 - \eta)} \\
&= \frac{1\,960}{105 \times 2.48 \times (1 - 0.12) \times (1 - 0.15) \times 1.20 \times (1 - 0.05)} \times 0.01\% = 0.088\%
\end{aligned}
$$

这样经过各项校正后计算的矿体厚度和平均品位可以直接参加储量或资源量计算。但须注意，由于钻孔是垂直通过矿层的，这时的矿层厚度为"真厚度"，要进行储量计算还要将此厚度换算为"沿勘探线的水平厚度"，这是勘探线剖面法计算储量必须使用的厚度。

(2)根据极大值确定铀含量

由公式(8-19)可见，当矿层厚度 h 无穷大时(饱和矿层)可将矿层饱和照射量率 I_{∞} 直接代入公式计算铀含量。当 h 小于饱和矿层时，则矿层中心照射量率 $I_{max}(h) < I_{\infty}$，这时必须根据图 8-4 先查厚度为 h 的 $I_{max}(h)/I_{\infty} = b$ 值(即归一化计算)，再把 $I_{\infty} = \dfrac{I_{max}(h)}{b}$ 代入公式(8-20)，得

$$
Q = \frac{I_{max}(h) \cdot h/b}{C(1 - \eta) \cdot A \cdot (1 - n_{水})(1 - n_{铁})} \times 0.01\% \qquad (8-24)
$$

这种方法由于 $I_{max}(h)$ 包括了相邻矿层的影响，对矿层群的解释就很困难，同时测定 $I_{max}(h)$ 的误差较大，故实际工作中很少采用。

8.4　伽玛测井换算系数及其测定方法

从公式(8-20)可见，γ 测井换算系数 A 是描述铀镭平衡且无射气逸散的无限大矿层(饱和矿层)中，γ 射线照射量率 I_{∞} 与其中铀含量关系的参数。A 在数值上等于铀含量为0.01% 放射性平衡的无限厚矿层中心处测得的 γ 照射量率，其表达式是

$$
A = \frac{I_{\infty}}{Q} \times 0.01 \times (7.17 \times 10^{-14} \text{ A/kg /0.01\% U}) \qquad (8-25)
$$

A 值与探测器的能谱灵敏度和矿层 γ 射线的能谱成分有关。前者指的是探测器甄别阈，后者取决于矿石的物质成分，常用有效原子序数来表征。此外 A 值还与探测器的类型、不同屏蔽条件有关。

根据许多实验和生产资料证明，当岩石面密度为 3~4 g/cm² (相当于厚度为 4~5 mm 的铁质探管外壳)、矿石有效原子序数在 9~16 范围内变化、铀镭平衡时的无限矿层上其平均测井换算系数 $A = (107 \pm 3) \times 7.17 \times 10^{-14}$ A/kg/0.01% U。如果探测器类型、长度及其屏蔽层

厚度、探管外壳材料和厚度、矿石有效原子序数与上述条件相差较大时,则务必重新确定换算系数值。

A 值的测定方法目前有模型法和逆推法两种,现分述如下。

8.4.1 在密封标定模型上测定

用校正好的测井仪在模型中心取 50 次以上读数,取其平均值,按下式计算 A 值,即

$$A = \frac{\bar{I}_\infty}{Q_U \cdot C \cdot 100}(7.17 \times 10^{-14} \text{ A/kg } / 0.01\% \text{ U}) \tag{8-26}$$

式中 $\bar{I}_\infty$——经过模型中铁套管吸收修正后的平均 γ 照射量率;

Q_U——模型中心的铀含量。

如果标定模型两侧装有围岩时,最好测定饱和矿层的异常面积,用面积法求取 A 值,即

$$A = \frac{\bar{S}}{H \cdot Q_U \cdot C \cdot 100}(7.17 \times 10^{-14} \text{ A/kg/0.01\% U}) \tag{8-27}$$

式中 $\bar{S}$——经过模型中铁套管吸收修正后的平均异常面积。

如果标定模型中的矿石湿度大于 5% 时,则铀含量 Q_U 应进行湿度修正

$$Q_{U模} = Q_U \frac{100}{100 + \bar{W}} \tag{8-28}$$

式中 $\bar{W}$——模型矿粉的平均湿度。

当标定模型中钍含量大于 0.005% Th 并利用式(8-27)和(8-28)计算 A 值时,需要进行钍含量的修正。

8.4.2 在敞开标定模型上测定 A 值

当敞开标定模型制作一个月以后,用在密封模型上相同的测量方法测定 A 值,由于敞开模型中 Rn 气易逸散,故计算 A 值时要进行射气系数的修正,其计算公式为

$$A = \frac{\bar{I}_\infty}{Q_U \cdot c \cdot (1-\eta)100}(7.17 \times 10^{-14} \text{ A/kg/0.01\% U})$$

$$A = \frac{\bar{I}_\infty}{Q_U^\gamma \cdot 100}(7.17 \times 10^{-14} \text{ A/kg/0.01\% U}) \tag{8-29}$$

式中 η——射气系数;

Q_U^γ——模型中铀的 γ 当量含量。

敞开模型有一个很大的缺点,即模型表面的矿粉易受空气中湿度的影响,使模型内的氡气积累很不稳定,直接影响测定 A 值的精度,故在实际生产中很少应用该法测定 A 值。

8.4.3　逆推法

如果没有标定模型,可以在矿芯采取率很高(大于 85% 以上)并且有代表性的钻孔中进行重复测井,取矿芯样送实验室分析铀含量,用逆推对比法确定测井换算系数,在放射性平衡、无扩散且无其它放射性元素干扰的情况下计算公式如下

$$A = \frac{\overline{S}}{H \cdot Q_U \cdot 100}(7.17 \times 10^{-14}(A/kg)/0.01\% U) \qquad (8-30)$$

式中　$\overline{S}$——重复 γ 测井的平均异常面积;

　　　H——解释的矿层厚度;

　　　Q_U——平衡铀含量。

这种方法虽然比较经济,但与模型法相比,其代表性、准确性要差些,故只能在精度要求不高的生产中使用。

8.5　伽玛测井结果的检查验证及质量评价

8.5.1　内部检查

1. 重复测井

对测井过程中的工业和表外矿体异常段应立即进行同人同仪器的重复测井;0.01% 品级以下的放射层一般不作重复测井工作;两次测定的异常面积相对误差小于 ±5%,则认为该异常段符合质量要求,否则要作第三次测量。

2. 检查测井

对有代表性的钻孔和有怀疑的钻孔要作不同人、不同仪器和不同时间的检查测井。全矿区要有测井总工作量的 10% 检查,检查的重点应放在含矿段(主要放在工业矿段)。基本测井与检查测井的异常面积误差应小于 10%,峰值位移不大于深度的 0.2%。若达不到要求需进行第二次检查测井,并要查明原因。

8.5.2　外部检查

通常用矿芯取样或圆柱取样的分析结果与 γ 测井解释结果相对比,作为 γ 测井的外部检查手段。

1. 用矿芯取样法检查 γ 测井结果

参与检查 γ 测井结果的矿芯样品必须满足下列要求:

①要求矿芯尽量完整,并按提取矿芯的先后顺序排列,不得颠倒混乱,矿芯采取率不低于85%;

②矿芯中的铀不能有溶蚀淋滤现象;

③参与对比的矿芯样长度不少于矿区总测井解释矿段长度的10%~30%(实际矿芯长度不少于20 m)。当矿石中有其他含量较高的放射性元素时,对比工作量应适当增加。按测井解释含量、厚度和经过湿度修正后的矿芯样品含量及其所代表的矿段厚度的线储量,计算其相对误差,有

$$f = \frac{\sum_{i=1}^{n} h_i Q_i - \sum_{i=1}^{n} L_i q_i}{\sum_{i=1}^{n} L_i q_i} \qquad (8-31)$$

式中　h_i, Q_i——第 i 异常段 γ 测井解释厚度和含量;

L_i, q_i——第 i 异常段第 i 个矿芯样品长度(经矿芯采取率换算后的长度)及分析含量。

如果其相对误差不超过 ±10%,则认为 γ 测井结果是可靠的,用于 γ 测井解释中的各种系数值也是合理的。若误差超出 ±10%,应查明原因重新测定计算。

必须指出,矿芯取样所代表的体积为直径80~100 cm 的圆柱体,而 γ 测井结果所代表的是直径为400~500 mm 圆柱体中的平均铀含量,当矿化不均匀时,矿芯取样的分析含量可能与 γ 测井的解释含量有较大的差别。因此,这种方法必须在大量资料的基础上进行统计对比,才能得到满意的结果。

2. 圆柱取样检查 γ 测井结果

利用圆柱取样把 γ 测井过程中 γ 射线对探测器的有效影响范围刻取下来,分析铀含量,与 γ 测井解释含量进行对比。

圆柱取样孔应选择在以下地段:①矿化均匀程度、铀含量和矿石类型等有代表性的地段;②钻孔壁要求完整无坍塌,地下水简单和 γ 测井精度可靠的地段;③矿层埋藏浅或矿层埋藏虽然很深,但其附近有坑道工程贯通的钻孔控矿地段,也可在坑道工程控矿的适当位置布置专

门用于圆柱取样的补充钻孔。

　　凡进行圆柱取样的钻孔,在取样前应重新进行 γ 测井检查测量。

　　圆柱样直径 D 由下式决定

$$D = \frac{100}{\rho} + d_{孔} \qquad\qquad (8-32)$$

式中　　ρ——矿石体重,g/cm^3;

　　　　$d_{孔}$——钻孔直径,cm;

　　　　100——水平方向上 γ 射线的横向饱和度作用范围,g/cm^3。

　　γ 测井结果与圆柱取样结果相对误差小于 10% ,认为测井结果可靠。相对误差仍按公式 (8-31) 计算,只是式中 L_i,q_i 为第 i 异常段圆柱取样所得的矿柱长度及铀含量。

　　用圆柱取样作外部检查比较合理,尤其是在矿化均匀,钻孔与矿层相遇角为 90° 的情况下它与 γ 测井的代表性一致。它的缺点是工程量大、速度慢、成本高。另外,当矿化不均匀,钻孔与矿层相遇角不是 90° 的情况下,圆柱取样代表性不够,宜改用椭圆柱体取样。

　　γ 测井是比较完善成熟的工作方法。对于不同类型的铀矿床应适当考虑作少量的圆柱取样进行验证。

第9章 探矿工程中的 γ 编录

物探编录是借助探矿辐射仪,在探矿工程(剥土、探槽、探井、坑道、钻孔等)揭露出来的岩层表面上测量放射性场的展布形态,了解铀矿化特征,圈定矿体赋存部位,初步确定取样位置和粗略了解矿石品位,为研究含矿系数提供依据。

物探编录采用 γ 法和 β + γ 法两种,在普查、勘探过程中,一般以 γ 法为主,只有在岩矿芯编录或铀镭平衡破坏严重时,才采用 β + γ 法编录。

γ 编录的基本原理是利用特制的铅套,在矿体上进行不带抽条(也称半屏测量)和带抽条(也称全屏测量)两次测量 γ 照射量率,用其差值 γ 照射量率反映被测矿体的形态、规模和初步确定矿体厚度、品位等。目前应用较广泛的是使用定向辐射仪的一次测量。

β + γ 编录法,实质上是将探测器置于裸露的岩石表面,直接在矿体上记录 γ 和 β 射线,根据 β + γ 照射量率了解矿化范围和矿体的变化情况。有时为了掌握铀镭之间的大致平衡位移情况,也可同时进行 γ 测量和 β 测量,即利用 β 射线穿透物体的能力小于 γ 射线穿透物体能力的特性,借用 2.5 mm 厚的铝板或 1 ~ 1.5 cm 厚的木条,进行不带板(条)测量 β + γ 照射量率和带板(条)测量 γ 射线照射量率,其差值为 β 射线照射量率。当铀镭平衡严重偏铀,γ 射线照射量率很弱时,用 β + γ 编录法能有效地圈定矿体。常用仪器为 FD – 3010 型 β – γ 编录取样仪。

物探编录所用的辐射仪,铅套装置及其对辐射仪性能、仪器的标定,铅套规格、铅套换算系数的要求等,与辐射取样相同(详见第 10 章)。

9.1 γ 编录方法及要求

物探编录的测量方法有螺旋法、网格法、剖面法等。螺旋法适用于检查探矿工程中放射性异常分布的大致范围和位置;网格法适用于详细测量矿体的分布形态和规模;剖面法适用于无矿地段测量岩性 γ 正常值。

在异常场或偏高场进行物探编录时,为了消除散射 γ 射线的影响,所用辐射仪探管必须带铅套测量。在矿化均匀,异常分布范围较大,而且有一定规律时,一般采用带铅套不带抽条(也称衬条)一次测量编录,若 γ 照射量率变化较大,异常分布零乱无规则,矿化极不均匀时,则应进行不带抽条和带抽条的差值法测量。

物探编录必须与地质编录同时进行,同一工程必须采用相同的基准点和基准线,用统一的工程名称和代号。编录前必须清除工程内的矿石渣、围岩渣,排除粉尘和氡及其子体的污染,尽力保持工程壁面清洁、平整。

　　编录工作开始时,首先用辐射仪大致检测工程内 γ 照射量率的变化情况。测量时使辐射仪探头距工程壁 3～5 cm,沿着探矿工程掘进方向用螺旋法测量,螺距一般以 0.5 m 为宜。测量过程中如发现异常时,应立即在异常段部位作出标记。

　　在异常地段必须按网格进行测量,测网应根据矿化类型、矿体规模、探矿工程断面的大小等情况而定。如矿化均匀,范围又大时,一般可用 50 cm×50 cm 网度,矿化范围较小又不均匀者,可采用 25 cm×25 cm 网度;若矿化受地层层位或一定构造控制时,可采用 50 cm×25 cm 的长方形网度;当矿化范围小,矿化极不均匀,又不规则者,可用不等点线距的网度进行编录。编录测量时,铅套的轴线应大致垂直矿体厚度放置。在测量过程中,铅套要紧贴工程壁面,不得移动,以免影响读数精度。

　　在网格法测量的基础上,根据矿体的大小和形态布置取样线,然后进行取样线上的伽玛测量,测量时必须用差值法。取样线的布置原则和取样线点距的选择,可参照辐射取样野外工作方法一节。

　　在无矿地段,可用剖面法编录,沿着工程的壁、底或顶的腰线或中线,以 0.5～1 m 的点距进行带铅套不带抽条的一次 γ 测量。

　　下面介绍几种常用的探矿工程物探编录方法。

9.1.1　探槽工程 γ 编录

　　探槽是地质工作最常见的揭露手段,其代号是 TC。探槽编录属于日常地质工作,主要由技术人员担任。

　　编录探槽前,首先要检查工程是否达到揭露基岩 0.5 m 深的要求,然后再进行地质编录。地质编录中先确定基准线的位置(图 9-1),基准线必须布置在工程内基岩部分。挂基准线皮尺时一定要把皮尺拉紧(两端固定牢靠),以防皮尺自然下坠造成位置误差。挂牢皮尺后可在皮尺上用罗盘量取探槽的坡度和方位角,并标在图的左上角。通常探槽编录只编录槽底和一壁。当地质情况复杂或矿化不均匀时,应编录槽底和两壁。一般先画工程的轮廓线,再编录地质内容,最后再编录物探内容。必要时可取少量刻槽样品,以备检查分析之用。

　　经过初步测量后,在异常地段应进行网格法详测。对无异常的探槽一般只是沿基线每隔0.5～1 m 作剖面法测量。

　　对异常地段所测量的 γ 射线照射量率要圈出等值线,等值线一般采用外带(用 1 表示)、中带(用 2 表示)和内带(用 3 表示)。在勾绘 γ 照射量率等值线时,一般对于高值异常点应该保留位置图示,槽探中的 γ 编录样式如图 9-2 所示。

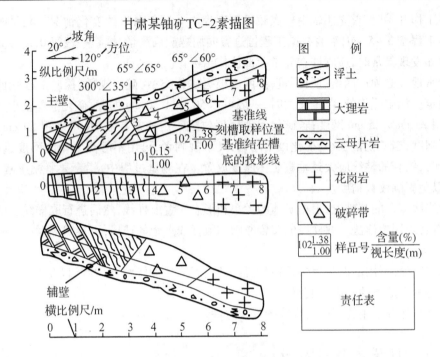

图 9-1 探槽地质编录实例

9.1.2 剥土工程 γ 编录

在地形较陡的山坡上,基本顺着山坡的等高线方向挖掘的揭露工程,称剥土工程(代号 BT)。剥土一般用在浮土较浅的山坡地段,它适用于地质情况复杂,构造复合交叉或矿体产状不明显的地段。剥土工程有时利用天然陡壁改造,有时使用采矿陡壁,故剥土工程一般面积很大,其面积有时就达几百甚至上千平方米。由于剥土面积大,物探编录时一般采用网格法,在异常地段采用 50 cm×50 cm 或 1 m×1 m 的网度进行编录。无矿地段采用线距为 2 m,点距为 0.5~1 m 的长方形网度法测量岩石 γ 照射量率正常值。剥土编录与探槽编录相似,但剥土一般不编录底面(底面碎石铺垫较厚,不便于观测地质现象)。

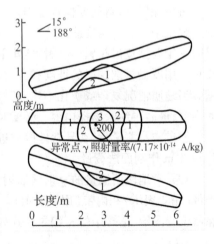

异常点 γ 照射量率/(7.17×10⁻¹⁴ A/kg)

图 9-2 探槽中的 γ 编录示例

9.1.3 探井工程 γ 编录

探井工程一般用于追索地表以下几米至几十米内矿体的延伸情况,按探井的深度分为深井(代号 SHJ)和浅井(代号 QJ),按探井断面形状又可分为方形井和圆形井。一般探井是铅垂掘进,每当掘进 1~2 m 编录一次。通常对方形探井编录四壁,当地质情况简单,矿化均匀时,可编录相邻两壁;编录圆形井时,首先根据岩矿层产状把井口分成四个象限,例如把圆形井画成 0°,90°,180°,270° 四个象限(如图 9 – 3 所示),沿着各象限的垂深方向布置基线。无异常时,沿基线每隔 0.5~1 m 的点距测剖面线。有异常时,一般编录四个象限,采用 50 cm × 50 cm 或 25 cm × 25 cm 网度进行详测,当地质情况简单,矿化均匀时,可编录相邻两个象限。当探井竣工后最后一次编录时,应对井底进行编录。一般编录"＋"字剖面与四壁的基线相连,点距为 25 cm 或 50 cm 为宜,如图 9 – 4 所示。

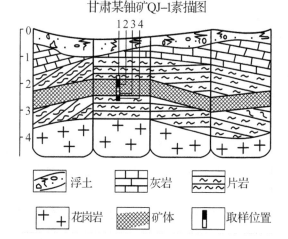

图 9 – 3 浅井的地质编录实例

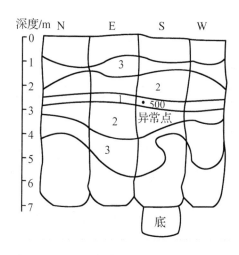

图 9 – 4 浅井的 γ 编录示例

9.1.4 坑道工程 γ 编录

地质勘查中的坑道按照掘进的方向可分为天井(朝上掘进,代号 TJ)、平硐(水平掘进,代号 PD)、竖井(朝下掘进,代号 SJ)、上山(倾斜朝上掘进)和下山(倾斜朝下掘进)。按照坑道与矿体(或构造带)的关系又可分为沿脉坑道(沿矿体走向掘进)和穿脉坑道(垂直或近似垂直矿体走向掘进),其中的沿脉坑道在矿体内部掘进又称为脉内沿脉,在矿体外部沿与矿体平行方向掘进的称为脉外沿脉。按照主次关系又分为主巷、支巷、石门等。地质勘查中一般使用平硐,沿脉坑道一般为主巷,穿脉坑道一般为支巷(或石门)。

在一般情况下,坑道应编录两壁一顶,如图9-5所示。若地质情况简单,又为非矿化地段时,可编录一壁一顶(同一坑道应编录同一侧壁)。坑道编录一般不落后掌子面(即掘进面)5~10 m,其中小支巷编录最迟在工程完工后立即进行。沿脉坑道必须编录掌子面,在矿化地段每掘进2 m左右就要编录一次,无矿地段编录间距可适当放稀。

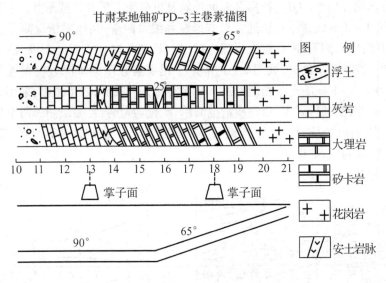

甘肃某地铀矿PD-3主巷素描图

图9-5　坑道地质编录图实例

在缓倾斜矿体上施工坑道时,常在坑道内用天(暗)井工程切穿矿体的厚度。对天井或暗井工程的物探编录,可参照地表探井工程编录方法。主要是编录与坑道壁在同一垂面内的两井壁。

对沿矿体倾向方向掘进的上山或下山工程进行物探编录时,一般编录顶板和两壁,同时每当工程掘进2 m左右,编录一次掌子面。物探编录网度一般采用50 cm×50 cm,当矿体沿倾向变化稳定,矿化均匀,范围又大时,可采用100 cm×25 cm的长方形网度进行物探编录。

取样线的布置,应根据矿体的产状而定。陡倾斜矿体布置在腰线上(水平布置),亦可水平地布置在掌子面上。当矿体为缓倾角时,在坑道两壁对称铅垂布置取样线,线距为2 m左右,或在掌子面中线上铅垂布置取样线,点距为10~20 cm。

坑道γ编录以后也要绘制γ照射量率等值图,绘制方法与其他工程相同。

9.1.5　岩(矿)芯物探编录

钻探是常用的深部揭露手段,钻孔代号ZK。随着钻机向金刚钻、冲击钻、涡轮钻方向发展,钻机直径和岩(矿)芯体积越来越小。为了防止漏掉矿体和低照射量率的异常,必须采用

β+γ法编录岩(矿)芯。

　　编录之前首先正确填写钻孔号、孔口坐标、开孔日期、钻孔方位和倾角等内容(图9-6),待终孔之后再补充终孔日期和孔深等内容。岩矿芯编录时先进行地质编录,然后进行物探编录。一般每钻进50 m左右编录一次,具体方法是:首先应选择一块宽敞的、γ照射量率较低的编录场地,然后把岩芯箱按顺序平放在编录场地内,拿钻探班报表核对岩芯箱内的岩芯牌编号、回次(每提一次钻为一个回次)、回次进尺、累计孔深等。地质编录中,要正确描述岩(矿)芯地质特征,正确计算岩(矿)芯采取率(即实际岩芯长度与进尺的比值)。编录过程中还要根据岩(矿)芯的自然断面或机械断面和岩层、岩性、构造等出现的先后次序检查岩(矿)芯的放置是否有颠倒现象,并把其整理好。对用泥浆钻进的岩(矿)芯,要用清水把其表面洗净。最后用辐射仪按岩芯排列的先后顺序测量γ照射量率或β+γ照射量率。测量时辐射仪探头距岩芯3 cm左右缓慢移动,发现异常立即在岩芯上作标记。无矿地段一般以0.5~1 m的点距记取读数。将测量数据填写在编录柱状图的表格内。

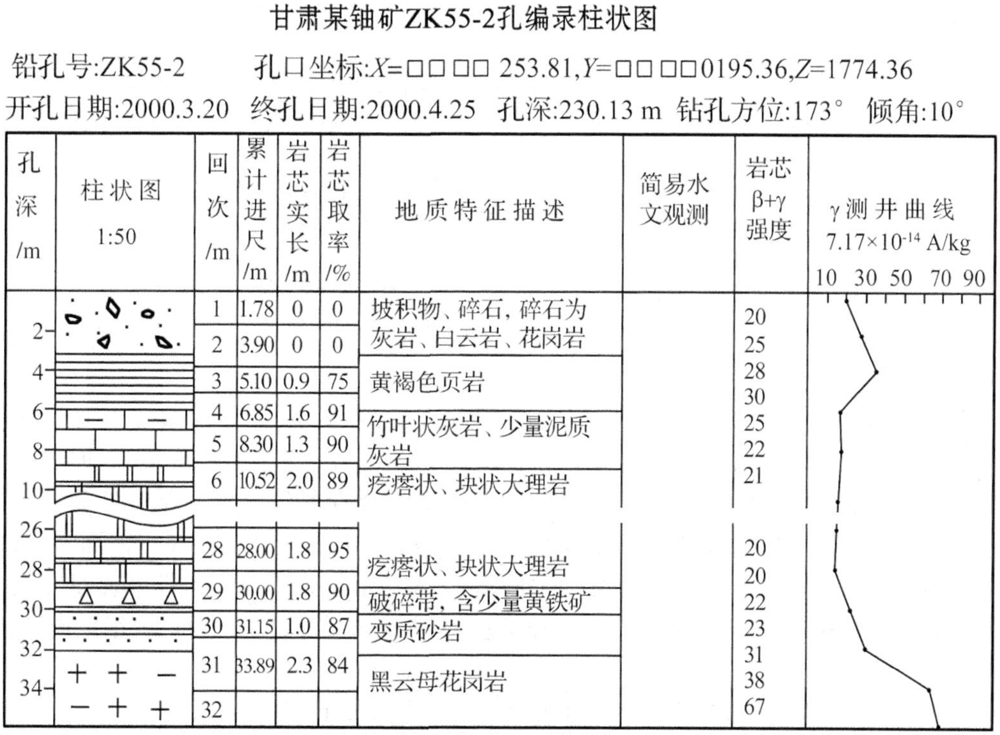

甘肃某铀矿ZK55-2孔编录柱状图

铅孔号:ZK55-2　　　　　孔口坐标:$X=□□□□253.81, Y=□□□□0195.36, Z=1774.36$

开孔日期:2000.3.20　终孔日期:2000.4.25　孔深:230.13 m　钻孔方位:173°　倾角:10°

孔深/m	柱状图1:50	回次	累计进尺/m	岩芯实长/m	岩芯取率/%	地质特征描述	简易水文观测	岩芯β+γ强度	γ测井曲线 7.17×10⁻¹⁴ A/kg 10 30 50 70 90
2		1	1.78	0	0	坡积物、碎石,碎石为灰岩、白云岩、花岗岩		20	
		2	3.90	0	0			25	
4		3	5.10	0.9	75	黄褐色页岩		28	
6		4	6.85	1.6	91	竹叶状灰岩、少量泥质灰岩		30	
8		5	8.30	1.3	90			25	
10		6	10.52	2.0	89	疙瘩状、块状大理岩		22 / 21	
26		28	28.00	1.8	95	疙瘩状、块状大理岩		20	
28		29	30.00	1.8	90	破碎带、含少量黄铁矿		20 / 22	
30		30	31.15	1.0	87	变质砂岩		23	
32		31	33.89	2.3	84	黑云母花岗岩		31 / 38	
34		32						67	

图9-6　钻孔地质与物探编录柱状图

　　编录矿芯时,必须将矿芯从岩芯箱中取出,放入离其他岩芯1 m以外的专门编录矿芯的箱内进行测量。专用岩芯箱的尺寸及式样如图9-7所示。

　　测量前先把仪器探头放在矿芯上测量各面,选择照射量率最高面进行测量,每隔 10~20 cm 点距测量 β + γ 照射量率。若同一深度上矿芯正反两面的照射量率相差很大时,则应同时记录最高照射量率和最低照射量率,以便研究矿化等情况时参考。

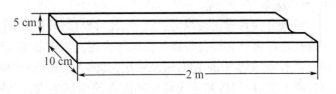

图 9 - 7　岩芯编录箱示意图

　　编录中应该注意,当矿芯中铀镭平衡破坏,并严重偏铀时,应在同一测点上进行 β + γ 和 γ 测量。野外简易判别矿芯铀镭平衡破坏的方法是用 β + γ 照射量率比 γ 照射量率,若比值大于 2 时,则认为平衡破坏偏铀,应进行 β + γ 和 γ 法测量。

　　矿芯的测量位置、测点距离等,必须用红油漆标志在矿芯上,以便取样时确定取样位置,也便于事后检查,矿芯编录测点应测量到正常场 1 m 以上。

　　地质、物探编录完成后,用红油漆在岩芯箱上写上钻孔号、进尺距离(米数区间)和岩芯箱编号等内容,便于日后复查和上级部门检查工作之便。

　　现场编录完毕后回到室内,还要把岩性描述中所描述的岩性按规范的花纹绘制在编录的柱状图上,并配以测井数据折线图,以便与 β + γ 测量或 γ 测量进行对比,研究矿化情况。

9.2　γ 编录质量检查

　　各种物探编录与其他放射性测量一样,必须进行工作质量的检查。检查的方法有自检和互检两种。自检是在基本测量过程中,对可疑点、可疑地段立即进行重复测量,在同一测点上,前后两次测量的照射量率误差不应大于 ± 10%。

　　互检是由物探人员或编录组长亲自或指定专门人员,对基本测量和基础工作进行系统的检查,检查内容包括辐射仪出勤前后灵敏度变化、探矿工程物探编录方法和测网的选择、测网布置是否能控制矿体的规模和客观反映矿体的形态,基本测量精度是否符合要求等。

　　检查工作量应占基本工作量的 5% 以上,重点检查含矿地段。检查测量以剖面为主,也可以用面积检查。检查地段可以随机选定,但要有代表性。检查测量必须与基本测量在同一位置上,在检查测量过程中,最好测一个完整异常段,即由正常场穿过高场再进入正常场,使异常剖面完整。

　　物探编录基本测量与检查测量间的面积相对误差按下式计算

$$\Delta = \frac{S' - S_0}{\dfrac{S' + S_0}{2}} \times 100\% \qquad (9 - 1)$$

式中　S_0——基本测量 γ 照射量率曲线面积;

S'——检查测量 γ 照射量率曲线面积。

面积相对误差不应大于 20%，如果总检查工作量中 80% 的检查误差小于 20% 时，说明物探编录质量符合要求。否则认为编录质量不高，应查明原因，视具体情况进行补救工作，或推倒重来。无矿怀疑地段可采用简单检查。

9.3   γ 编录资料整理

在整理资料之前，首先认真核对原始数据，工程代号、编录部位、仪器型号、铅屏编号等。

用透明纸附在工程展开图上复制其轮廓，将测点伽玛照射量率数据按网格标在透明纸图上，然后绘制等值线图。有矿地段应按铀含量品级划分原则来圈定，一般以 0.01%U、0.03%U、0.05%U、0.1%U、1.0%U、>1.0%U 六个品级圈等值图。小于 0.01%U 铀含量的异常地段一般绘制 γ 照射量率等值线图。底数附近的 γ 照射量率只在工程中保留原始数据，不绘制等值图。

绘等值图时，一般用内插法，从低品级到高品级逐级圈等值图。要求等值图线条匀称，自然圆滑，并用表 9 - 1 中的颜色将各等值圈显示出来。

表 9 - 1   铀含量等值图色谱

含量范围/%	0.01 ~ 0.03	0.03 ~ 0.05	0.05 ~ 0.10	0.10 ~ 1.00	>1.00
颜色	浅黄	橙黄	粉红	大红	紫

无矿地段所测得的伽玛照射量率数据，可直接标在探矿工程编录展开图相应的位置上，或标在展开图之旁，绘制照射量率剖面曲线图。

岩(矿)芯物探编录资料整理，主要是绘制矿芯异常曲线图和在钻孔综合柱状图上绘制 β + γ 照射量率变化曲线图。绘制的矿芯异常曲线，应按 γ 测井铀含量品级解释矿层厚度，取矿芯样送实验室分析铀、镭含量等，供研究矿床中铀镭平衡和检验伽玛测井结果之用。

检查测量资料可绘在基本测量的图纸上，并用两种颜色或两种线条将其分开。

第10章 辐射取样

辐射取样是借助辐射仪在矿体露头上或坑道、采场等山地工程中直接测定矿石的射线照射量率,并根据测定结果来确定矿石含量和矿体厚度的方法。

辐射取样可分为 γ 取样法、γ 能谱取样法、β - γ 综合取样法等。由于 γ 射线穿透能力强,根据 γ 取样确定矿石铀含量代表性好,且已有一套成熟的工作方法,因此在铀矿勘探和开采过程中得到了广泛应用。γ 能谱取样法,主要用在铀钍混合矿床上,分别确定矿石的铀、钍含量。当铀镭平衡严重破坏,并偏铀时,可采用 β - γ 综合取样法。

辐射取样无需把岩石样品取回去,而是通过测量 γ 照射量率或 β + γ 照射量率来计算铀含量。故这种方法比起其他方法来有很多优点,比如效率高,测量现场就可得出铀含量,减少了取样测试等中间环节。

10.1 伽玛取样的理论基础

γ 取样的实质,就是在山地工程揭露的矿层面上,垂直或近似垂直矿层每隔一定间距布置取样线,用差值测量法测出矿石中的 γ 射线照射量率。差值测量法目前有两种,带铅套的差值法和定向一次测量差值法,其原理分述如下。

10.1.1 利用铅套测量照射量率差值法

带铅套的差值 γ 取样法是用带薄铅套的 γ 探测器在取样线每个测点上,先不带抽条测一次 γ 射线照射量率 I_1。然后保持铅套不动,插入抽条再测一次 γ 射线照射量率 I_2,根据 I_1 和 I_2 的照射量率差值 $\triangle I$ 可计算矿石的铀含量和确定矿层厚度。目前生产单位常用的铅套有立式和卧式两种,如图 10 - 1 所示。

由图 10 - 2 看出,I_1 和 I_2 是由周围照射量率、底数和铅套开口下面取样体积的照射量率三部分组成的。

$$I_1 = I_{矿} + I_{围} + I_{底} \tag{10 - 1}$$

$$I_2 = \alpha I_{矿} + I_{围} + I_{底} \tag{10 - 2}$$

两式相减得到

$$\Delta I = I_1 - I_2 = I_{矿}(1 - \alpha) \tag{10 - 3}$$

式中 $I_{围}$——周围放射性物质的 γ 照射量率;

$I_{底}$——自然底数;

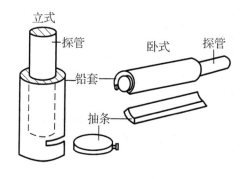

10－1　常用的取样铅套

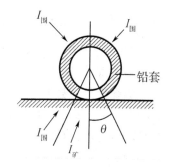

图 10－2　带铅套差值法取样原理图

$I_{矿}$——被测矿体的 γ 照射量率;

α——γ 射线穿过铅套抽条时的系数。它与抽条的几何形状、探测器类型及矿石的物质成分等因素有关。

由(10－3)式可知:$\triangle I$ 差值只取决于矿石的 γ 照射量率而与围岩 γ 照射量率和自然底数的干扰无关。

当在无限厚度矿体上进行 γ 取样时,如果铀镭平衡,没有射气逸散,$\triangle I$ 值的大小与铀含量和铅套的厚度及张角有关。如果用卧式圆筒状铅套进行 γ 取样,对这种装置取柱坐标并进行积分,则在饱和层上的 γ 照射量率 I_x 可用下式表达

$$I_x = I_\infty \frac{2\theta}{\pi} = \frac{2\pi k Q \rho}{\mu} \cdot \frac{2\theta}{\pi} \tag{10－4}$$

式中　I_∞——半无限空间放射层表面上的 γ 射线照射量率;

θ——铅套开口张角之半;

Q——放射层中的铀含量(假定铀镭平衡);

$\dfrac{\mu}{\rho}$——γ 射线的质量衰减系数。在 2π 的几何条件下,对于带 3 mm 的铁套的铜阴极型计数管,等于 0.036 cm^2/g。

k——γ 常数,数值上等于质量 1 g 的平衡铀点源在距离 1 cm 远处的照射量率,它等于 $2.9 \times 10^3 \times 7.17 \times 10^{-14}$ A/kg·cm^2/g。

将(10－4)式代入(10－3)式,便能得到辐射仪在 γ 射线饱和层上测定的 $\triangle I$ 值与层中平衡铀含量 Q 的关系,即

$$\Delta I = (1-\alpha) I_x = (1-\alpha) \frac{2\pi k Q \rho}{\mu} \cdot \frac{2\theta}{\pi} \tag{10－5}$$

将上式整理后得

$$Q = \frac{\mu}{\rho} \cdot \frac{1}{4k(1-\alpha)} \cdot \Delta I = \frac{\Delta I}{K_{\text{pb}}} \tag{10－6}$$

式中，$K_{pb} = \dfrac{4k\theta(1-\alpha)}{\mu/\rho}$ 为换算系数，它的意义是在 γ 射线饱和层上测到的单位平衡铀含量产生的照射量率差值(7.17×10^{-14} A/kg)。

从(10-6)式中看出，K_{pb} 值的大小与铅套的厚度、张角及射线能谱和探测器类型等因素有关，给理论计算铅套换算系数带来了困难。因此实际工作中，换算系数通常是利用具体的测量装置在标定模型上测定或在已知铀含量矿层上逆推确定，在本章第 2 节中将要讲到。

在有限厚度的矿体上取样时，其铀含量的计算可根据测得的 $\triangle I$ 曲线按下式求得。

$$Q = \frac{S}{K_{pb} \cdot H \cdot 100}(\%) \tag{10-7}$$

式中　H——矿体的厚度，m；

S——矿层产生的 $\triangle I$ 曲线面积(7.17×10^{-14} A/kg·m)，$S = B \cdot m \cdot n$，其中 B 为 $\triangle I$ 曲线在图纸上所围的面积(cm^2)，m，n 分别为曲线的纵横比例尺，亦可直接换算成 7.17×10^{-14} A/kg·m。

10.1.2　定向 γ 取样

目前 γ 取样已广泛采用一次定向测量 $\triangle I$ 差值法，其基本原理仍然是以开缝式铅套二次测量差值为基础，仅在辐射仪中采用单管双晶体同轴结构补偿原理达到一次测量 $\triangle I$ 差值的目的，如图 10-3 所示。

图 10-3 是国产 FD-42 定向辐射仪的电路方框图，探头部分装有两个晶体，即主晶体和副晶体，主晶体为碘化钠〔NaI(T1)〕。副晶体为塑料型闪烁体(Pe)，它们之间有一个锥形铅套。主、副晶体受到 γ 射线照射后的闪光讯号，由光电倍增管转换为电脉冲，因为〔NaI(T1)〕晶体的闪光时间大于塑料(Pe)晶体的闪光时间，故当电

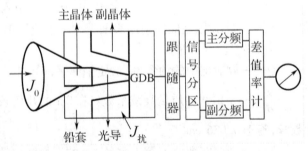

图 10-3　定向辐射仪原理图

脉冲进入后级讯号区分电路时，便能把主、副道脉冲分离出来，再通过率差电路将主、副道脉冲的平均频率换成平均电流 $I_{主}$，$I_{副}$ 并进行自减，然后输入表头直接显示出来。

由图 10-3 可以看出，主晶体和副晶体均接受两部分射线，即测量张角内的 γ 照射量率 $I_{矿}$ 和张角以外的干扰照射量率 $I_{扰}$，其表达式如下

$$I_{主} = S_{主}(I_{矿} + I_{扰} \cdot d) \tag{10-8}$$

$$I_{副} = S_{副}(d \cdot I_{矿} + I_{扰}) \tag{10-9}$$

式中 $S_主$，$S_副$——主、副道电路中的射线照射量率与电流换算系数，其中 $S_副$ 是可调节的；

　　　　d——矿石和岩石的 γ 射线透过铅套的系数，对于一定的 γ 能谱成分是一个定值。在校正仪器时，通过调节 $S_副$ 的"补偿"作用可使 $d = \dfrac{S_副}{S_主}$，即

$$S_副 = d \cdot S_主 \tag{10-10}$$

将公式(10-10)代入式(10-9)，再由(10-8)式减(10-9)式，得

$$\Delta I = I_主 - I_副 = S_主 \cdot I_矿 (1 - d^2) \tag{10-11}$$

由(10-11)式可见，ΔI 值正比于被测方向的 γ 照射量率 $I_矿$，而与周围的干扰照射量率 $I_扰$ 无关，实现了定向 γ 取样的目的，并且一次测量即可得到其差值。

10.2　铅套换算系数的确定方法

铅套换算系数(K_{pb})是表示矿石含量和 ΔI 值的关系，以此正确确定矿石含量和划分矿层厚度(给定含量法)的重要参数。它的正确与否直接影响 γ 取样成果的准确性，因此，必须认真细致地确定 K_{pb} 值。

确定换算系数的方法有理论计算法、模型测定法、逆推法和标准铅套类比法等。由于理论计算法牵涉理论较多、标准铅套类比法要有若干先决条件，故一般不用。生产中常用模型测定法和逆推法。

10.2.1　模型测定法

模型测定法就是先采取具有代表性的矿石，粉碎加工成已知矿石含量的理想矿层，并制成矿石模型，用辐射仪带铅套测出矿石的照射量率 ΔI，经过该矿层的铀镭平衡系数和射气系数等有关系数的修正，除以已知铀含量即可求出铅套换算系数。模型测定法又可分为敞开模型和封闭模型两种。模型的制作方法和要求已在理论基础的标定模型一节中作了介绍，这里仅对在模型上测定 K_{pb} 值的方法和计算 K_{pb} 值的常用公式简介如下。

1. 测量方法

测量前要标定好仪器，检查铅套是否清洁，并编好铅套号码。在标定模型表面中央测量 γ 照射量率 ΔI。为了保证测量精度，打开仪器测量开关，待仪器稳定后，在 1 分钟内连续读取 50 个左右的数，取 ΔI 的平均值。

2. 铅套换算系数的计算

如果在敞开模型上标定，则铅套换算系数 K_{pb} 值按下式计算

$$K_{pb} = \frac{\Delta I}{Q_U \cdot C(1 - \eta)} \times 0.01 \tag{10 - 12}$$

式中　Q_U——模型矿石中的铀含量(%)；

　　　　ΔI——主、副晶体的差值；

　　　　C——模型矿石中的铀镭平衡系数；

　　　　η——模型矿石中的射气系数。

　　如果在密封模型上测定换算系数,则用下式计算

$$K_{pb} = \frac{\Delta I_\infty}{Q_U \cdot C(1 - n_{Fe})} \times 0.01 \tag{10 - 13}$$

式中　ΔI_∞——饱和模型的主、副晶体的测值差；

　　　　n_{Fe}——模型铁皮吸收 γ 射线的校正系数。

　　如果在实验室分析镭是干燥的,则要测定模型中矿石的天然湿度 W,并对所测结果作湿度修正。

$$K_{pb} = \frac{\Delta I_\infty}{Q_U \cdot \dfrac{100}{100 + W} \cdot C(1 - n_{Fe})} \times 0.01 \tag{10 - 14}$$

10.2.2　逆推法确定换算系数

　　当制作模型有困难时,可先在山地工程内选择矿化较均匀地段布置取样线,用准备投入 γ 取样的仪器和铅套在取样线上高精度地重复测量三次以上。将测量数据绘制成 ΔI 曲线图,划分出 ΔI 异常曲线所对应的矿层厚度进行刻槽取样,刻槽规格比常规的 5 cm × 10 cm 稍大一些,较理想的刻槽取样深度应为 15 ~ 20 cm。实践证明,在半无限大厚矿层表面探测器所测得的 γ 射线照射量率70% ~ 80%来自表层以下 20 cm 的区域内。把刻槽样送实验室分析铀、镭含量,则

$$K'_{pb} = \frac{S}{Q_U \cdot H} \tag{10 - 15}$$

式中　Q_U——刻槽样品的分析铀含量；

　　　　H——刻槽样长度,m；

　　　　S——刻槽样所对应的曲线面积,7.17×10^{-14} A/kg · m。

　　逆推法换算系数是在天然产状下确定的,故用 k'_{pb} 值计算铀含量时可不考虑平衡状态和射气扩散的影响。实践表明,平衡系数值大小与铀含量的高低一般呈负相关关系。铀含量高,平衡系数低；铀含量低,平衡系数高。因此,平衡系数随铀含量的变化会引起逆推换算系数的波动,故在实际工作中应该按铀含量品级分别逆推换算系数。一般按 0.01% ~ 0.029% U,0.03% ~ 0.049% U,0.05% ~ 0.999% U,> 1.0% U 四个品级进行逆推。并用品位、厚度加权

平均法确定 K'_{pb} 值。

用逆推法确定换算系数时应注意以下几点:

①参与逆推系数计算的样品要有代表性,主要品级的逆推样品长度不得少于 30 cm,这也是刻槽样允许的最小长度。

②如果取样线与矿层有一定夹角,如图 10 – 4 所示,则异常曲线的右翼梯度较缓、左翼较陡,矿层中心照射量率略有偏移,解释矿层厚与实际矿层虽然相同,但与实际矿层边界有位移,因此在布置刻槽样品时,要根据实际矿化作相应的平行位移,否则在刻槽取样时会漏掉部分矿石,混入部分围岩,使样品分析品位降低,发生人为贫化现象。

③对于小于 60 cm 的夹石样品不宜参与逆推法确定换算系数,如图 10 – 5 所示。实验证明夹石样品中的铀含量是不准的,它容易受到两边高含量矿层 γ 照射量率叠加的影响,有时夹石中的分析品位小于 0.01%U,而解释品位可达 0.05%U 以上,使逆推换算系数特别大。故在逆推换算系数过程中,要剔除这类样品,但夹石样品大于 60 cm 时,两矿层叠加影响弱,夹石样品可参与逆推换算系数的测定。

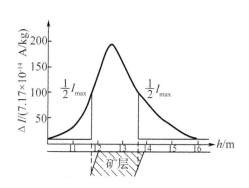

图 10 – 4　倾斜矿层取样曲线

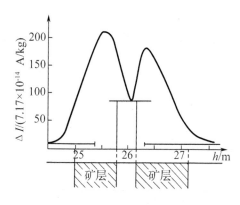

图 10 – 5　群峰异常取样曲线

④当在缓倾斜矿层上进行铅垂取样时,由于工程断面所限,往往揭穿不透矿体,使 ΔI 曲线不完整。对于不完整的 ΔI 曲线的刻槽样品不宜参与逆推法确定换算系数。

⑤当同工程内的矿体处于不同的氧化还原环境中时,逆推换算系数 K'_{pb} 的波动很大,应当按照不同的氧化还原环境分段取样,再求换算系数。

10.2.3　影响铅套换算系数的因素

在讨论确定换算系数方法时,已经简述了影响换算系数大小和测定精度的部分因素。除此之外,铅套厚度和张角、探测器类型、矿石物质成分的差别,也能影响换算系数的大小和正确性。经验证明,铅套厚度和张角增大换算系数也增大,并能提高分辨矿层边界的灵敏度。但铅套太厚会增加工作人员的劳动强度,张角太大会增大围岩和相邻矿层对 ΔI 值的干扰。实验证明,理想的铅套壁厚为 1 cm,抽条厚 1.5 cm,张角 90°～120° 为宜。

矿石物质成分的不同会影响换算系数的大小和精确度,因为矿石物质成分不同,其有效原子序数 $Z_{有效}$ 也不同,重物质的 $Z_{有效}$ 大,轻物质的 $Z_{有效}$ 小。$Z_{有效}$ 越小,低能量(小于 400 keV)的康－吴散射越强,因此在轻物质矿层上的换算系数大于重物质矿层上测定的换算系数,这对闪烁探测器更明显。在生产实践中人们通过提高闪烁探测器的甄别阈或在探测器外壳加铁皮或铅皮,能有效的消除由物质成分不同引起的 γ 散射影响。但大幅度提高甄别阈或增加探测器的附加屏,将使计数率降低,影响灵敏度和测量精度。对 FD－42 定向辐射仪而言,甄别阈一般选在 60 keV 较合适。对铜阴极或钢阴极材料的计数器,外加 1 mm 的铅或 3～4.5 mm 厚的铁吸收屏,能有效地消除物质成分不同而引起的散射射线的影响。

10.3　γ取样工作方法

γ 取样在铀矿床勘探中已成为确定矿层厚度、品位的主要方法之一。测量成果的正确与否,直接影响到最终储量计算成果的精度,因此对 γ 取样测量的装置和工作方法应有严格的要求和措施。

10.3.1　γ取样的测量装置

目前用于 γ 取样的辐射仪,主要有 FD－42 定向辐射仪,有些单位还用改装后的 FD－3013,FD－3014 辐射仪等。不管用何种辐射仪进行 γ 取样,均需满足下列要求。

要求仪器灵敏度高,测程范围大(最大测程要大于 3 000×7.17×10^{-14} A/kg 以上),对高、低能量的照射量率都能准确记录,稳定性好,标定曲线的非线性要求小于 10%,光电倍增管(GDB－10M、GDB－44M 管)的噪声要小于 5 keV,仪器密封性能好,受温差、湿度的影响要小,而且仪器要轻便坚固。

铅套要求尽量轻便,能有效地消除干扰辐射的影响。分层能力强,铅套支架要求轻便、坚固、灵活、伸缩间距大。

10.3.2　野外工作方法

在开展 γ 取样工作之前,应对矿区的地质条件、矿化特点和地球化学特征等有基本了解。然后先进行 γ 取样的试验工作,即 γ 取样与刻槽取样同时进行。目的在于通过刻槽取样的分析结果,初步了解矿层内的铀镭平衡系数位移情况和矿石射气逸散程度以及钍、钾等伴生元素含量的高低。检验在模型上测得铅套换算系数的正确性,对比刻槽取样分析所得线储量(即 γ

照射量率与长度的乘积)与 γ 取样解释所得的线储量,检验 γ 取样成果能否客观地反映矿体的品位、厚度。如果 γ 取样和刻槽取样的线储量误差小于 ±10%,说明 γ 取样是可行的。否则要查明原因,如果属铀镭平衡严重偏铀或由于铀钍混合元素引起的误差,可改用 β−γ 综合取样法或 γ 能谱取样法。总之,试验的目的是了解刻槽取样与 γ 取样间有否系统误差及误差的大小,找出原因和消除办法,使 γ 取样用于生产以代替刻槽取样。

γ 取样试验工作只需进行占总取样工作量的 10%~20% 就能基本说明问题。试验完毕后要有专题报告上报,经有关单位审批后,才能正式投入 γ 取样工作。正式投入 γ 取样后,刻槽取样工作可大幅度减少,只用 10%~15% 的刻槽取样作为外部检查之用。不管试验还是正式 γ 取样工作,工作方法均按下述步骤进行。

1. 取样线的布置及点距的选择

γ 取样线原则上应沿矿体厚度方向布置,主要根据矿体产状的陡缓程度,分别用水平法、铅垂法布置取样线。对陡倾斜矿体(倾角 ≥60°),可采用水平法;对于中等倾角(30°~60°)的矿体,根据具体情况可选用上述方法中的任何一种布置取样线。对缓倾斜矿体(倾角 <30°),如果厚度不大,可铅垂法取样。

取样线的间距应视山地工程揭露矿体的形式、矿体厚薄和矿化均匀程度而定。

在穿脉坑道中,对陡倾角矿体应在双壁水平连续取样,取样线一般布置在坑道壁的腰线附近(高出底板 1 m 左右)。对缓倾角矿体,在坑道两壁按一定间距(一般 2 m,如矿体厚度较稳定,矿化均匀,可放稀到 3 m)用铅垂法布置取样线,中等倾角矿体可用水平法或铅垂法布置取样线,但在同一工程中最好用一个系统。

在脉内沿脉坑道中,一般在掌子面上布置取样线,取样线间距应根据矿化均匀程度而定,一般每当工程掘进 2 m 左右编录取样一次掌子面。如果矿化均匀,在掌子面腰线(陡倾角)或中线(缓倾角)部位水平或垂直布置一条取样线,当矿化不均匀时,应在掌子面腰线或中线两侧适当增布 1~2 条取样线。

在浅井、天(暗)井、竖井工程中取样时,一般在平行矿体倾向的相应对壁间隔一定距离(一般 2 m)水平取样。对缓倾角矿体,则沿工程两对壁中线连续铅垂取样。

取样线点距的选择,应根据矿体厚薄和矿化均匀程度而定,对于热液型矿床的工业矿体,点距一般采用 10 cm,在矿化均匀的厚大矿体(>2 m)上点距可放稀到 20 cm,当矿体厚度 <20 cm 或异常峰值不明显时,点距应加密到 5 cm,究竟采用多大的点距为宜,要以严格控制矿体厚度又要提高工作效率为原则,结合具体情况灵活掌握。

在布置取样线的部位,要求工程壁清洁平整。取样线的位置要与工程坐标位置联系起来,并且与地质编录、矿山测量用同一工程起始点。用红漆把测点位置标在工程壁上。

2. 按标定辐射仪的要求及时标定好仪器

根据仪器的标定曲线制成格值照射量率换算表。仪器出勤前后,要在几何条件相同的固定地点,用同一工作标准源检查灵敏度,并将测量结果绘制成灵敏度变化曲线,及时掌握仪器灵敏度变化情况,出勤前后二次测量照射量率相对于工作标准源(包括场地)照射量率的误差应小于±10%。否则应查出原因,重新标定仪器,当天工作成果无效。

3. 通风洗壁排除污染

进行 γ 取样时,要保持工作地段通风良好,降尘降氡。并用无放射性污染的清水冲洗壁面,洗掉沾有氡气衰变子体的附着物。

4. 测量方法

在测点上,使铅套与工程壁面接触良好,铅套位置要与取样线的方向一致。如果使用不带抽条和带抽条测量 $\triangle I$ 值时,要保持二次测量的几何位置不变,在同一测点上最好使用同一测程测量,卧式铅套的轴线应平行取样线放置。

测量时,要细听耳机中脉冲声音的变化(对 FD – 42 定向辐射仪可自装耳机),勤看仪器指针的摆动,根据测点上 γ 照射量率变化情况及时调整仪器测程,尽量保持仪器指针在 30 ~ 85 格之间读数(I 测程最低值例外)。换程测量时,在同一测点上应该用两个测程读数,取其平均值作为该点的照射量率。如果换程误差大于 ±10% 时,应查明原因,否则要再次复测。

取样线两边要尽可能测到正常场 50 cm 以上,在测量过程中应选择 10% 左右的点进行重复测量。如发现可疑点或异常峰值不明显时,要及时检查和加密点距。

野外记录本要保持清洁美观,记录齐全,在现场把 $\triangle I$ 值、工程号、测线号、测点位置、仪器型号、铅套编号、工作日期、仪器校正日期、测量者等记录清楚。

10.4　室内资料整理

γ 取样室内资料整理的基本内容是,核对野外原始记录数据,绘制异常曲线,解释矿体的品位和厚度,登记成果表等。室内资料整理是反映测量成果的重要一步,必须认真负责,客观反映成果,严禁弄虚作假。

10.4.1　确定矿体的厚度

确定矿体厚度的方法有 $\frac{1}{2}I_{max}$ 法、$\frac{4}{5}I_{max}$ 法、给定含量法和直线段二分之一法($\frac{1}{2}L$)等,究竟

用何种方法确定矿体厚度,应根据矿体厚薄、铀含量的工业品级、异常曲线二翼梯度系数值的大小、异常极大值是否明显而选用。辐射取样的具体位置是可以看到的,因此矿体厚度确定的重要依据还是充分利用地质观察法。

由于确定矿体厚度的方法已在第 8 章中讲过,故这里只对实际应用中的问题作必要地补充。

1. $\frac{4}{5}I_{max}$ 法中 Z 量板的使用

所谓 $\frac{4}{5}I_{max}$ 法,就是利用已知矿层峰值高度 4/5 处(减去围岩照射量率后)的异常宽度 Z 与矿层厚度 H 的函数关系 $Z = f(H)$ 来逆推未知矿层厚度,因此应用 $\frac{4}{5}I_{max}$ 法,必须先做出 $Z = f(H)$ 量板(也称 Z 量板)。

由于 Z 量板的形状与使用的辐射仪类型、铅套类型、铅套在测点上放置位置、铅套厚度和张角等因素有密切关系,因此理论计算法十分繁琐。许多单位用模型实验法制作 Z 量板,如图 8 – 9 所示。

模型含量为 $Q_U = 0.143\%\,U$,密度 $\rho = 2.05\ g/cm^3$,有效原子序数 $Z_{有效} = 12.5$。如果矿层与钻孔垂直,可直接在 Z 量板查出异常宽度(z 值)所对应的矿层厚度 H;当取样线斜交矿层厚度布置时,异常曲线所反映的是矿体的视厚度,因此先用 Z 值乘以 $Sin\alpha$ 函数(α 为取样线与矿层的相遇角),用其积去查 Z 量板,再把查得的 H 值除以 $Sin\alpha$ 函数,其商为矿体的厚度(视厚度)。

2. 直线段 1/2 法($L/2$)

这种方法只限于下述情况下确定矿层厚度,即当矿层界限附近异常的极大值不明显或者围岩的辐射照射量率不稳定,但是异常翼部某一段 L(指三个测点以上的直线段)的梯度又很陡时,可用 $L/2$ 法确定矿体厚度,如图 10 – 6 所示,以 a,b 两点为直线(L),直线的中心点为矿层的边界点。

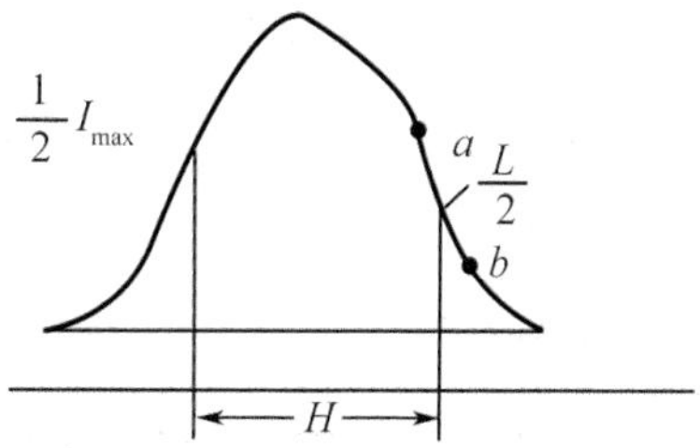

10.4.2　矿层中铀含量的计算

图 10 – 6　用 $L/2$ 法确定矿层边界

利用确定的矿层厚度和异常面积,按下式计算铀含量为

$$Q = \frac{S}{H \cdot K_{pb}} \times 0.01(\%)\qquad\qquad (10-16)$$

式中　H——矿层厚度,m;

　　　S——异常曲线所围面积,7.17×10^{-14} A/kg·m;

　　　K_{pb}——铅套换算系数,7.17×10^{-14} A/kg/0.01%U;

　　　Q——铀含量,%。

因为铅套换算系数以万分之一平衡铀产生的 γ 照射量率表示,而铀含量(Q)一般要求表示为百分含量,所以式(10-16)中要乘以 0.01。

如果铅套换算系数是在铀镭平衡、无射气扩散的前提下确定的,而实际矿体上铀镭间不平衡,并有射气扩散的影响,则计算铀含量时应按式(10-17)进行修正。

$$Q = \frac{S}{H \cdot K_{pb} \cdot C(1-\eta)} \times 0.01(\%)\qquad\qquad (10-17)$$

式中　C——矿石的铀镭平衡系数;

　　　η——天然产状下矿石的射气系数。

10.5　γ 取样质量及影响因素

10.5.1　γ 取样质量评述

γ 取样成果直接参与矿床的最终储量(资源量)计算,其成果的正确与否直接影响矿床储量(资源量)的可靠性。因此,对 γ 取样工作要系统、及时、有代表性的检查,以便发现问题,查明原因,采取措施及时纠正。检查的方法有两种:其一,内部检查,主要查明工作中的偶然误差和过失误差;其二,外部检查,主要查明 γ 取样与刻槽取样间是否存在系统误差,检查的内容和方法如下。

1. 内部检查

检查的基本内容除本章前几节讲的仪器出勤前后灵敏度检查,室内资料解释方法和仪器性能要求等,重点检查野外工作的测量精度。因此在基本测量的基础上,根据矿石类型、矿化情况、品位高低等因素,均匀地按剖面布置检查工作。一般要求同仪器、同人员在基本测量结束后立即进行重复测量,对一些重要地段,还应安排不同仪器、不同人员、不同时间进行重复检查测量。检查数量应根据矿化类型、矿体复杂程度、地球化学条件、γ 取样实验阶段和正常生产阶段而定。一般内部检查应占全部 γ 测量的 20% 以上,检查的重点应放在工业矿体上。根据 γ 取样规范要求,工业矿体的内部检查工作应不少于总检查工作量的 70%。检查的误差应

按下式计算

$$\varepsilon = \frac{\sum_{i=1}^{n}(S_{基} - S_{检})}{\sum_{i=1}^{n}\dfrac{(S_{基} + S_{检})}{2}}$$　　　　　　（10 – 18）

式中　$S_{基}, S_{检}$——第 i 条剖面上基本测量和检查测量异常曲线面积。

相对误差的允许范围按铀含量品级分别要求,见表 10 – 1。

表 10 – 1　γ取样内检误差对照表

品位分级/%U	0.01 ~ 0.029	0.03 ~ 0.099	0.10 ~ 0.99	>1
异常相对面积误差/%	20	15	10	5

测量单个异常面积最大允许相对误差为算术平均相对误差的三倍。如果大于三倍而数量小于5%则可以认为这种误差是偶然差错或过失误差,不计算在算术平均相对误差之中。

2. 外部检查

内部检查只能说明 γ 取样工作方法和测量精度本身是否符合质量要求,不能证明铅套换算系数、铀镭平衡系数、射气系数等参数的应用是否正确。因此,γ 取样工作质量必须用一定数量的外部检查加以验证。所谓外部检查,就是用刻槽取样分析成果检验 γ 取样解释成果。刻槽取样线的布置原则与内部检查 γ 取样相同,外部检查数量要求应占总工作量的 10% ~ 30%(但不得少于 20 m)。方法是在 γ 取样资料解释的基础上,在相应取样线部位用 10 × 5 cm² 或 10 × 10 cm² 的规格进行矿层刻槽取样。刻槽取样的分段位置应与 γ 取样尽量保持一致,编好样品号送实验室分析铀含量,再按下述公式计算外检误差值,即

$$f = \frac{\overline{Q_{\gamma}}}{\overline{Q_{刻}}}$$　　　　　　（10 – 19）

式中　$\overline{Q_{\gamma}}$——取样样品长度加权平均含量值;

$\overline{Q_{刻}}$——刻槽取样样品长度加权平均含量值。

f 值的允许误差为 0.9 ~ 1.1,即 ±10%。由于刻槽取样规格远小于 γ 射线取样的射线影响范围,当矿化不均匀或刻槽规格不标准时,对比误差很大。这时不能轻易否定 γ 取样成果。应到野外实地观察情况,查明原因或用扩大刻槽取样规格等办法再次检查。如果经过努力,其单个样品的对比误差仍然很大,即大于平均误差的三倍以上,但个数又不超过总个数的5%,则可视为偶然误差而予以剔除。经处理后,如果总 f 值仍然超差时,应从铅套换算系数、平衡系数、射气系数等方面去查找原因。

10.5.2 影响 γ 取样的因素

影响 γ 取样的因素很多,概括起来有三部分,即自然因素、机械因素和人为影响因素。

1. 自然影响因素

风化剥蚀作用、地球化学条件的改变、干扰元素异常、铀镭平衡偏移、氡射气的逸散、氡气及其子体产物在山地工程中的污染、γ 射线的二次散射、矿石物质成分的不同、矿石湿度的差异和矿化均匀程度等都能影响 γ 取样质量。这些影响因素都属于自然因素,消除这些因素的办法是:加强研究铀镭平衡位移规律、精确测定射气系数和矿石湿度及钍、钾含量等对 γ 取样成果进行修正;用水清洗污染;安装防散射装置等方法排除散射。

2. 机械影响因素

辐射仪的准确性、稳定性和一致性不好,铅套厚薄不均匀、张角不统一和防二次散射装置不利等都能直接影响 γ 取样结果。

消除的办法:确保仪器"三性";选用对矿体、围岩分辨能力强的铅套和防散射性能好的装置;在同一工程内尽量使用同一类型的辐射仪和统一规格的铅套。

3. 人为影响因素

在同一测点上两次测量的铅套位置放置不同、布置取样线的壁面不平整、取样间距和点距选择不当、在工作断面内未采取氡防尘排污措施等都属于人为因素,这些都属于工作不负责任造成的误差,消除的办法就是加强质量管理,认真按照 γ 取样的规范进行操作,把人为因素的影响降低到最小。

第 11 章　放射性物探中的参数测定

在放射性矿产勘查中,可以通过精确地测量岩石的射线照射量率来确定铀矿的含量,显然这是一个间接测量的方法。要精确测量矿石铀含量离不开确定的参数,这些参数包括铀镭平衡系数、射气系数、岩矿石的密度和矿石的有效原子序数等参数,参数中铀镭平衡系数和射气系数是主要参数。通过放射性测量还可以测定岩矿石的密度和有效原子系数,但这两项参数的测定在生产中使用较少,故本章将讨论铀镭平衡系数和射气系数等参数的具体测定和计算方法。

11.1　铀镭平衡系数的测定

在放射性基础理论和有关章节中已对平衡系数的重要性及其应用进行了讨论,并阐述了铀镭处于平衡时,铀镭之间在数量上有固定的比值,即

$$Q_U : Q_{Ra} = 1 : 3.4 \times 10^{-7}$$

此时平衡系数 C 在数值上等于 1, 即

$$C = \frac{Q_{Ra}}{Q_U \times 3.4 \times 10^{-7}} = 1 \qquad (11-1)$$

若 $C > 1$,则镭的量比平衡时多了,称为富镭或偏镭;若 $C < 1$,则铀的量比平衡时多了,称为富铀或偏铀。这两种情况都表明了铀镭平衡的破坏。

从式(11-1)中可看出,当铀镭处于平衡时,镭的量是十分微小的,与一吨铀处于平衡的镭的量只有 0.34 g。但镭及其衰变产物在放射性测量中却占有十分重要的地位,因为在进行地面 γ 普查,坑道 γ 取样,钻孔 γ 测井等放射性测量时,所测得的 γ 照射量率主要来自于镭组(占铀系总 γ 射线照射量率的 90% 以上)。因此,γ 法找矿实际是直接测镭间接找铀的方法,如不掌握具体测量地段的铀镭平衡系数,单纯根据测量 γ 照射量率评价异常或提供矿层含量和厚度是不真实的,所以平衡系数在整个揭露勘探铀矿床过程中是非常重要的参数。

11.1.1　平衡破坏的原因

讨论铀镭平衡破坏原因,首先要了解铀镭元素的化学性质。铀是活泼的化学元素,它与铁一样很容易被氧化,由四价铀(U^{4+})氧化成六价铀(U^{6+}),并以铀酰络离子 $[(UO_2)^{2+}]$ 形式存在。铀酰易溶解于水,特别易溶于酸性水,形成含铀溶液随水流动、渗透或蒸发,在迁移过程中有部分含铀溶液在氧化带与 $(SiO_4)^{4-}$,$(PO_4)^{3-}$,$(AsO_4)^{3-}$ 等络离子作用,形成各类次生铀矿

物,有一部分被褐铁矿、黏土矿物和 $SiO_2 \cdot nH_2O$ 等胶体吸附。大量的含铀溶液被地表水或地下水带入低洼地区或沿构造破碎带渗透到深部,在有机质的还原下,或有机质、黏土、磷酸盐的吸附作用下沉淀下来,在有利的条件下形成新的铀富集。

镭相对于铀来讲,其化学性质不活泼。镭的硫酸盐和碳酸盐溶解度很低,所以在适合铀迁移的硫酸盐和碳酸盐介质中,镭相应地得到保存。镭也能被黏土、淤泥、有机质、铁、锰的氢氧化物所吸附,在水溶液中镭可能以有机化合物形式搬运。不难看出,平衡系数的破坏与铀镭的化学性质和铀镭所处的地球化学环境有关,即与铀矿床所处的氧化还原环境、水质类型、矿石和围岩的物质成分等有关。掌握铀矿床所处的地球化学环境,对研究平衡系数,探讨平衡位移是十分重要的。

1. 不同氧化程度对平衡破坏的影响

地球表面被氧气包围,一切活泼元素均能与氧化合而生成氧化物,其氧化程度由浅入深,由表及里,由强变弱。根据地表岩石的氧化程度,可以把岩石划分成三个带,氧化最强烈的称为氧化带,未被氧化的称原生带或还原带,介于这二者之间的称为过渡带。

关于氧化带的划分,一般按水中的氧化还原电位(Eh 值)和含氧量来判别,见表 11-1。

表 11-1　用 Eh 值和含氧量划分氧化程度的标准

环境	氧化环境	过渡环境	还原环境
Eh 值/mV	>250	0~250	<0
平均含氧量/(mg/L)	3~14	1~3	<1

当铀镭处于氧化带中时,平衡破坏一般偏镭,在原生带中铀镭处于平衡或平衡偏铀。在过渡带中平衡情况比较复杂,往往是平衡、平衡偏镭、平衡偏铀三者交替出现,甚至在同一层矿体上从几厘米到几十米范围内平衡系数呈锯齿状跳动,但三者的偏距不会太大,一般为 ±20% 左右(相对于平衡系数为 1 而言),如图 11-1 所示。

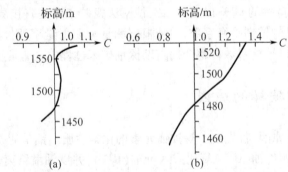

图 11-1　广西某铀矿铀平衡系数随深度的变化曲线(据李善荣、谢霞霞,2008 年)

(a)平衡系数沿矿体走向的变化;(b)平衡系数随矿体倾向的变化

由图 11 - 1 可见,矿体走向上的平衡系数变化不大,铀镭基本处于平衡状态,这是处于地表以下 20 m 处多个工程上取样所得的结果,虽然标高变化很大(125 m),但平衡系数的变化却在 ±20% 之内,而矿体倾向上平衡系数在 62 m 内的变化却超过 ±20%。从 1520 m 标高偏镭急剧变化为偏铀,可见矿体在倾向上氧化程度的变化是很剧烈的。

2. 水的分类和分布对平衡破坏的影响

根据水中 PH 值的大小,把天然水划分为酸性水(PH < 7)、中性水(PH = 7)、碱性水(PH > 7),其中酸性水最易溶解 U^{6+}。

水在自然界分布很不均匀。从大陆水系分布情况看,在湿热地区,雨量充沛,饱含氧及二氧化碳的大气降水大量补给地下水,加剧了近地表岩石的化学风化作用,加大了岩石的氧化程度,但由于地形起伏不平,构造发育程度及岩矿石密度的差别等,使地表水和地下水的渗透能力相差很大。导致地表以下氧化深度相差很大,一般氧化深度为 0 ~ 80 m。如果岩层是隔水层、透水层交替出现,并伴随构造的穿插,则会出现层间氧化带。在一、二百米深处也可形成氧化带,一般山谷、河床、低洼部的氧化发育较深,山坡和不易积水的地区氧化程度较差。因而出现平衡破坏比较复杂的情况。

在干旱地区,由于雨量少,温差大,岩石的机械风化强烈,对平衡破坏影响小,但由于深部的水分不断向上蒸发,使地下水中铀元素相对集中沉淀出来,造成地表部分出现偏铀现象。

经姜启明、谭洪波等人的研究(2009 年),甘肃某金铀矿床不同类型的地下水对铀镭平衡的影响很大,如图 11 - 2 和表 11 - 2 所示。

由图 11 - 2 和表 11 - 2 可见,在 PD - 8 以上至地表(标高 1 920 ~ 2 500 m 左右)大部分位于潜水面以上,处于近地表环境。这里裂隙密集、断层发育,氧气含量高达 17.3 mg/L,Eh 值高达 400 mV,由黄铁矿氧化而来的褐铁矿和黄钾铁矾很发育,并含有大量的次生铀矿物(如铁铀云母和钙铀云母)。在 PD - 8 中 $Fe^{+3} = 10Fe^{+2}$,硫酸根离子浓度比 PD - 6 和 PD - 4 都多。这些指标都表明此处处于强氧化带,故铀镭平衡系数较大($C = 1.4$)。在 PD - 6 ~ PD - 2 之间氧气的量虽然减少,但仍大于表 11 - 1 中的标准,并且硫酸根(SO_4^{2-})和碳酸氢根(HCO_3^-)的量较大,Eh 值为 290 mV,PD - 4 中铀黑、褐铁矿和高岭土(由长石风化而来)较发育,这些指标说明此处仍然处于氧化带中,但矿物标志中见到了未氧化的黄铁矿和铀的原生矿物,并且铀镭平衡系数略偏铀(但接近于 1),说明此处氧化程度不高,所以划分成弱氧化带。在 PD - 2 ~ PD - 4 之间,虽然在 PD - 4 局部地段 Eh 值仍然高达 574 mV(甚至比氧化带都高),但氧气量、硫酸根和 Fe^{+3} 及高岭土大量减少,而黄铁矿大量增加、表示氧化环境的铀黑已经不再出现,这些指标表明 PD - 2 ~ PD - 4 之间某些地段处于氧化带而其他地段处于还原带(PD - 2 局部铀镭平衡系数已经偏铀),故将此处划分为过渡带;PD - 4 中铀和氡的含量都很高,分别为 980×10^{-5} Bq/L 和 558×10^{-5} Bq/L,此处已经位于潜水面以下,氧气供应不足,故 PD - 4 以下应该划分为还原带。

表 11 – 2　甘肃某金铀矿床水文地球化学分带表

垂直分带		强氧化带	弱氧化带		过渡带
平硐编号		PD – 8	PD – 6	PD – 2	PD – 4
水文地球化学标志	水质类型	Ⅱ – Ⅲ	Ⅲ		Ⅲ
	矿化度/(mg/L)	245	250		147
	H_2S/(mg/L)	1.5	11.2		17
	O_2/(mg/L)	17.3	8.4		1.7
	SO_4^{2-}/(mg/L)	68.3	30		7.2
	CO_2/(mg/L)	51	36		21
	HCO_3^-/(mg/L)	26.7	57.7		85.4
	Fe^{2+}/(mg/L)		0.05		3.4
	Fe^{3+}/(mg/L)		0.5		0.2
	$U/10^{-5}$(Bq/L)	35	16		980
	$Rn/10^{-5}$(Bq/L)	48	92		558
	$Pb/10^{-5}$(Bq/L)	6.4	7		8.2
	Eh/mV	400	290		574
	铀镭平衡系数	1.4	0.95 ~ 0.84	0.76	
矿物标志	黄铁矿		+		+ +
	褐铁矿	+ + +	+ +		+
	黄钾铁矾	+ +			
	碳酸盐		+	+ +	+ + +
	高岭土	+ +	+ +		+
	含铀蛋白石	+ +			
	钙铀云母	+ +			
	铁铀云母		+		
	水铀钒矿		+	+	
	板菱铀矿		+		
	水硫铀矿		+	+	
	铀黑		+		

注:矿物标志中"+"的个数表示该矿物含量的多少。

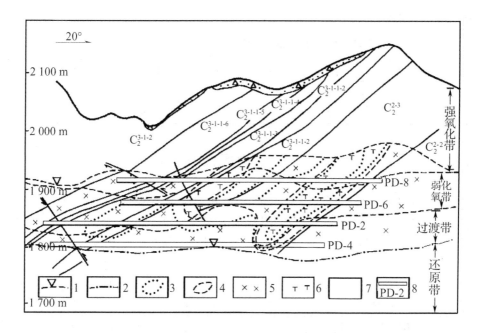

图 11 - 2　甘肃某金铀矿床 5 号矿带水文地球化学分带剖面图(据谭洪波, 2006 年)

1—地下水位线;2—勘探后期水位线;3—水中阴离子界线;4—水中阳离子界线;
5—钙质水;6—钙镁质水;7—重碳酸—硫酸盐水;8—平硐及编号

3. 矿石和围岩的物质成分对平衡破坏的影响

当铀的伴生矿物或近矿围岩中富含硫化物时,这些硫化物氧化后与水作用形成硫酸,酸性水对铀的溶解能力很强,使铀溶解迁移,破坏铀镭平衡。如果近矿围岩或矿石中富含硅酸盐和磷酸盐矿物时,铀不易溶解,平衡相对地稳定。如果矿物为碳酸盐,则有利于铀的沉淀。

在甘肃礼县中川地区的野外找矿实践中发现,中石炭统的炭质板岩和泥质板岩中的铀矿化很多,这是由于炭质和泥质对铀的吸附能力较强所致,表明铀矿对岩石是有选择的。图 11 -2 和表 11 -2 中,还原带中出现了大量的碳酸盐,水中铀含量亦大量增加也说明了碳酸盐的存在有利于铀的沉淀。

4. 矿石铀含量对平衡系数的影响

据庞善荣、谢霞霞对广西某铀矿的研究(2008 年),铀矿体的品位对平衡系数也有影响,见表 11 -3。

由表 11 -3 可见,在正常岩石和低品位矿石中平衡系数是偏镭的;在较高品位的铀矿石中,铀镭平衡系数显著偏铀。规律是随着铀品位的提高,铀镭平衡系数逐渐下降,形成这种规律的机制尚待进一步研究。

表 11 - 3　广西某铀矿铀含量与平衡系数之间的关系

岩(矿)石铀含量/10^{-6}	正常岩石	100 ~ 300	300 ~ 500	500 ~ 1 000	1 000 ~ 3 000	>3 000
样品数/个	35	24	8	6	8	8
铀镭平衡系数	1.28	1.15	1.02	0.96	0.88	0.86

11.1.2　铀镭平衡系数研究与测定方法

　　研究放射性平衡的方法是确定矿石中铀、镭之间的数量关系。使用辐射仪在天然产状下测定铀、镭含量,可以直接确定平衡系数,但影响因素很多,尚未广泛应用。当前最基本的方法,仍然是在野外采取样品。在实际工作中,把采集的矿石样品,送实验室分别进行铀、镭分析,将求得的 Q_U,Q_{Ra} 含量,代入(11 - 1)式,便可计算样品中铀镭平衡系数值的大小。

　　选取样品的原则是,首先要有代表性,它不仅能够反映局部矿段的平衡状态,而且能够根据这部分样品结果,了解一个矿体、一个矿带,甚至整个矿床的放射性平衡变化规律。为此,在选取样品时,要按矿体所处的地球化学环境,按氧化带、还原带、原生带、铀含量品级沿矿体的走向和倾向分别选取。研究平衡系数的样品,可以从刻槽样品和矿芯样品中选取。如果缺乏代表性,可用捡块法补取样品,捡块样品最低质量不得少于 1 kg,取样数量取决于矿体规模和平衡系数变化大小。如果平衡破坏较复杂,应按矿段或矿体,在各种工程中选取样品。在中、小型矿床中取样 100 个以上,在大型矿床上则要选取样品 300 个以上。

　　如果平衡破坏变化较简单,且有一定规律时(即概率分布曲线为单峰,而且曲线翼部梯度较陡),为了降低成本,减少分析和计算工作量,可以采用组合样。组合原则也应按地球化学分带,不同品级、不同矿体、不同岩性、不同中段分别组合。

　　参与组合样的单个样品质量 $P_{称}$,应按下式加权计算

$$P_{称} = \frac{P_{组} \cdot P_i}{P_{总}} \text{ 或 } P_{称} = \frac{P_{组} \cdot h_i}{h_{总}} \tag{11 - 2}$$

式中　$P_{总}$,$h_{总}$——参与组合样的单样质量之和及长度之和;

　　　　P_i,h_i——参与组合样的第 i 个样品的质量和长度;

　　　　$P_{总}$——组合样品的质量(最低 500 g)。

　　参与组合样品的单样个数不得少于 5 个,也不宜太多,一般由 5 ~ 10 个单样组合而成。

　　组合样数量根据平衡破坏情况而定。当平衡系数变化不大时,一个矿区组合 20 ~ 30 个样品就能满足要求。平衡破坏变化大时,组合样数量应适当增加。

11.1.3　平衡系数的资料整理

平衡系数资料整理的主要内容包括绘制平衡系数频率变化曲线图,计算平衡系数的变化系数,统计平衡系数与铀含量及矿体埋深的相关关系,最后求得矿床或各块段的平均平衡系数。

1.平衡系数频率曲线的绘制

根据单样或组合样求得的平衡系数值,用数理统计方法对数据进行分组列表、统计频数和频率,再制作频率分布曲线图。通常情况下,由于平衡系数受多种因素的影响,铀和镭在矿体及围岩中造成复杂的平衡破坏,使频率曲线峰形多变,平衡系数可在很大的范围内变化。尽管如此,仍可根据频率曲线形态将各矿床的平衡系数大致归纳成两大类,四小类,如图 11-3 所示。

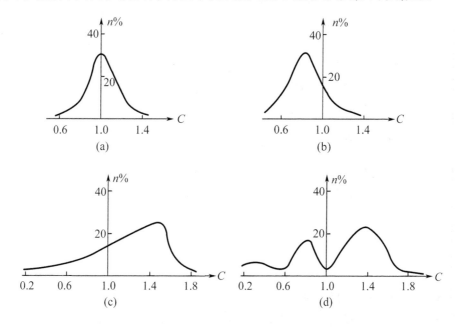

图 11-3　铀镭平衡系数频率分布曲线图
(a)单峰近正态分布;(b)单峰负偏分布;(c)单峰正偏分布;(d)多峰无规律分布

(1)第一类

铀镭平衡系数频率分布曲线有一定变化规律。曲线呈单峰形态,可能与纵轴对称(图 11-3(a)),此时矿床或矿体的平衡系数近似等于 1。对于这种情况,在 γ 测井和 γ 取样的定量计算中不需作平衡修正。频率曲线峰值也可能偏向纵轴的左边或右边(图 11-3(b)、(c)),此时矿床或矿体的平衡破坏(偏铀或偏镭)。在 γ 测井和 γ 取样定量解释中,应根据规范要求作平衡修正。

(2)第二类

平衡系数频率分布曲线出现显著无规则变化,如曲线呈多峰(图 11 – 3(d))、峰部平缓、梯度很大,这种情况对 γ 测量,特别是对用于 γ 测井和 γ 取样的定量计算极为不利。

2. 平衡系数的变化系数

用下式计算平衡系数的变化系数为

$$C_{变} = \frac{1}{\overline{C}} \sqrt{\frac{\sum_{i=1}^{n} (\overline{C} - C_i)^2}{n-1}} \times 100\% \qquad (11-3)$$

式中　$\overline{C}$——用算术平均法求取的平衡系数;

　　　C_i——单个样品中的平衡系数;

　　　n——样品个数。

经验证明,当取样块段内 $C_{变} < 20\%$ 时,说明平衡系数变化简单,在块段内可用一个平均平衡系数。如果 $C_{变} > 20\%$,说明块段内的平衡破坏情况较复杂。应按矿体所处的地球化学环境,按品位级别分别求平均平衡系数。

3. 平衡系数与铀含量及矿体埋深的相关关系

通常应用数理统计中的回归分析方法来研究平衡系数与铀含量或矿体埋深的关系。

关于回归分析的应用请参阅有关书籍,这里以铀含量与平衡系数之间的关系为例把回归分析的基本思想作简要介绍。

把矿石铀含量对应的平衡系数点在图上,如图 11 – 4 所示,称之为散点图。然后用回归方程式

$$y = a + bx$$

来表达铀含量与平衡系数之间的关系。

方程中的 a 和 b 表示待定系数,再通过最小二乘法求取 a 和 b。知道了 a 和 b 值,就能绘出 x 对 y 的或 y 对 x 的回归直线,然后求变量 y 和 x 间的相关系数 r 值,与理论相关系数 $r_{理}$ 比较。在一定的信度 α 下如果实际计算 $|r| > r_{理}$,则说明 x 与 y 间关系密切,当 r 值为正数时叫正相关,r 值为负数时称为负相关;如果 $|r| < r_{理}$,则说明 x 与 y 间关系不密切,甚至无关系。

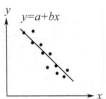

图 11 – 4　散点图示意

如表 11 – 3 所示,在一般情况下平衡系数与铀含量是负相关关系,铀含量与矿体埋深间相关关系一般不明显。特别是当矿体赋存的地球化学条件复杂,例如氧化带和还原带交叉出现,即有层间氧化带时,平衡系数与铀含量间的关系较为复杂,不是简单的线性相关,无法拟合为

一条直线,这时可改用地质剖面法,把平衡系数直接标在深度上(图 11 - 1)。用这样的方法也可以了解平衡系数沿矿体走向、倾向的变化情况。

4. 求平均平衡系数

在弄清平衡规律破坏的前提下,用单样或组合样获得的平衡系数,按铀含量品级和样品长度计算加权平均平衡系数为

$$\overline{C} = \frac{\sum\limits_{i=1}^{n} h_i \cdot Q_{U_i} \cdot C_i}{\sum\limits_{i=1}^{n} h_i \cdot Q_{U_i}} \qquad (11-4)$$

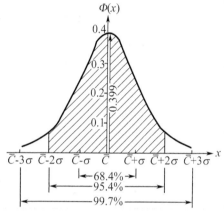

式中　h_i——第 i 个单样或组合样的长度;

　　　Q_{U_i}——第 i 个单样或组合样的铀含量;

　　　C_i——第 i 个单样或组合样的平衡系数。

当矿床内总平衡系数变化频率曲线服从正态分布时,平均平衡系数加上二倍均方差($C \pm 2\sigma$),其频率曲线中的阴影面积占总面积的 95.4% 以,如图 11 - 5 所示。图中可认为平衡系数变化简单,整个矿床可用一个平均平衡系数代替,否则应按不同块段分别求取平均平衡系数。

图 11 - 5　平衡系数变化正态分布频率曲线图

11.2　天然产状下矿石射气系数的测定

天然产状岩石的射气系数,指的是一定时间间隔内,从岩石中排出的氡气量 N_1, 与同一时间内在岩石中产生的氡气量 N_2 之比,即

$$\alpha = \frac{N_1}{N_2} \times 100\% \qquad (11-5)$$

岩石中 Ra 衰变产生 Rn,其中的自由氡逸散到介质的孔隙中,按气体扩散规律进行迁移。氡气从矿体逸出,使矿石中 Rn 衰变产生的子体(^{218}Po,^{214}Bi 等)减少,则矿石中镭与氡的平衡遭到破坏,给 γ 射线测量方法确定岩石或矿石中铀、镭含量造成误差。测量射气系数可以对定量测量铀、镭含量进行校正。

射气系数的大小与矿石成分、结构、地质构造发育情况、湿度及温度等因素有关,所以必须在具体条件下测定。在原生状态下直接精确地测量射气系数是比较困难的,因为块状矿石(岩石)没有办法收集到 ^{226}Ra 产生的全部氡,其中一部分氡没有扩散到矿石表面。目前用"炮眼法"和"平板法"等密封矿体法进行实验性测量,测得的射气系数称为等效射气系数。

11.2.1　炮眼法测量射气系数

布置炮眼的原则：在山地工程内，选择矿化较均匀，铀含量接近平均品位，在各类含矿岩性和有代表性的矿体上均匀布置炮眼。每个矿床一般需要 20～30 个炮眼。

在铀矿坑道中用凿岩机施工炮眼时，使炮眼方向略向上扬，深度一般为 1～1.5 m，直径 4～5 cm。施工完成后，先用清水冲洗炮眼，把炮眼中的放射性矿粉冲洗干净。在密封前用 γ 测井仪从孔口 30 cm 处以每 10 cm 测一点，测到孔底，逐点记录。然后用专门制作的测过本底计数的铁套管放入孔中，炮眼口用黏土或水泥密封，如图 11-6(a)所示。

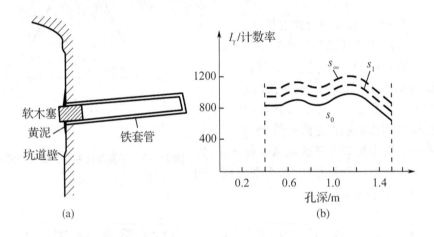

图 11-6　炮眼法测量射气系数工作方法
(a)炮眼法装置；(b)γ 射线沿炮眼深度的计数率曲线

密封后每隔 1～2 天测量一次，一直测量到 13 天为止，每次测量要作好测量时间和读数的记录，把每次测量的数据作成剖面图，如图 11-6(b)所示。炮眼刚刚施工完成时的数据曲线与深度坐标轴包围的面积为 S_0，13 天后氡累积达到极大值为 S_∞，按下式计算等效射气系数

$$\alpha = \frac{S_\infty - S_0}{S_\infty} \tag{11-6}$$

11.2.2　平板法测量射气系数

在矿层表面，选一段矿化较均匀的地段，用 γ 辐射仪测量 γ 射线照射量率 I_0，并详细记录测量时间和仪器读数。将专门制作的薄铁板(面积 60～80 cm^2，厚 0.5～1 mm)用黏土或水泥密封在矿石表面，如图 11-7 所示。密封后每隔 1～2 天进行一次监测，直到 13 天测得最大值

I_∞,用下式计算等效射气系数

$$\alpha = \frac{I_\infty - I_0}{I_\infty} \qquad\qquad (11-7)$$

野外工作时应该注意以下问题:(1)由于坑道内可能有氡及其子体的污染,故每次测量前,先用湿布擦洗铁板或用清水冲洗铁板表面,以消除坑道中氡子体和粉尘对铁板表面的污染;(2)测量时,把仪器探头和铅屏放置在铁板表面固定的测点上,保持每次测量的几何位置不变;(3)在测量过程中要保持工作断面内通风良好,空气中的氡浓度要降低到国家标准(3.7 Bq/L)以下。

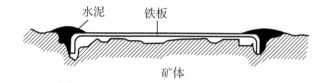

图 11-7　平板法测量射气系数图示

平板法测量射气系数资料整理方法与炮眼法相同。平板法测得的射气系数值比炮眼法测得的偏大,有时二者可相差一倍,究竟是什么造成的呢? 可能是平板很难贴紧坑道壁,造成铁板与坑道壁之间有较大的空隙,使氡气积累量超过矿层原始动态平衡下的氡气量,所以平板法测得的射气系数大。为了克服这样的缺点,可以在坑壁凹陷部分,先用水泥填平再盖铁板封闭,也可以试用塑料喷液,均匀喷射在矿体表面代替铁板封闭氡气,效果较好。野外一般还是采用炮眼法测定射气系数。

射气系数测量也应进行检查测量,除在每次测量过程中抽 10% ~30% 的测点作检查测量外,在全矿区内应抽 10% 以上的炮眼或平板进行系统检查测量,必要时待氡积累饱和后,取下炮眼内的铁套管或取下平板铁皮,去除氡的污染重新进行封闭,再次观测一个周期。检查测量的相对误差不得大于 10%。

11.3　氡的析出率测量

射气系数的大小与氡的析出率关系十分密切,因此有必要介绍氡的析出率测量方法。

11.3.1　氡的析出率的概念和影响因素

1. 氡的析出率的概念和氡的迁移机制

氡的析出率定义为:单位时间、单位面积的地表土壤析出到空气中的氡量。

大地岩石、土壤中的活动氡通过地面不断析出,并向大气中运移,运移量的多少通常用氡的析出率大小来衡量。氡的析出率常用于环境辐射评价中,但研究氡的析出率对于通过氡气测量寻找放射性矿产也很有帮助。

研究氡的析出率,首先要了解氡的迁移机制。据吴慧山等人 1998 年的研究,氡的迁移机制主要有扩散作用、对流作用、抽吸作用、泵吸作用、地下水的携带作用、地热作用、伴生气体的压力作用、地应力作用、大气压力的纵深效应和风的作用等 10 种机制,其中扩散作用和对流作用是氡在土壤和岩石中运移的主要形式。

衡量氡的扩散作用的两个概念:

(1)扩散长度(l)

当氡源处的氡向外扩散,浓度减弱到只有氡源处的 $1/e$($e = 2.71828\cdots$)时,该测点离氡源的距离称扩散长度。

(2)扩散系数(D)

氡的扩散系数(D)与扩散长度(l)之间的关系为

$$D = l^2 \cdot \lambda \tag{11 - 8}$$

式中 λ——氡的衰变常数。

扩散系数与岩石(土壤)的孔隙度具有很强的相关性。岩石的扩散系数变化范围很大,从 7×10^{-2} cm^2/s 到 3×10^{-4} cm^2/s,它与岩石的透水性、温度、构造等有关。例如孔隙度为 0.1%~0.2% 的花岗岩,扩散系数约为 $(2 \sim 3) \times 10^{-4}$ cm^2/s;孔隙度为 6.2% 的岩石,$D = 2 \times 10^{-3}$ cm^2/s;孔隙度为 12.5% 的岩石,$D = 5 \times 10^{-3}$ cm^2/s;孔隙度为 30% 的粗粒砂,扩散系数达 $(5 \sim 7) \times 10^{-2}$ cm^2/s。

岩石(土壤)的湿度变化对扩散系数影响很大。湿度增大,扩散系数减小,水的扩散系数很小($D_水 = 0.82 \times 10^{-5}$ cm^2/s)。表 11-4 为砂质沉积物和砂泥质沉积物的湿度变化与扩散系数的关系。

表 11-4   不同湿度与扩散系数的关系

砂质沉积物	湿度/%	0	3.28	4.7	6.6	8.13	19.4	14.2	15.2
	$D/(10^{-2}\ cm^2 s^{-1})$	6.75	6.75	6.25	5.75	5.0	3.75	1.75	1.0
砂泥质沉积物	湿度/%	0	3	4.3	7.6	8.3	12.5	16.6	
	$D/(10^{-2}\ cm^2 s^{-1})$	7.0	6.5	6.3	5.0	4.7	2.0	0.5	

可见,湿度增大,扩散系数变小,与湿度增大射气系数变小是一致的。

此外,扩散系数与岩石(土壤)的结构有很强的相关性,松散结构扩散系数较大。

目前测定扩散系数的方法有两种,即野外方法和实验室方法。野外现场测定的扩散系数接近于真实情况,但难度较大。实验测定比较容易,氡气浓度、射气系数、密度和孔隙度都可以事先测定,但求出的扩散系数与岩土的原产状有一定差别,直接应用有一定困难。

2. 氡的析出率的影响因素

(1)与岩石、土壤中放射性元素(铀、镭)含量及岩石、土壤密度有关;

(2)与岩石、土壤中氡的扩散系数(D)的大小有关;

(3)与岩石、土壤中氡的对流速度大小有关;

(4)与岩石、土壤的孔隙度大小有关。

11.3.2 土壤氡析出率的测量方法

1992年国际原子能机构333号技术丛书《铀尾矿氡析出率测量与计算》中推荐三种测量氡析出率方法,即累积法、流气法和活性炭吸附法。

1. 累积法

如图11-8所示,将专门制作的容器倒扣在测点的土壤表面。为了容器四周能够密封,先按容器周边形状,在地上挖深10 cm的槽,将容器四周扣入槽中,周围填土压实,关上阀门积累氡气。之后接入闪烁室(测氡仪),与累积容器连通,打开阀门抽气进入闪烁室(真空法),测量土壤氡析出率δ的计算公式为

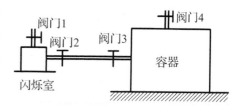

图11-8 累积法测量氡的析出率

$$\delta = \frac{N_{Rn} - N_0}{S \cdot t} \cdot V \qquad (11-9)$$

式中 N_0——容器扣入地下时的起始氡浓度,即大气氡本底读数;

N_{Rn}——容器累积到t时间的氡浓度读数;

S——容器扣住地面的面积;

V——容器容积。

2. 活性炭吸附法

活性炭多孔,表面积大,对氡的吸附能力强,被吸附的氡及其衰变子体全部沉积在活性炭中。当子体与Rn达到平衡时,即可通过测量子体γ射线特征能量峰来计算氡的浓度,从而得到氡的析出率。

活性炭盒一般直径φ75 mm×30 mm,内装活性炭50 g,置于测点,上扣容器四周密封,如图11-9所示。累积时间2~3 h,取出后用高纯锗半导体探测器多道γ能谱仪测量^{214}Pb

（RaB）的 351 keV 能量峰，取峰的面积作为净计数，根据下式计算氡的析出率为

$$\delta = \frac{(n_r - n_b)\,\mathrm{e}^{-\lambda_{Rn}t_2}}{k \cdot S(1 - \mathrm{e}^{-\lambda_{Rn}t_1})} \tag{11-10}$$

式中　　n_r——351 keV 能量峰的净计数率，cpm；

　　　　n_b——351 keV 能量峰的本底计数率，cpm；

　　　　S——活性炭盒面积，m^2；

　　　　k——仪器的刻度系数；

　　　　λ_{Rn}——氡的衰变常数，$2.1 \times 10^{-6}\ \mathrm{s}^{-1}$；

　　　　t_1——累积开始时刻，h；

　　　　t_2——采样终止到开始测量的时间间隔，h。

11-9　活性炭法测量氡的析出率

　　氡在大气中随大气一起运移、变化，成为大气活动的示踪，逐渐用于气象研究。氡同时也是最危害人类健康的天然核素，自世界卫生组织公布其为 19 种致癌因素之一以来，其在辐射环境研究中倍受重视。

　　氡气测量不仅在寻找放射性矿产中使用，而且在寻找石油、天然气中发挥重要作用，还在构造研究、地震预报和地质灾害探测方面有重要应用。

第12章 放射性物探应用领域的拓展

放射性物探不仅可以用于寻找放射性矿产和地质填图等领域,还能用于环境保护和自然灾害的勘查。

12.1 放射性物探在环境保护与监测中的应用

随着科学技术的不断进步,给人类的生活带来许多方便,但人类也在不断地污染着自己的生存环境。随着人们环境意识的不断增强,放射性环境监测越来越受到重视。

12.1.1 环境放射性辐射与健康

1. 环境放射性辐射源

人类生存环境中的放射性辐射主要来源是天然辐射和人工辐射,天然辐射源中有宇宙射线和岩石中天然放射性核素产生的放射性辐射。

(1)宇宙射线的辐射

来自星际空间的宇宙射线,其主要成分是高能质子,能谱宽度 $1 \sim 10^{14}$ MeV,主要为 300 MeV 左右,其组成中约 10% 的 ^{4}He 离子及少量重粒子、电子、光子、中微子。它们进入大气层后,通过高能散裂反应(宇宙射线进入大气后与空气物质的原子核发生作用,生成 π 介子和 μ 介子及质子、中子、γ 射线的过程),产生大量次级粒子(强子、轻子、光子)是引起照射剂量的主要成分。

太阳是一个热核反应体,正常情况下发射低能粒子,但在磁场扰动下能产生高能粒子,能量大约为 $1 \sim 100$ MeV,太阳粒子的照射量率可能超过宇宙射线的照射量率;但大部分太阳粒子不能穿过地球磁场,对低层大气几乎没有影响。

由于地球磁场作用,约束宇宙射线中的电子和质子围绕地球运行,在 $10 \sim 50$ km 高空形成两个辐射带。在 20 km 以内的称内辐射带,主要是能量为几百兆电子伏特以下的质子,照射量率峰值在 40 MeV 附近(在 10 km 高空)。在 20 km 高空以外的称外辐射带,主要是高能电子和少量 α 粒子及 $0.1 \sim 0.5$ MeV 能量的质子。这样高度的辐射带对航天飞行有较大影响,为了适应太空真空和强辐射的影响,用于太空行走的宇航服有 20 kg 的质量。

宇宙射线照射对人类造成的剂量,与海拔、纬度和建筑物屏蔽体有关。海平面上空大气中宇宙射线的直接电离成分(带电粒子)的平均电离值约为 2.1 粒子对/($cm^3 \cdot s$),空气中形成一对粒子需要能量为 33.85 eV，则相应的空气吸收剂量率为 3.2×10^{-8} nGy/h。在太阳活动高峰期，海拔 10 km 处，空气吸收剂量率降低 10% 左右，在海平面上也有变化，中子成分对地面部分所致剂量率比较低。

由于地磁场的作用，致使宇宙射线中带电粒子穿越大气受到影响，到达两极的带电粒子多于到达赤道地区的。

建筑物对宇宙射线的屏蔽作用与材质有关。木板房对带电粒子的屏蔽因子为 0.96，混凝土建筑为 0.42，对中子屏蔽不明显。

根据纬度和高度估算，宇宙射线在地平面上产生的人口加权平均年有效剂量率为 380 μSv。

（2）宇宙射线产生的放射性核素

宇宙射线与地球物质作用的各种核反应所生成的物质见表 12-1。目前能够探测到的宇宙射线产生的放射性核素有 10 多种，主要存在于大气、生物体和地表层物质中。因此，这些放射性核素是用来考古、地表物理作用以及环境变化的示踪和确定年代的有效工具。如 ^{14}C 用于考古研究；^{7}Be 用于太阳暴研究；^{10}Be 和 ^{26}Al 用于地表岩石的暴露史、侵蚀速率、冰碛物年龄、陨坑年龄、断层活动史、河流下切基岩抬升速度等研究。

表 12-1　宇宙射线产生的放射性核素

放射性核素	半衰期	存在地
^{10}Be	2.7×10^5 年	深海沉积物、岩石、土壤
^{26}Al	稳定	岩石、土壤
^{36}Cl	3.1×10^5 年	岩石、土壤、雨水
^{14}C	5 692 年	有机物、CO_2
^{32}Si	500 年	海水
^{22}Na	2.6 年	水、空气
^{35}S	88 天	雨水、空气、有机物
^{7}Be	53 天	雨水、空气
^{33}P	25 天	雨水、空气、有机物
^{27}Na	15 小时	雨水

宇宙射线对人类照射剂量贡献显著的有 ^{3}H、^{7}Be、^{14}C 和 ^{22}Na，主要是通过食物链进入人体，形成内照射，估算的年剂量见表 12-2。

由表 12-2 可见，人体摄入的放射性物质的量总计为 12.2 μSv/年，而且以 ^{14}C 为主。由于宇宙射线产生 ^{14}C 的速率与 ^{14}C 衰变消耗的速率相当，故自然界的 ^{14}C 的量是一定的（约占 C 总量的 1.2×10^{-10}%）。人类在摄入有机物的同时也把 ^{14}C 摄入体内，由于人体生存期间不断地与自然界进行物质交换，所以人在活着的时候，体内的 ^{14}C 保持一定的比例，而人一旦死亡，体内的^{14}C 不再得到补充,则体内原有的^{14}C 就要按照指数规律衰变减少,故精确测定死亡人类的遗骸中的^{14}C 就可以计算出他的死亡年龄。这就是^{14}C 用于测量死亡年龄的基本原理。

表 12 - 2 成人年食入放射性物质量及有效剂量

核素	^{3}H	^{7}Be	^{14}C	^{22}Na
摄入量/(Bq/a)	500	1 000	20 000	50
有效剂量/(μSv/a)	0.01	0.03	12	0.15

利用^{14}C 测定生物成因的碳酸盐岩的生成时代和使用^{87}Rb - ^{87}Sr 法测量花岗岩的侵入年龄及变质年龄的原理都是相似的。

(3)地表天然放射性核素的辐射

地表天然放射性核素主要是铀系、钍系和锕铀系(表 1 - 1,1 - 2,1 - 3),以及^{40}K,$^{87}_{37}$Rb,$^{147}_{62}$Sm 等。

天然放射性核素在自然界分布广泛,岩石、土壤、水体、大气以及生物体内部都有不同的含量。近几十年来世界上许多国家分别进行了陆地 γ 空气吸收剂量率测量,主要根据铀(镭)、钍、钾在土壤中的比活度(Bq/kg)计算 γ 射线的空气吸收剂量率。

根据地表土壤中主要天然核素的比活度,可以计算 1 m 高处空气吸收剂量率。经计算,中国的平均剂量率为 72 nGy/h,美国为 55 nGy/h。

钾是生命必需的元素,^{40}K 可以经食物链进入人体,受人体平衡机制的调节,有严格的量的控制。成人每千克体重含钾量 1.8 g;^{40}K 占钾总量的 0.011 9%,则成人体内^{40}K 的平均活度为 55 Bq/kg,造成内照射的有效剂量为 165 μSv(儿童为 185 μSv)。

^{238}U 和^{232}Th 也可以通过食物进入人体,但其数量很少,总计年有效剂量不超过 10 μSv。

氡(^{222}Rn + ^{220}Rn)为惰性气体,容易被人吸入,被吸入后沉积在呼吸道内,对支气管上皮造成照射。对人造成的内照射剂量,主要来自短寿命子体。相比之下,氡子体造成的剂量要大得多。

在正常情况下,人体自身的^{40}K,^{14}C 及人体食入和吸入的放射性物质,在人体自身强大的代偿功能下不会对人体造成伤害,只要避免误食强放射性物质就可避免造成人体损伤。

(4)矿产开采和选冶

矿产开采中,除了铀矿之外,煤、石油、磷灰石和地热都是放射性元素含量较高的矿产。矿产开采破坏了放射性元素的自然循环和迁移,加大了人和生物的照射剂量。

煤燃烧后的煤渣和烟尘含有放射性物质。据测算,煤引起的全球人均年剂量约为 8 μSv。

磷酸盐矿物是化肥原料。一般来说,磷酸盐都或多或少含有铀元素,如巴西的 Santa Quiteria 磷矿含磷储量 7.95×10^7 t,含铀约 8.9×10^6 t,铀品位 0.099 8%。一般磷肥中^{238}U 和^{226}Ra 的比活度平均为 4 000 Bq/kg 和 1 000 Bq/kg(P_2O_5),对全球人均造成剂量为 2 μSv。

铀矿开采产生的废石、废渣、尾矿、废水,造成放射性核素大量析出。铀矿地浸开采,虽然免除了矿石外露,但其废水溶解的放射性物质进入地下水,也可以进入人体。

建筑材料中放射性核素含量较高的花岗岩和蚀变黏土制成的地砖等大量进入城市和家庭,也会对人体造成伤害。特别是花岗岩放射性更强,由花岗岩制成的地板砖以其漂亮的花纹图案和颜色被人们大量地用于装修,甚至用于室内地板,都将成为潜在的危害。从环保的角度上来说,建议采用含放射性物质很低的大理岩板材装修室内,但大理岩抗风化能力弱,装修时间较长后其表面的光亮会褪去,故不为人们所接受。

(5)人工放射性辐射

人工放射性核素污染来源于核武器实验、核能生产反应堆运行、固体核废物处置和放射性同位素应用与核事故等。

核爆炸试验的能量主要是^{235}U和^{239}Pu的链式裂变反应及氘、氚的聚合反应。大气核爆炸后的裂变产物经高温气化,上升扩散,其中的气态物质迅速冷凝成各种气溶胶颗粒,这种颗粒具有很高的放射性比活度。大颗粒在几百千米范围内沉降,较小颗粒在空气中停留较长时间后在更大的范围内沉降,更小的颗粒进入对流层随大气环流,在同一半球同一纬度范围内沉降,微小的颗粒在世界范围内沉降。

核爆炸所形成的高放射性物质的扩散是对全人类最大的伤害,这种伤害远大于各种自然伤害的总和。因此,全面禁止在空气中和地下进行核试验势在必行。世界所有核大国共同签署的“全面禁止军用核试验”和“核不扩散条约”已经执行,我国也是这两大条约的签约国,也在履行自己的职责。

2. 放射性辐射对人的危害

放射性辐射对人类健康的危害,是在人类不断利用各种放射性辐射的过程中逐渐认识的。1895年伦琴发现X射线,第二年就报告操作人员皮肤损伤96例。居里夫人发现镭,因手持镭的容器,使手指受到烧伤,后来转变为皮肤癌。德国和捷克界山两边相隔30 km各有一个多金属矿床,分别于1410年和1516年开始采矿。1597年开始报道矿工多死于肺部疾病,1926年后确定为肺癌。矿井氡浓度达13.32~660 Bq/L,是后来矿井规定标准的3.6~180倍。

随着核辐射源和核能的广泛应用,在为人类造福的同时,也使人类接触各种射线的机会明显增加,这些人员中有专门从事放射性专业的专职人员,也有其他行业的非专职人员。

射线对健康肌体的危害,主要是射线在肌体内的电离和激发作用,它能引起细胞或组织中的原子和分子发生变化。它主要是通过对DNA分子作用,使细胞受到损伤,危害健康,也可能因生殖细胞受损而产生遗传效应。

集中的高水平照射,超过一定剂量之后必然会产生发病效应,一次大剂量放射性照射,必然引起病变,甚至死亡,这是确定无疑的。照射剂量水平虽然不高,但剂量积累也不能避免受损随机效应产生。生活环境的放射性照射剂量不高,不足以杀死细胞,但可能引起变异。如果照射剂量很小,不会超过人体自身的生长和恢复能力,应当认为是安全的。并无证据证明在低剂量下一定会致病。

12.1.2　区域环境辐射的监测

环境放射性辐射监测的目的是保护人类安全、评价公众受照射的水平,测定污染核素种类,调查本底水平,评价核设施的安全性。环境辐射监测就是要监测核设施是否对公众造成危害,包括核电、矿山、建材、放射源等引起环境污染的辐射测量,监测的对象是环境介质和生物。评价环境中的放射性水平是否符合国家和地方有关安全规定。

环境放射性测量包括 α,β,γ 射线的总量测量和能谱测量,以及氡及其子体的测量。

除突发核事故之外,天然放射性核素是影响公众环境辐射安全的重要放射源。对人的放射性外照射主要是宇宙射线和地壳岩石(土壤)中的 ^{40}K,^{238}U,^{232}Th 及其衰变子体,内照射主要是进入人体的 ^{40}K 和氡($^{222}Rn + ^{220}Rn$)。

天然放射性核素在地壳岩石中分布是不均匀的,对人体的危害,区域性很强。很多国家制作了两种背景环境放射性分布图,一种是 γ 射线剂量率图,另一种是氡浓度地质趋势图。这为选择居住区和经济、文化建设提供了参考。

为了维护人身健康,国际辐射防护委员会(ICRP)发表 65 号报告书,提出居室氡浓度安全限制标准。有关各国根据自己的国土地质条件,制定了居室内的限量标准。如加拿大限量标准为 800 Bq/m^3,瑞典、奥地利、芬兰等为 400 Bq/m^3,德国为 300 Bq/m^3,澳大利亚、英国为 200 Bq/m^3,中国为 400 Bq/m^3,美国为 140 Bq/m^3。

12.1.3　矿山氡的危害及测量

德国的 Schneeberg 矿山 1410 年开始开采银矿,随后发现矿工总是患一种怪病,由于当时无法解释患病原因,就称之为"矿山病"。调查表明,这里矿工肺癌的发病率是普通人群的28.7 倍。这是由于矿工吸入了大量的氡,造成氡的子体在肺内沉淀形成大剂量的内照射,最终导致了肺癌的发生。

我国云南个旧锡矿 1964 年矿工肺癌病例较多,1975 年列为国家重点课题。矿区东部岩浆活动频繁,各类岩石中铀含量偏高,尤其是锡的氧化物中铀平均含量最高达到 76×10^{-6}(锡属于高温亲石元素,经常与铀共生)。井下围岩放射性物质属于天然本底,锡氧化矿物中铀含量比围岩高 19 倍,是克拉克值的 6.1 倍。调查表明,采矿井下作业环境中氡及其子体的浓度曾长期超过国家标准(国家标准一直处于变化之中,但总的要求是越来越严格,现行标准为氡浓度不超过 2.18 kBq/m^3),1975 ~ 1981 年确诊癌症病例 499 例,全部是氡浓度超标引起的。

上世纪 80 年代,我国某锡矿井下矿工肺癌发病率比正常地区高 23 倍,经研究仍然是氡浓度超标引起的,国家责成有关部门严厉查处该矿山。

上述两例锡矿的肺癌病例都是由于没有注重氡的测量,而且矿井内部通风不良引起的。在铀矿山上,氡的危害主要是氡的突出事故,例如老坑道长期积累氡气后被突然打通,导致氡浓度急剧上升引发事故,但只要认真治理(通风),就能把氡的危害降到最低。

空气中氡的测量主要采用滤膜采样法,如图 7-5 和 7-6 的采样盒和 α 管都可以测量坑道空气中的氡,其测量方法已在第 7 章中讲过,这里不再赘述。

12.1.4　核设施的常规监测和应急监测

1986 年乌克兰切尔诺贝利核电站由于管道堵塞造成核电站部分爆炸,使大量高放射性物质泄漏,酿成重大环境灾难。据监测,在距核事故现场 7 000 km 的北京都受到放射性尘埃的影响,它对当地环境的破坏程度是无法在短期恢复的。为了避免核事故的发生,对核设施的监测势在必行。

核设施在正常运行期间,对其周围环境进行定期的例行监测称为常规监测,其目的是了解正常排放的放射性物质对周围环境的污染状况,控制其排放量,检验放射性废物管理,研究核素迁移,研究可能导致的环境生态系统的近期及远期效应。

我国已在大亚湾、秦山、岭澳等地建成核电站,这些核电站全部位于浙江广东等沿海地区。这些地区人口密度大,膳食以蔬菜、粮食为主,使用露天水源较多。因此,需要对地下水和地表水进行密切监测,还要监测海水和海底的污染情况。不仅如此,还必须监测空气放射性污染情况,研究放射性物质在农作物中的残留问题等。

核事故一旦发生,国家应迅速启动核事故应急预案,对事故进行应急监测是其中的重要内容。

核事故的应急监测包括:①迅速测定环境辐射水平,污染范围和程度;②迅速测定释放核素的种类和性质;③测定食物及饮水的污染程度和范围;④测定污染的迁移方向和特征。

12.1.5　环境样品放射性测量

环境样品主要有土壤、岩石、水溶液、植物、动物活体等,品种繁多。要测定的核素品种有天然核素和人工核素。样品含量有高有低,特别是应急监测,要求快速测量,尽快给出结果,并进行环境评价。

环境样品,特别是核事故应急样品,核素成分复杂,样品量可能很大,射线种类和能量不清楚,是否为受污染的样品也不清楚。因此,首先对所有的样品进行放射性活度测量,即进行总 α 活度测量、总 β 活度测量和 γ 能谱测量,其目的在于以下几个方面:

(1)对采集的大量样品进行筛选和分类,初步判断是否存在放射性污染,选出需要进一步分析的样品;

(2)大致了解各单样的活度水平;

(3)判断样品中有无最危险(或最具毒性)的控制排放最严格的核素;

(4)在整个采样区,比较总放射性活度数据,初步判断比本底值高的地区或污染的地区。

总放射性活度测量,是核事故应急监测中的常规方法,尤其是核事故早期,对食物、饮水、土壤等都不清楚核成分的情况下进行测量时使用。在商品检验工作中,也常用到总放射性活度测量。

总 α 活度测量要求先制样(即样品制备),然后用半导体探测器或正比计数管等 α 测量仪测量。总 β 活度测量使用塑料晶体探测器测量即可。γ 能谱测量使用多道 γ 能谱分析仪测量,它可以确定样品中核素的种类及单个核素的比活度。

12.1.6　放射性废物处置

放射性废物是来自放射性物质研究和生产过程中产生的废弃物。这些废物有气体、液体和固体。主要包括:①沾有放射性物质的用品和工具以及试验用的动、植物遗体;②铀矿山的矸石和尾矿;③核电站的放射性废物和乏燃料(核燃料的发电效率降低以后,剩余的高放射性物质称为"乏燃料")等高放射性废物。

现代核工业的发展,给国防建设和经济建设提供了强大的动力。同时,在核工业运行的每一步都可能产生永久性废弃物。以发电量为 1 GW 的压水型反应堆为例,说明从铀矿开采到反应堆发电所产生的放射性废物。

首先,铀矿开采和水冶中产生废石、尾矿、废水,其放射性相对低一些;其次,在铀矿的湿法转化和氟化及扩散法浓缩过程中会产生低放射性的含 ^{226}Ra 和 ^{220}Th 的废液(镭不具有发电能力,所以在进入工厂进行铀的制备前后,镭必须作为"杂质"去除),UO_2 燃烧制造中产生 20 m^3 左右的固体废物;在压水堆电站生产中,包括洗衣房去污废水、树脂、过滤器芯子、滤渣和蒸残渣液、控制棒和其它低放射性固体废物等大约有 3 300 m^3 的固体和液体废料。主要核燃料产生的高放射性废料不多,这是因为乏燃料可以通过"后处理"工艺,使乏燃料"再生",再次投入反应堆发电(图 0 - 1),这时仅需少量的补充即可提高它的发电效率。最后,在后处理工艺中的脱壳废物、废液等低、中、高放射性废物等也有 2 000 m^3 以上。

我国现有核电机组 11 个,现有装机容量达到 9.078×10^6 kW,每年的发电量已达到 $6.286\ 2 \times 10^{10}$ kW·h,到 2020 年还要建成核电机组 4×10^7 kW。预计到 2020 年后每年将从反应堆卸出 1 000 t 乏燃料,其中残余的铀和钚回收后,即为待处理的高放射性废物。然而,获得同样发电量,与燃烧煤生成的粉尘和 CO_2 以及燃烧汽油等生成有害气体的数量相比,这些放射性废物的数量及危害却要小得多。

由第 1 章可知,放射性物质的放射性不受温度、压力、是否为化合物等物理化学条件的制约。也就是说,放射性物质不会像其他污染物那样通过焚烧、净化等普通手段便可改变其性质,尤其是长寿命子体,即使把它烧成熔融体,也不可能改变其放射性。这就为放射性废物处理带来极大的困难,放射性废物必须采用专用方法处理。

放射性废物由于来源不同,其组成、性质和放射性水平差别很大。因此,处置和处理方法也应该不同。放射性废物分类没有统一的分类体系,主要考虑放射性比活度或放射性浓度、核素的半衰期及毒性等。我国参照国际上的基本分类原则,制定了 GB9133 放射性废物分类标准,其中固体废物分为超铀废物和非超铀废物。

1. 中低放射性废物处置

铀矿的开采方式有地下挖掘、露天开采和地下地浸三种。地浸就是将酸性溶液通过钻孔灌入地下溶解铀,再抽出溶液,达到采铀的目的,该方法的优点是成本低,污染主要在地下,但应该严格控制灌入地下酸性溶液的数量。露天开采铀矿石剥离的废石量很大,这些废石或多或少都含有放射性物质。对这些废石的处理办法是就地回填掩埋,然后覆土造田或植树造林。

一般每采出 1 t 矿石,要从地下带出 $1\sim6$ t 矸石。目前我国堆积的铀矿山废石总量约 2.8×10^{7} t,占地 2.5×10^{6} m^2。这些都属于低放射性废物,含铀量 $(1\sim3)\times10^{-4}$,比一般土壤高 $4\sim6$ 倍,其表面氡的析出率为 $(7\sim200)\times10^{-2}$ Bq/(m$^2\cdot$s),比地面高 $5\sim7$ 倍,它们不断向大气排放氡和细粒状颗粒物。根据放射性废物分类标准,这些大多数处于低放射性废物标准的下限,按规定不算放射性废物,但应该作为特殊废弃物妥善保管,即对放射性比活度在 $(2\sim7)\times10^{4}$ Bq/kg 的废石和尾矿筑坝存放,超过上述放射性水平的应建库保存或回填矿井采空区。其它金属矿产(如锡矿)与放射性矿产共生的矿山废渣、尾矿等也参照上述放射性矿山的废弃物处置办法执行。

我国选矿产生的尾矿累计已有数千万吨。尾矿处置的关键在于尾矿库的选址和尾矿坝的建设,应该保证底不渗漏,坝(堤)不垮塌,不产生灾难性的事故,氡的析出率要低。一般要求稳定期至少保持 100 年,至少 20 年不维修,覆盖尾矿后氡的析出率平均不超过 0.75 Bq/(m$^2\cdot$h),地下水中放射性核素不超过国家规定。并且在其上部覆盖黄土 $1\sim1.5$ m,再植树造林或种草。

放射性研究、应用和生产中的低放射性废物虽然量少但比活度大,尤其是核电站产生的中低放射性废物,包括受污染的废弃设备、化学试剂、树脂、过滤器芯子、防护品及其它杂物等。通常对废液体进行蒸发收取残渣,对固体进行焚烧、压缩缩小体积,然后装入容器进行地下深埋(储存于近地表的土壤层中),称之为地层处理。

地层埋藏固体中低放射性废物地段称为处置场。处置场可以设置若干个单元,每个单元之间是分离的,可以是地上坟堆式或地下壕沟式,如图 12 – 1 所示。要有地表排水系统、渗滤液收集系统、检测井和覆盖层,这些设施均应满足环保要求。

按照我国《低中放射性固体废物的浅地

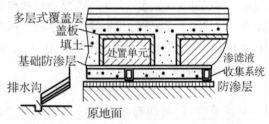

图 12 – 1 低放射性固体废物处置单元剖面图

层处置规定》(GB9132 - 88)要求,浅地层是指50 m深度以上的地层。例如,应在 300 ~ 500 年内,埋藏的放射性物质不向外环境中扩散,对公众个人的年有效剂量当量不大于 0. 25 mSv。

处置场的选择,首先是进行区域地质调查,主要是地质稳定性调查,包括地震的可能性、地质构造、工程地质、水文地质及气象条件和经济、人文社会条件的调查。然后进行试验性测试,确定是否符合建厂要求。

对进入处置场的废物有严格的监督检验。放射性废物半衰期应小于 30 年,比活度小于 3.7×10^{10} Bq/kg,不产生有毒气体,不腐蚀,不爆炸,包装要有足够的机械强度,符合规定的体积等。

处置场按照设计进行埋藏,达到负荷后进行关闭。处置场在运行和关闭的相当长的时间内都要进行定期的监督、管理,保证环境安全。

2. 高放射性废物的深地质处理

高放射性废物主要是指乏燃料后处理过程中产生的高放射性废物及其固化体,其中含有 99% 以上的铀裂变产物和超铀元素。这些元素比活度高,释放热量的能力较强,半衰期长,生物毒性大,成分复杂,处理的思路是将这些最危险的废物封闭起来,使之永远与人类的生存环境长期地、严格地隔离起来,使其衰变降到无害程度。过去有人提出过多种处置办法,如宇宙处置、冰川处置、深海处置、岩浆熔融处置等,也有人提出分离与嬗变处置,即将高放射性物质中的超铀元素分离出来,送入反应堆或加速器照射,使长寿命的子体和有毒子体分解,降低它的半衰期和毒性以后与短寿命子体一起进行简单处理。以上的这些处理方法都存在这样那样的问题,比如太空处理,要把它放在不落回地面的宇宙中,其处理成本必然很高;放在据地面 500 km 以内的低空时,要维持其不落回地面的成本更高,一旦它落回地面必将造成更大的生态灾难(回到地面时会与空气剧烈摩擦而变为高放射性尘埃);又如深海处置是否会对海洋生态(鱼类资源)造成损害;回旋加速器处理方案成本很高,并且仍不安全。

在国际上普遍被接受的可行性最终处置方案是深地质处置,即把高放射性物质深埋在地下 400 ~ 1 000 m 的地质体中,使之永远与人类的生存环境隔离。埋藏高放射性废物的地下工程称为高放射性物质处置库,处置库采用多重屏障系统设计。一般废物先用玻璃固化后,装入储存罐中,入库后外面充填缓冲材料(一般采用膨润土)。处置地层主要考虑结构稳定的不透水层,如美国选择凝灰岩,德国选择岩盐,大多数国家选择花岗岩,但比利时因国土面积所限只能选择黏土岩。

处置库的寿命至少要 1 万年。这种处置是一个复杂的实施过程。迄今为止,世界范围内尚未建成一座地下处置库。处置库仍然处于研究阶段,主要是进行岩石受热机械性能研究、核素迁移研究、固化体浸出研究等。

我国高放射性深地质处置从 1985 年开始选址研究,已有 20 多年时间。这些研究属于未来高科技研究的热门领域,主要进行区域地质调查、水文地质调查和地球物理调查。国家计划在西北地区的花岗岩中建设处置库,很可能选择在沙漠地区,因为这里地广人稀,放在地下1 000 m处就可以远离人类的生存环境,不会对公众的生存环境造成危害。

我国计划在2015年完成预选,确定地下实验室场址,2035年建设地下实验室,进行现场实验研究,以后择机建设处置库。

12.2　放射性勘查在防灾中的应用

地质灾害勘查的主要任务是勘查地质灾害体的稳定状态和构造变异的潜在危害,通过勘查预测自然灾害的发展和发生。

用放射性勘查的方法主要是氡及其子体测量方法,地面 γ 测量应用较少。随着测量精度的提高,越来越多的新方法和新技术被用于防灾抗灾之中。

12.2.1　氡气测量用于地震预报

2008年四川汶川"五·一二"特大地震告诫人们,防灾抗灾不容忽视。

地震活动是瞬间过程,地壳运动导致能量不断积聚,最终必然导致地震的发生,2008年是全球的地震高发年。

地震的实质是地下能量的积累和重新分配的结果,只有那些迁移能力最强,对震动最敏感的物质才能反映这种变化。经研究 Rn,Hg,CO_2,H_2,He,CH_4 等地球气体,对地球应力场变化敏感。

1. 地下水氡浓度异常与震源的相关性

利用氡的析出进行地震预测的研究工作始于乌兹别克斯坦塔什干盆地地热水中氡浓度的连续测量。前苏联从1956年开始在塔什干地区进行连续观测氡浓度的变化,1959年氡浓度明显上升,直到1966年发生5.3级地震,氡上升为初始浓度的3倍。地震过后,氡浓度急剧下降(图12-2)。此研究引起科学界的重视,引发世界各地的观测研究。

(1)氡浓度变化与地震的关系

断层带内土壤和水中氡最容易受压力和震动作用而析出。1976年唐山7.8级地震,在沿断裂带分布的观测井记录到氡的析出(图12-3);直到离震中500 km都有氡异常,异常高出10% ~100%不等,可见氡异常与震中远近无关。异常都出现在地震前几天和数周内,不在构造带上的观测点未见异常。在唐山地震之后,1979年发生的7.4级渤海地震之前也有氡异常出现。

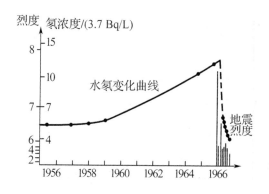

图 12 - 2 乌兹别克斯坦塔什干地热水
中氡浓度的变化与地震的关系
(据 Чломов, 1968 年)

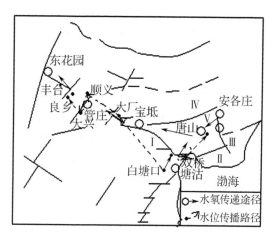

图 12 - 3 唐山地震水中氡异常出现的
先后与构造的关系 (引自郑治真等)

在 1974 ~ 1976 年间,西南地区发生 3 次地震,云南永善—大关、云南龙陵、四川松潘—平武,都观测到氡异常。在松潘—平武 7.2 级地震前 2 周,在 400 km 远处已测到了氡的突变尖峰异常。

美国 1979 年加利福尼亚发生 4.8 级地震,1983 年发生 3.0 ~ 3.5 级 4 次地震,在地震前当地地热泉中氡和氦都出现了异常。另一次 6.3 级 Sandpoint 地震前,用 α 径迹法测量发现的异常比背景值高 40%。

意大利对自流井和泉水进行周期性采样测氡,1950 年 6 ~ 10 月氡异常明显上升,11 月 23 日发生 6.6 级 Irpinia 地震。1982 年起对土壤氡浓度变化连续 3 年进行观测,在 50 km 和 10 km 远处分别发生 5.8 级和 6.2 级地震,均在前一个月记录到氡的异常。

日本 1997 年在 Izu - Oshima - Kinkai 发生 7.0 级地震,前 5 天观测到地下水中氡浓度突然下降,然后又显著上升。1984 年,本州地区发生 6.8 级地震,在 1 ~ 2 年前有 3 个观测小组在据震中 25 ~ 100 km 内的 3 条活动断层上观察到土壤氡浓度异常升高。

墨西哥 1985 年 9 月 19 日,在 36 小时内发生 8.1 级和 7.5 级两次地震。在 2 个月之前,在其东北 260 km 的地热田水中氡异常升高。

厄瓜多尔共 35 个氡观测站,1987 年 3 月 6 日,在 Re Ventador 火山附近发生 6.1 级和 6.9 级地震。前 14 天虽然连续降雨,但氡异常显著变化。

我国的海城地震和意大利都有过氡对地震没有反应的记录。因此,意大利的学者提出要精心选择测点位置,不是任意选择一点就能观测到氡异常。

上述地震前出现的氡异常变化形态和提前时间各不相同,这就为通过氡异常预报地震的准确时间造成了极大的困难。

经研究,按照氡异常与地震发生的时间关系可以把氡异常划分为 4 类(图 12 - 4)。一类是跳跃变化的异常,上升、下降幅度很大,如北京市北部的怀柔县4.5级地震前在东花园井测到的异常曲线(图12-4a)。第二类氡异常是平稳上升,如河北省中部的文安县4.5级地震前河西务井的异常曲线(图12-4b)。第三类是氡的低值异常,如河北省南部的沙河县5.2级地震,在距沙河35 km的武安县观测井出现的氡异常曲线(图12-4c)。第四类是氡异常突然涌动,造成尖峰异常,如四川西北部的炉霍县(距汶川250 km)7.9级地震前,在姑咱泉观测的氡异常相对变化达128%。

地震的孕育过程不同,也就是能量的积累时间长短不等、震源深浅不一,所以氡异常出现的提前时间也不相同。时间长的可达几年,短的只有几天。

(2)氡异常出现的时序

地震孕育过程引起氡气析出,在距震中不同距离的观测点出现氡异常是同步同现还是有先后次序,对临震预报有重要意义。

大多数学者根据经验认为距震中不同的距离上,各观测井的水中氡异常有一定的同步性。氡异常出现较为集中的地区,当为地震可能发生的地区。1969年7月18日发生的渤海7.8级地震,在震前8~9个月(1968年10~11月),各远近井孔普遍出现氡异常,并缓慢上升,直到震前3~4个月(1969年3~4月),均出现急剧上升之后的高值波动,直至发生地震,这是临震预报的主要依据。

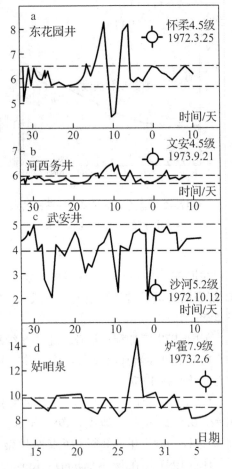

图12-4　地震前的四种氡气异常类型

有人认为恰恰相反,异常出现的时间先后不一(李宣瑚,1988),似有由震中向外传递的特点。唐山地震前,华北大面积出现异常,临震突跳时间不同步,为由外围逐渐逼近震中,而后向外传递扩散。

唐山地震前出现氡异常的顺序是:1975年8月10日天津塘沽、田疃先出现异常;10月15日河北唐山出现异常;12月10日天津宝坻出现异常;1976年2月10日北京管庄出现异常;当年4月10日在河北怀来县官厅水库东岸东花园出现异常,由震中向外扩散(图12-3)。路线正好是依照天津—怀来的北西向构造线,据此计算的氡传播速度平均值为37 km/月。1976年云南龙陵县发生的7.4级地震和四川松潘发生的7.2级地震,水中氡异常传播的速度都是30 km/月。

（3）氡异常预测地震的方法

根据氡异常进行地震预测，一直是经验判断，也就是把氡异常出现集中的地区作为强震可能发生的地区。近年来有人从统计学出发提出氡异常动态图强震预测方法（刑玉安等，2000年）。

①氡异常动态图的制作

首先采用13点滑动平均法，根据下式计算氡观测值的月滑动平均值，即

$$\overline{C}_i = \frac{1}{13}\sum_{k=0}^{12} C_k \qquad (12-1)$$

式中 C_k——氡异常观测值的月平均值。

采用滑动平均值，实际上消除了偶然跳动和年变化，突出了氡异常的真实性。

再根据滑动平均值计算氡的背景衬度为

$$R_i = \frac{\overline{C}_i - C_0}{C_0} \qquad (12-2)$$

式中 C_0——氡的背景值，一般取氡异常变化前地震平静年的平均值。

公式（12-2）就是氡观测值的月滑动平均值 $\overline{C}_i$ 相对于背景值 C_0 的变化率即衬度。

用衬度 R_i 作平面等值图，对每个观测井每月作出一幅氡异常的动态图。

②氡高值异常区与强震中心的关系

多次氡异常的统计资料表明，氡的高值异常区中，衬度 $R_i \geq 0.06$ 的地区是强震前有征兆表现的地区。R_i 值与震中的关系可分为以下两类：区内型，指地震中心出现在氡异常之内，但不一定出现在氡异常的最高点，往往有所偏移，如1976年河北唐山地震，1989年山西大同6.1级地震，1995年云南孟连7.3级地震，异常中心在东北46 km处，1996年云南丽江7.0级地震，异常中心在南方48 km处；区外型，即地震中心不在异常区内，但在一定的区域之内，如1995年云南武定6.5级地震，武定没有氡异常出现，震前在东南方相距186 km的弥勒县出现氡异常，武定县和弥勒县同处于滇东地震带，因此认为氡异常与地震存在相关性。类似这种情况的还有云南澜沧县7.6级地震和1998年河北省张北县6.2级地震。

氡异常的出现时间和出现地区与地震中心的关系和地震例子列于表12-3。

由表12-3可见，预测有强震而没有发生地震的例子和无异常而发生地震的例子都是有的。这说明用氡异常预测地震仍然具有不确定性，也进一步说明地震预报的复杂性。由于地震预报具有向社会发布危险信号的功能，一旦发出危险信号必然导致社会恐慌，对经济发展会造成一定的损失。根据氡异常预测地震的风险性很大，这就是政府一般不轻易发出地震（特别是强震）预报的原因。如2008年"五·一二"地震后，甘肃曾以省政府名义发出6级强余震的警告，果然发生了4.7级余震，3天后警报解除。

表 12 – 3 氡异常动态图强震危险区预测结果

地震	北纬/°	东经/°	水氡异常开始出现时间	预测危险区	震中与预测危险区边缘距离/km
1976.7.28 唐山 7.8 级	39.63	118.18	1974.10	以安各庄井(北纬 39.9°,东经 118.66°)为中心 100 km 范围内	0
1989.10.15 大同 6.1 级	39.95	113.82	1987.12	怀来 3 井(北纬 40.30°,东经 115.50°)为中心 100 km 范围内	47
1998.1.10 张北 6.2 级	41.10	114.30	1996.6	定襄泉(北纬 38.42°,东经 112.00°)为中心 100 km 范围内	230
1988.11.6 澜沧 7.6 级	22.83	99.72	1986.8	龙陵井(北纬 24.65°,东经 98.66°)为中心 100 km 范围内	120
无地震			1989.6	弥渡井(北纬 25.35°,东经 100.50°)为中心 100 km 范围内	
1992.4.23 澜沧 6.8 级	22.42	99.95	无异常区		
1995.7.12 孟连 7.3 级	22.00	99.30	1994.6	孟连井(北纬 22.30°,东经 99.56°)为中心 100 km 范围内	0
1995.10.24 武定 6.5 级	25.95	102.36	1998.8	弥勒井(北纬 24.43°,东经 103.62°)为中心 100 km 范围内	36
1996.2.3 丽江 7.0 级	27.30	100.22	1994.6	丽江井(北纬 27.10°,东经 100.35°)为中心 100 km 范围内	0
无地震			1995.2	西昌井(北纬 27.83°,东经 102.25°)为中心 100 km 范围内	

注:距离为 0 km 者,表示震中落在预测的危险区内。

2. 用于地震预报的氡的测量方法

以上所述的测量水中氡的方法与寻找铀矿测量水中氡的方法是一样的,所不同的是地震预报的测氡都要选择在活动断层地区,设立专门的观测站,连续测量氡的浓度变化。

在中国和俄罗斯测量地下水或地下热水中氡浓度比较多,其它国家测量土壤氡浓度比较多。土壤(岩石)氡和地下水中氡在地应力积累的过程中,在弹性波、声波和电磁波波场的挤压下析出,波场越强析出的氡浓度越高。因此,爆发地震前波场增强,氡浓度就出现了突跳现象。

值得注意的是,测量地下水中氡浓度的观测点,应该放在地下水面比较稳定的地方。如果地下水面变化过大,将带来极大误差。

1996 年俄罗斯地震学家在天山地区第一次测量中子进行地震预报研究。通过对该地区高中子通量的异常与附近地震台测得的 120 km 以外的震感较强的地震进行相关分析,在 119 次地震中,震前 24 小时观测到中子通量高涨的有 85 次,占地震总数的 72%。中子通量测量提出了地震预报的一个新的方法。

12.2.2　滑坡的探测

地表斜坡岩体(土体)存在于软弱滑动面上,在自然作用或人为作用下失去平衡,滑坡体沿软弱面下滑称为滑坡。

滑坡探测的目的主要是查明滑坡体的周边界线和滑坡体的活动情况,及滑坡面的水文状况。水流作用包括地下水活动,雨水渗入,地表水下渗,它们都有可能引起滑坡。滑坡面往往是断层面或节理面,都是氡迁移的有利通道。

四川广元境内宝成铁路沿线某段,路边有一规模较大的堆积层,其平面范围长约 500 m,宽约 200 m,铁路由滑坡体前缘通过。1955 年通车后,滑坡体受到震动,出现变形迹象,1958 年雨季发生较大滑坡。

滑坡区地层岩性复杂,地表覆盖层厚度约 15 ~ 20 m,由洪积、坡积形成的碎石、砂土混杂物构成。颗粒粗细相差很大,孔隙发育。基岩中砾岩、砂岩破碎,页岩、泥岩风化严重,裂缝密集。这样的结构极有利于地下水活动,也有利于氡的迁移、储存和析出。

据金培杰、唐玉立等人用静电 α 卡测量,测量点距 5 ~ 10 m,埋卡 4 ~ 6 小时,测得的 α 卡等值线如图 12 − 5 所示。大于 150 脉冲/5 min 的高值异常汇聚于滑坡的前缘(斜线部分),用它圈定了滑坡范围。该异常带集中在南北向断层破碎带的西侧边缘,该破碎带被泥质物质充填,地下水在此转向北径流。用甚低频电法验证地下水的流向与实际情况较吻合。测线上钻孔资料证明,地表覆盖层厚 16 m,主要为砂质黏土和碎石。

以上说明静电 α 卡测量滑坡效果良好。静电 α 卡测量能够反映滑坡和地下水的分布,为排水法治理滑坡提供了依据。

如果要在活动滑坡地区监测滑坡体随时间的滑动情况,可以在基底到滑坡体的敏感地带设置一条或两条测线进行定期监测。保持测量条件和环境不变,当滑坡体移动时则氡异常会扩展范围,且浓度增高,表明滑坡在发展之中。

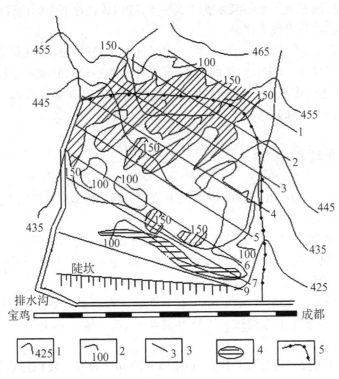

图 12 – 5　宝成铁路塔坝滑坡静电 α 卡测量脉冲数等值图

（据金培杰，唐玉立，1992 年，有简化）

1—等高线及其高程(m)；2—α 卡测量脉冲数等值线；3—测线；4—湿地；5—滑坡范围

12.2.3　地面塌陷与采空区的探测

地面塌陷是指上覆岩(土)层，在自然或人为因素作用下向下陷落，并在地面形成陷坑。如果隐伏于地下，则称地下陷落。陷落柱是其中的一种，地下空洞是其诱因。

岩溶塌陷，主要是石灰岩溶蚀造成空洞形成塌陷。这种塌陷在石灰岩地区面积较大，石灰岩的放射性核素含量较低，放射性异常幅度不大，需要仔细研究干扰因素。矿山开采废弃的巷道也能造成地面塌陷，这种塌陷(包括陷落柱在内)都是由空洞或裂隙造成的，对氡的积累和运移有利。因此，用放射性方法可以探测这种空洞或塌陷。

1. 采空区探测

矿区的采空区是地下空洞的一种，无论是充水或空气都是氡的积累区。氡可以透过盖层垂直迁移到地表形成氡异常。

根据韩许恒等人 1996 年对山西太原—河北旧庄高速公路经过的采煤老窑采空区测量氡气的研究,柏井 2 号 2 区采煤区存在大量的地下采空区。采空区长期不用后已被地下水充填,并且采空区不同程度地存在局部塌陷、冒顶和地裂缝。为了公路安全,必须查明采空区分布范围。

采空区地表有土壤覆盖。根据煤系地层富含有机质,而有机质的吸附作用会使煤层中的放射性物质的含量较高,因此决定使用测氡的办法寻找采空区的范围。根据采空区分布特点,采用 5 m×5 m 的测网进行测量。使用 FD－3017 RaA 测氡仪测量地面氡气,以氡浓度等值图圈定老窑区分布范围。

经测量(图 12－6),共圈出 5 个采空区范围。其中Ⅱ号异常为条带状,揭示了老窑的巷道展布;Ⅲ,Ⅳ,Ⅴ均为环状异常,即高浓度值分布在采空区周围,主要是由于这一区域裂隙发育,构成采空区的典型异常形态,揭示了采空区的范围。经 170 多个钻孔证实,氡气异常分布范围稍大于钻孔确定的范围,这是因为氡的迁移受裂隙控制,氡在土壤中扩散的结果。

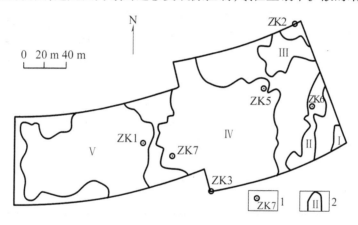

图 12－6　太旧高速公路柏井 2 号采空区氡浓度测量异常区划分图

(据韩许恒等,1996 年,有简化)

1—验证钻孔及其编号;2—氡浓度异常区及其编号

邯郸矿务局郭二庄煤矿老窑采空区,第四系覆盖厚度达 20 m 左右,采空区深 70～80 m。用 ^{210}Po 测量方法,在采空区上方布置了 5 条测线,查清了采矿区范围,其中 1 条剖面如图 12－7 所示。老巷道和采空区上方 ^{210}Po 异常明显,位置对应很好。

2. 隐伏陷落柱探测

深部地层由地下水的溶蚀作用形成空洞,而上覆岩层陷落进入空洞,称为陷落柱。在煤矿地层中,常由于煤层坍塌,形成煤层的陷落柱,陷落柱的规模大小差别很大。这些地段岩石孔隙发育、连通性好,是地下水的良好贮存环境。当煤矿开采至此,常常造成重大透水事故,给煤矿安全带来极大的隐患。故探查和圈定陷落柱范围,对煤矿安全生产非常重要。

结构松散的陷落柱,又被地下水充填,是氡的积累和存储的良好环境,用测氡法测量陷落柱会有很好的效果。

山西东山煤矿、阳泉煤矿、石圪节煤矿遇到的陷落柱都是岩溶陷落柱。岩溶塌陷造成的上部地层跨落,这些跨落物质颗粒大小不等、结构松散、裂隙密布,陷落柱一般为上小下大的"八"字形。

从陷落柱的存在形式上可以把陷落柱分为开放型和封闭型两种。所谓开放型,即塌陷已到达地表,封闭型即塌陷尚未到达地表。

唐岱茂等人采用 α 杯测量方法,使用 FD - 140 型仪器,在东山煤矿和阳泉煤矿的测量结果如图 12 - 8 所示。

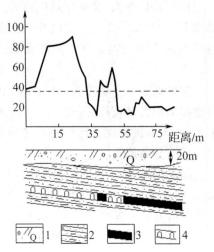

图 12 - 7　河北邯郸矿务局郭二庄煤矿采矿区 ^{210}Po 异常剖面图

(据刘正林,1994 年,有改动)

1—第四系覆盖;2—砂泥岩;3—煤层;4—采空区

在东山煤矿 α 探杯测量结果(图 12 - 8(a))中,氡异常明显呈多峰状,这可能是由于陷落柱中的充填物不均匀,裂隙大小和分布也不相同,构成了氡的运移通道不一致造成的。氡异常与陷落柱有一定的位移,这可能与陷落柱两侧的坡度有关,据此推断测点 3 ~ 7 之间下部的空洞较大。

在阳泉煤矿封闭型陷落柱上的测量结果(图 12 - 8(b))显示,陷落柱上部被黄土覆盖,基岩没有遭到破坏,陷落柱没有出露地表,陷落柱的位置与氡异常的位置对应很好。

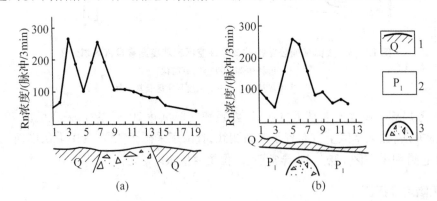

图 12 - 8　煤矿陷落柱 α 探杯氡气测量结果(据唐岱茂等,1999 年)

(a)东山煤矿开放型陷落柱;(b)阳泉五矿封闭型陷落柱;

1—地表第四系覆盖物;2—下二叠统碳酸盐岩;3—喀斯特陷落柱

12.2.4　氡气测量确定地下煤层自燃火区分布

地下煤层自燃严重破坏资源污染环境,且对煤矿的安全构成严重威胁。我国的煤矿近60%存在自燃现象,特别是含煤焦油较高的优质煤炭,自燃现象更为普遍。据现有资料统计,煤矿自燃导致的优质煤损失储量已达 42×10^8 t 以上,现在仍以 $(2 \sim 3) \times 10^7$ t/年的数量在增加。这样的自燃如果不加以控制,必将造成大量的能源浪费,也会加剧环境恶化,因此在如今全世界能源紧张的情况下必须花大力气治理煤层自燃问题。

煤层自燃火灾的治理,关键在于准确探测地下火区的分布。遥感技术可以进行大面积($n \times 10$ km^2)火灾的圈定,电法和磁法测量效果不显著。地温测量和敏感气体(如 CO_2,SO_2,气等)是很有效的测量手段,其中以氡气测量最为便利。

根据太原理工大学的试验,在地面用氡气测量方法确定地下煤层自燃的火源位置和分布范围,火源中心定位精度可达90%;圈定范围准确性达85%;探测火源深度可达 500 m,甚至 1 000 m。

用氡气测量圈定地下煤层自燃的依据主要是以下几点:

①地下煤层自燃,使煤层和上覆岩层升温,使矿物晶格遭到破坏,分子动能增大,促使大量束缚氡溢出,使岩层中自由氡浓度增大;

②煤层燃烧使上覆岩层中孔隙水大量蒸发,使孔隙的连通性增强,燃烧使岩层发生结构变化,产生大量的裂隙和节理,这就为氡和其它气体以及多种固体微粒的迁移提供了有利的通道;

③地下煤层自燃,与地面之间增大了温度梯度和压力梯度,这大大超过了地壳的正常温度梯度(2 ℃ ~ 3 ℃/100 m),是氡和其它物质微粒垂直迁移的动力,这种区域性温度差和压力差,必然形成氡析出率的区域性增大;

④煤在形成过程中吸附的铀元素较多,煤中氡的含量也比较丰富。

由此可见,地下煤层自燃完全可能引起地面氡浓度异常分布,并与发火区域相对应。

例 12 - 1　山西石圪节煤矿霍家沟发火区。

矿区地表大部分被第四系更新统黄土覆盖,东部有少量地段出露二叠系石盒子组(Ps)地层,地层向西倾斜,倾角6°左右,煤层距地面最大埋深70 m。1987 年 1 月起火,1989 年根据估计火区打孔 43 个,作了灌浆灭火处理(一般使用稀泥浆,水分可以降低温度,驱走氧气,黄土可以堵塞裂隙,使氧气不再回到煤层),但到 12 月火灾仍未熄灭。1990 年 4 月用测氡法进行探测,根据氡异常(图12 - 9)确定了火区范围,打了 11 个钻孔,进行了灌浆处理,灌入黄土 2.82×10^4 m^3,注水 12.63×10^4 m^3,到 1992 年地

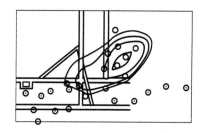

图 12 - 9　山西石圪节煤矿霍家沟矿区发火区氡异常(Bq/m^3)等值图

(据刘洪福等,1997 年)

⊙测氡前钻孔位置;○测氡后钻孔位置

下火区全部熄灭,保证了煤矿的安全。

　　在嘉乐全煤矿发火区同时使用地面测温和 α 探杯测氡,准确圈定地下火区,及时进行了打孔注浆处理,使火区全部注灭。

参考文献

［1］成都地质学院.放射性勘探方法［M］.北京:原子能出版社,1978.

［2］程业勋,王南萍,侯胜利.核辐射场与放射性勘查［M］.北京:地质出版社,2005.

［3］李鹰翔,张华明,等.当代中国的核工业［M］.北京:中国社会科学出版社,1987.

［4］卢贤栋,吴慧山,唐声磺,崔焕敏.铀矿物探［M］.北京:原子能出版社,1981.

［5］盛骤,谢式千,潘承毅,等编.概率论与数理统计［M］.北京:高等教育出版社,1979.

［6］阮天健,朱有光.地球化学找矿［M］.北京:地质出版社,1985.

［7］同济大学数学教研室.高等数学(上、下册)［M］.北京:高等教育出版社,1981.

［8］赵鹏大,胡旺亮,李紫金.矿床统计预测［M］.北京:地质出版社,1983.

［9］郝立波,戚长谋.地球化学原理［M］.北京:地质出版社,2004.

［10］陈天与,徐中信.物探数据处理的数学方法(上册)［M］.北京:地质出版社.

［11］王崇云,等.地球化学找矿基础［M］.北京:地质出版社,1987.

［12］刘承祚,孙惠义.数学地质基本方法及应用［M］.北京:地质出版社,1981.

［13］王学仁.地质数据的多变量统计方法［M］.北京:地质出版社,1982.

［14］冯师颜.误差理论及实验数据处理［M］.北京:科学出版社,1964.

［15］张锦由,黎春华.铀矿物化探数据处理方法［M］.北京:原子能出版社,2001.

［16］李舟波,孟令顺,梅忠武.资源综合地球物理勘查［M］.北京:地质出版社,2004.

［17］谭洪波,姜启明.甘肃中川金铀矿床地质特征及成因讨论［J］.东华理工大学学报,25(4),2009.

［18］姜启明.甘肃马泉金矿伴生元素特征及剥蚀程度研究［J］.黄金地质,7(2),2001.

［19］姜启明,李岳.甘肃崖湾金矿微量元素特征及矿床剥蚀程度研究.甘肃地质学报,14(1),2005.

［20］姜启明,袁宝安.甘肃小顶山火山岩体及与金矿化的关系［J］.黄金地质,9(3),2003.

［21］姜启明,李岳,魏邦龙.甘肃马泉金矿载金矿物研究［J］.黄金科学技术,10(6),2002.

［22］姜启明,李岳.甘肃马泉金矿二十号矿带地质特征［J］.甘肃地质学报,10(1),2001.